ANÁLISE ESTRUTURAL APLICADA

Blucher

Horácio Guimarães Delgado Júnior
Rony Peterson Ferreira
Carlos Roberto Xavier
José Adilson de Castro

ANÁLISE ESTRUTURAL APLICADA

Enfoque computacional com códigos em Python
Formulação dos elementos finitos de treliça, viga e pórtico

Análise estrutural aplicada: enfoque computacional com códigos em Python: formulação dos elementos finitos de treliça, viga e pórtico

Publisher Edgard Blücher
Editor Eduardo Blücher
Coordenador editorial Rafael Fulanetti
Coordenação de produção Andressa Lira
Produção editorial Helena Miranda
Preparação de texto Regiane Miyashiro
Revisão de texto Lidiane Pedroso Gonçalves
Diagramação Horizon Soluções Editoriais
Capa Leandro Cunha
Imagem da Capa Horácio Guimarães Delgado Júnior

Blucher

Rua Pedroso Alvarenga, 1245, 4° andar
CEP 04531-934 – São Paulo – SP – Brasil
Tel.: 55 11 3078-5366
contato@blucher.com.br
www.blucher.com.br

Segundo o Novo Acordo Ortográfico, conforme 6. ed. do *Vocabulário Ortográfico da Língua Portuguesa*, Academia Brasileira de Letras, julho de 2021.

Dados Internacionais de Catalogação na Publicação (CIP)
Angélica Ilacqua CRB-8/7057

Análise estrutural aplicada: enfoque computacional com códigos em Python: formulação de elementos finitos de treliça, viga e pórtico. / Horácio Guimarães Delgado Júnior...[et al]. – São Paulo: Blucher, 2024.
270 p.: il.

Bibliografia
ISBN 978-85-212-2145-6

1. Análise estrutural (Engenharia) - Programas de computador
2. Engenharia de estruturas - Programas de computador
3. Python (Linguagem de programação de computador)
I. Delgado Júnior, Horácio Guimarães

24-4260 CDD 624.1

Índice para catálogo sistemático:

1. Análise estrutural (Engenharia) - Programas de computador

CONTEÚDO

PREFÁCIO

A proposta desta obra é fazer frente à dinâmica do ensino de análise estrutural. Assim, *Análise estrutural aplicada* procura apresentar, de forma concisa e objetiva, os conhecimentos necessários para a compreensão e a aplicação do tema pelo público envolvido com essa tão fascinante e, ao mesmo tempo, desafiante área das exatas. *Análise estrutural aplicada* contém uma linguagem direta e de fácil compreensão sem se afastar do conhecimento teórico acumulado e do estado da arte. É adequado e acessível a todos os profissionais da área de projeto, estudantes de graduação, pós-graduação, engenheiros e arquitetos. O livro oferece exemplos práticos desenvolvidos analiticamente com as mesmas bases das soluções computacionais e correspondentes interpretações gráficas, indispensáveis para alicerçar o entendimento comportamental das estruturas reais. Os resultados das estruturas estudadas são confrontados aos de modelos computacionais com códigos comentados. O uso da implementação anaStruct do método dos elementos finitos 2D desenvolvido em Python permite que o leitor, utilizando poucas funções, obtenha imediatamente respostas gráficas e precisas de problemas estruturais de considerável complexidade por meio do Google Colab com recursos Mobily.

Análise estrutural aplicada divide-se em seis capítulos, com o primeiro abordando diretamente o assunto a partir da conceituação do método da rigidez e de elementos finitos com a formulação do elemento de treliça (*Truss Element*) contendo dois graus de liberdade e sensibilidade axial. No Capítulo 2, é conceituado e formulado o elemento de viga com quatro graus de liberdade, sensível a translação tangencial e rotação. O acoplamento dos elementos de treliça e de viga com os respectivos efeitos, gerando o elemento de pórtico com seis graus de liberdade, é desenvolvido no Capítulo 3. Todo o desenvolvimento conceitual é acompanhado por exemplos práticos. O Capítulo 4 alicerça todo o entendimento relativo aos graus de liberdade à translação e à rotação mediante a formulação da viga de Bernoulli e ao estudo das deformações. A flambagem, outro tema de relevância na análise das estruturas, é apresentada no Capítulo 5, sendo desenvolvido o modelo tradicional de Euler, base para o entendimento dos critérios de códigos e normas de dimensionamento de elementos comprimidos. Os comandos de referência para implementação de códigos computacionais em Python anaStruct são apresentados no sexto e último capítulo, sendo, então, oportunizados conhecimentos fundamentais para a construção dos códigos.

Os autores de *Análise estrutural aplicada* aproveitam para dispensar os sinceros agradecimentos a todos que, de certa forma, contribuíram, direta ou indiretamente, para que esta obra se concretizasse. Reconhecem, em especial, os esforços, o apoio e a compreensão dos familiares, os ensinamentos recebidos dos mestres, os comentários aquilatadores dos colegas e os inúmeros incentivos percebidos das instituições e empresas.

Os autores.

1. TRELIÇAS

1.1. INTRODUÇÃO

A análise estrutural é um estudo de engenharia cujo objetivo é compreender o comportamento das estruturas admitindo hipóteses quanto às possíveis ações externas e às eventuais interações com o meio para simular condições de carregamentos e graus de liberdade compatíveis com a fenomenologia.

Em geral, as estruturas são projetadas para resistir com considerável grau de segurança a todas as solicitações, trabalhando com pequenas deformações e abaixo do limite de resistência dos materiais que a compõe. Admitem-se como válidas as seguintes hipóteses:

- da linearidade física para o comportamento mecânico dos materiais, ou seja, os componentes da estrutura trabalham dentro do regime elástico linear, sendo válida a Lei de Hooke;
- da linearidade geométrica para a estrutura, sendo considerados como muito pequenos os deslocamentos de juntas de ligação e as deformações dos elementos estruturais.

1.2. A LEI DA ELASTICIDADE

Conhecida também como Lei de Hooke, em homenagem ao cientista inglês Robert Hooke (1635-1705), assim foi definida: *No regime elástico, a deformação sofrida por uma mola é diretamente proporcional à intensidade da força que a provoca.*

Seja F a força aplicada na extremidade livre de uma mola e U a deformação observada após a aplicação dessa força (Figura 1.1).

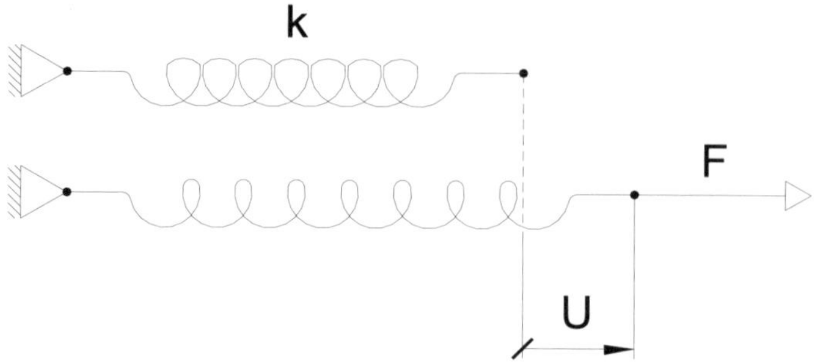

Figura 1.1 Representação de uma mola deformada pela ação de uma força

Estando a mola no regime elástico, haverá linearidade entre U e F, ou seja, o valor numérico de U será proporcional ao de F. Assim, matematicamente a fenomenologia pode ser escrita pela equação (1.1):

$$k.U = F \tag{1.1}$$

em que k é a constante de proporcionalidade, também conhecida como constante de mola, conforme demonstrado pelo gráfico da Figura 1.2.

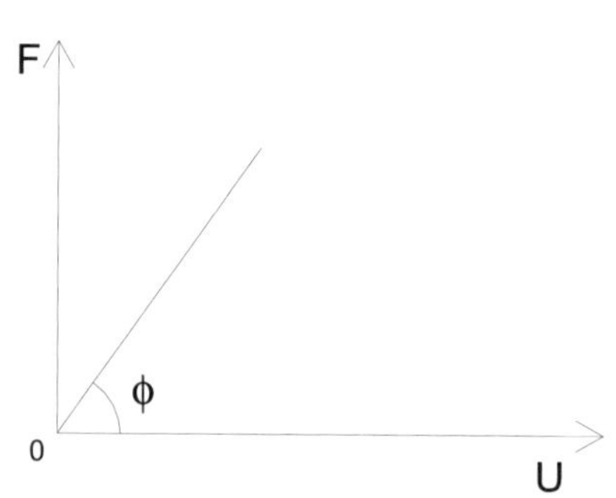

Figura 1.2 Gráfico representativo da deformação de uma mola em função da força aplicada

Uma vez que se trata da equação de uma reta que passa pela origem das posições, k representa o coeficiente angular nos termos da equação (1.2).

$$\tan \emptyset = k \tag{1.2}$$

Esta relação de linearidade física é também aplicável a estruturas, o que será discutido adiante.

1.3. ANALOGIA DE MOLA APLICADA A ESTRUTURAS RETICULADAS

As estruturas reticuladas são aquelas passíveis de serem idealizadas como compostas por hastes interligadas entre si por juntas ou ao meio externo por vínculos. A junta de ligação entre elementos de uma estrutura também é denominada na literatura por nó. Hastes são componentes estruturais que contêm uma das dimensões significativamente maior que outras duas, portanto, graficamente representados pelo comprimento (dimensão maior) e pela linha de eixo do centro de gravidade. A Figura 1.3 apresenta, à esquerda, alguns exemplos de componentes estruturais comumente considerados como a haste, representada à direita.

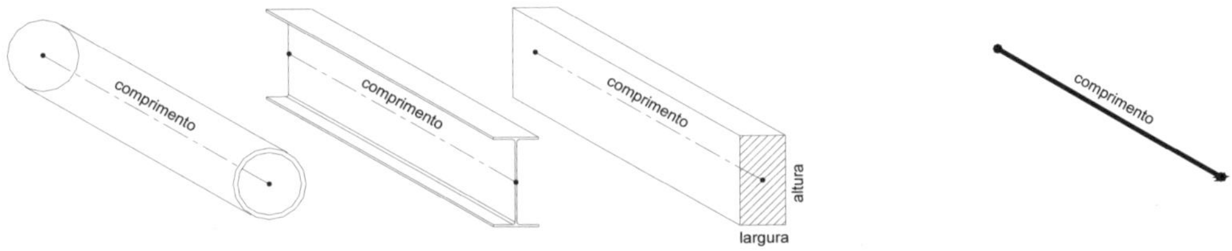

Figura 1.3 Componentes estruturais idealizados como haste

Estes elementos interligados por juntas formam os diferentes tipos de estruturas reticuladas. As juntas de ligações podem ser rígidas, quando transmitem rotação entre os elementos, conforme apresentado na Figura 1.4(a), ou articuladas, quando não transmitem a rotação na conectividade, como na Figura 1.4(b). As juntas articuladas são denominadas rótulas.

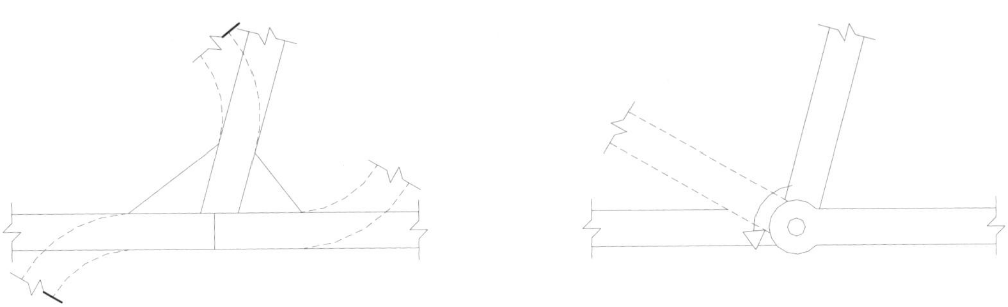

Figura 1.4 Juntas de ligação entre hastes

Estruturas reticuladas podem ser classificadas conforme características geométricas e são o tipo de junta mais comumente utilizado na construção.

As treliças são estruturas reticuladas formadas por elementos de barras geometricamente dispostas na forma de triângulos e interligadas por rótulas. Portanto, são formadas por elementos sensíveis apenas a esforços axiais, conforme pode ser visto na Figura 1.5(a), que apresenta o exemplo de uma treliça plana, e na Figura 1.5(b), uma treliça espacial. Estruturas de grande eficácia, as treliças são empregadas na construção de pontes, viadutos, torres de transmissão, guindastes, plataformas de exploração de petróleo e coberturas de galpão. Este conceito viabiliza a concepção de estruturas de grande rigidez com baixo consumo de materiais.

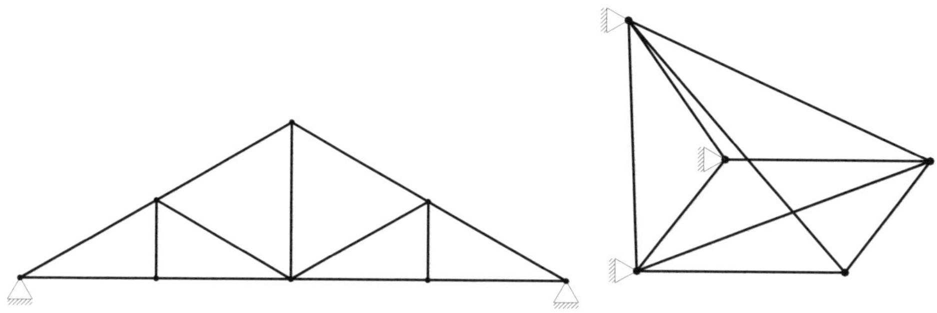

(a) (b)

Figura 1.5 Treliça plana e espacial

As vigas são componentes estruturais lineares, dispostos em regra na horizontal, com ações principais tangenciais – carregamentos verticais, quando interligados, podem ser por juntas rígidas ou em algumas situações articuladas, como é o caso das vigas Gerber. Os elementos de vigas são comumente investigados aos efeitos destas ações tangenciais aos quais são submetidos. Em virtude disso, os elementos de viga consideram apenas os efeitos de rotações nas juntas e deslocamentos verticais, sendo desprezados os efeitos das cargas axiais. São aplicados em construção de pontes, passarelas, viadutos e para compor pavimentos de edificações. A Figura 1.6 apresenta o modelo estrutural de uma viga.

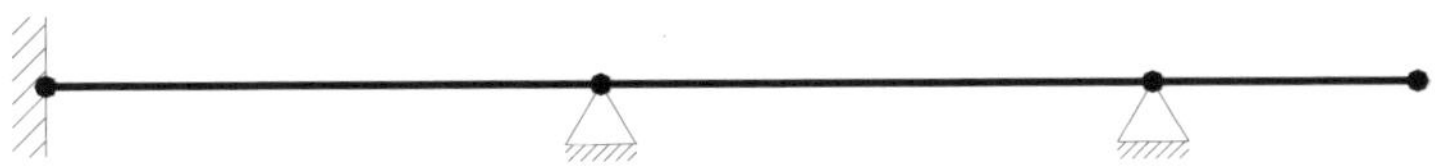

Figura 1.6 Viga

As grelhas são formações planas de elementos lineares concorrentes submetidos a ações transversais, conforme mostra a Figura 1.7. Além dos tradicionais efeitos percebidos pelos elementos de vigas, ou seja, rotação e translação tangencial, os componentes de uma grelha também podem receber rotações axiais em virtude da rigidez conferida pelas juntas de interação. Assim, os elementos de grelha são sensíveis à translação tangencial, à rotação tangencial em direção paralela ao plano da grelha e às eventuais rotações axiais oriundas da torção.

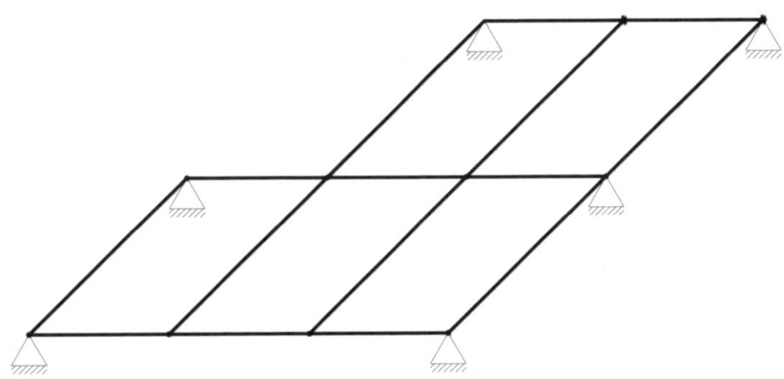

Figura 1.7 Grelha

Na construção de edifícios, é comum o emprego de estruturas reticuladas tipo pórticos planos, como apresentado na Figura 1.8(a), e pórtico espacial, Figura 1.8(b). Tais estruturas são formadas por elementos de pórticos, sensíveis a esforços axiais, tangenciais e momentos, geometricamente dispostas em retângulos, normalmente interligadas por juntas rígidas.

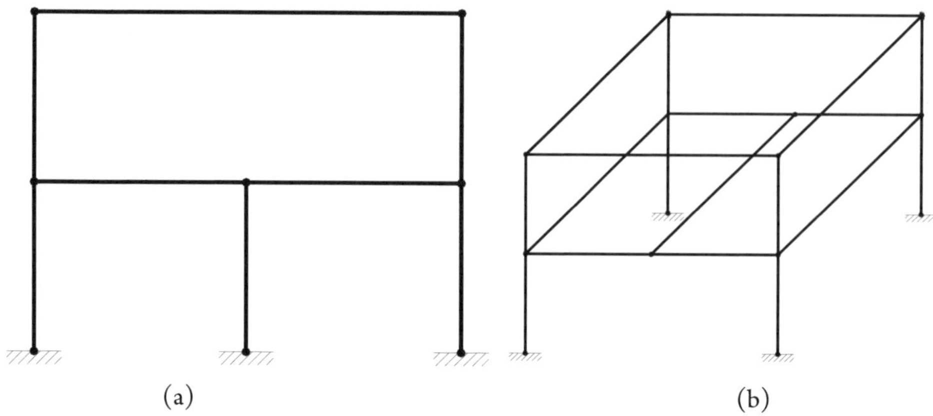

Figura 1.8 Pórtico plano e espacial

No geral, as estruturas convencionais são dimensionadas para trabalhar com pequenas deformações, objetivando a manutenção da forma originária e do conforto ao usuário. Assim, para estruturas com tais características, viabiliza-se com considerável grau de correspondência física a análise comportamental, considerando a analogia de mola. Desse modo, todos os elementos constituintes da estrutura são analogamente considerados como molas interligadas por juntas. A Figura 1.9 apresenta a idealização de uma estrutura espacial reticulada usando essa analogia de mola. As juntas e os elementos estão numerados aleatoriamente de 1 a *n*, sendo as juntas representadas pelos círculos e os elementos, pelos quadrados.

Por meio das juntas, ocorrem as interações da estrutura com o meio externo, pelas quais se aplicam as ações (cargas) e as restrições de movimentação das juntas (apoios). Assim, conhecendo-se a geometria, as propriedades físicas dos elementos componentes da estrutura, as ações e as restrições de movimento das juntas, definem-se o domínio e as condições de contorno, viabilizando a solução da estrutura como um problema de valor de contorno.

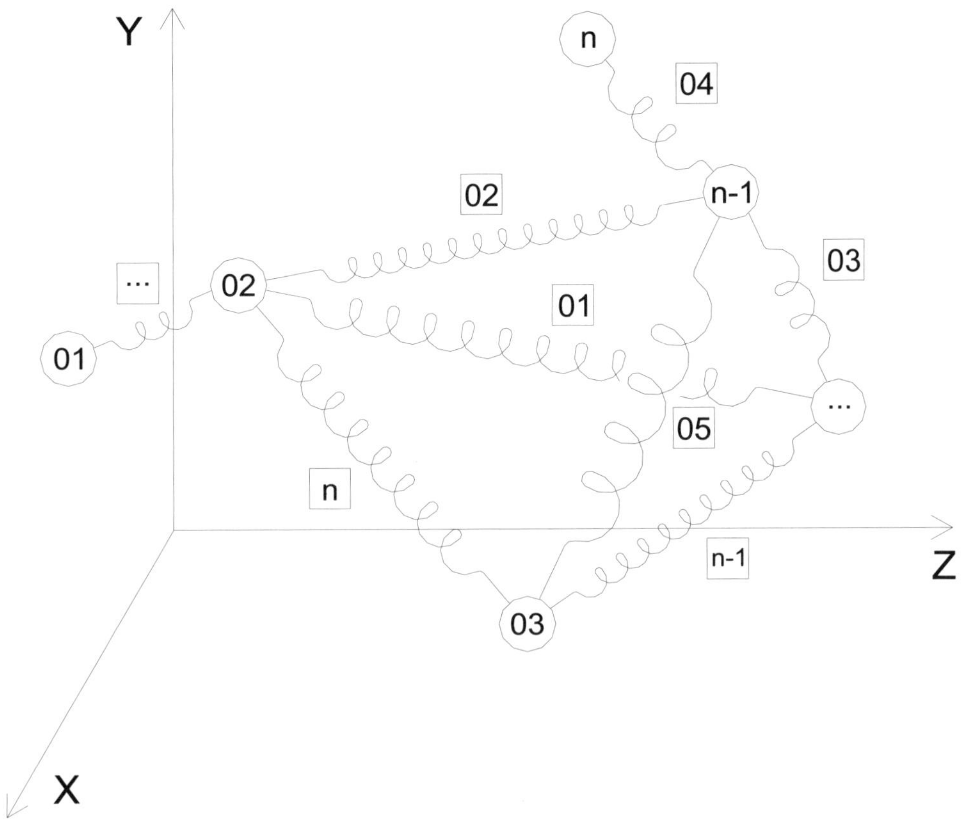

Figura 1.9 Idealização de uma estrutura aplicando a analogia de mola

1.4. EQUAÇÕES DE EQUILÍBRIO PARA O ELEMENTO

Considere o elemento de mola idealizado, posicionado na direção horizontal e interligado a duas juntas, sendo j a junta avante, e i a junta à ré, conforme apresentado na Figura 1.10.

Se aplicarmos simultaneamente sobre as juntas duas forças horizontais, sendo $F_i < F_j$, por conseguinte ocorrerão deslocamentos $U_i < U_j$ e a mola sofrerá distensão, conforme apresenta a Figura 1.11.

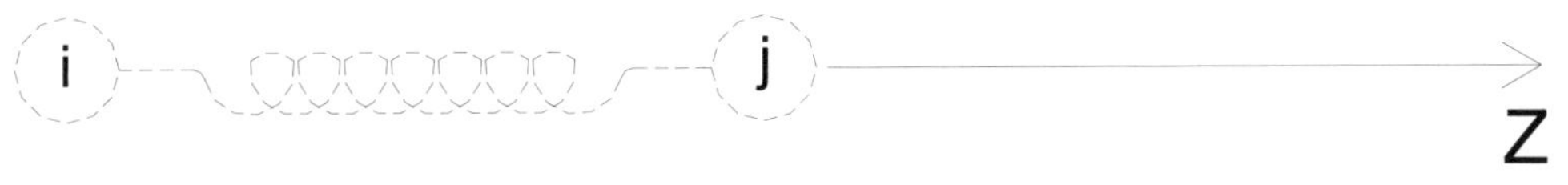

Figura 1.10 Elemento de mola em repouso

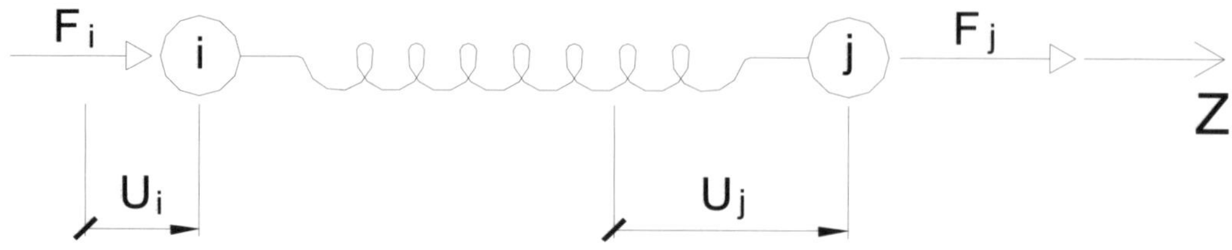

Figura 1.11 Elemento de mola submetido à ação de forças horizontais aplicadas nas juntas

Essa distensão faz o elemento de mola reagir no sentido oposto para neutralizar as ações externas e assegurar o equilíbrio. Sendo F_m a força exercida pela mola, conforme apresenta a Figura 1.12, e retornando na equação (1.1), como $U = U_j - U_i$ e $F = F_m$, tem-se que:

$$k.(U_j - U_i) = F_m \tag{1.3}$$

Figura 1.12 Forças exercidas nas juntas

O equilíbrio do elemento é obtido mediante equilíbrio simultâneo dos graus de liberdade vinculados às juntas *i* e *j*. Assim, considerando o somatório das forças verticais horizontais (direção de Z) iguais a zero, tem-se:

$$\begin{cases} \text{junta } i\text{: } F_i + F_m = 0 \\ \text{junta } j\text{: } F_j - F_m = 0 \end{cases}$$

$$\begin{cases} -F_m = F_i \\ +F_m = F_j \end{cases}$$

$$\begin{cases} -k.(U_j - U_i) = F_i \\ +k.(U_j - U_i) = F_j \end{cases}$$

$$\begin{cases} +k.U_i - k.U_j = F_i \\ -k.U_i + k.U_j = F_j \end{cases}$$

$$\begin{bmatrix} +k & -k \\ -k & +k \end{bmatrix} . \begin{Bmatrix} U_i \\ U_j \end{Bmatrix} = \begin{Bmatrix} F_i \\ F_j \end{Bmatrix} \tag{1.4}$$

A equação matricial (1.4) pode ser utilizada também de forma análoga para obter o equilíbrio de quaisquer elementos, ainda que possuam mais graus de liberdade do que o elemento de mola ora estudado. Isso porque os graus de liberdade *i* e *j* vinculados aos nós avante e à ré podem variar de 1 a *n*. É comumente apresentada de forma matricial simplificada ou indicial, conforme a equação (1.5), uma vez que possui amplo emprego na solução de problemas estruturais mediante implementação computacional.

$$[K].\{U\} = \{F\} \quad \text{ou} \quad k_{ij}U_j = F_i \tag{1.5}$$

Assim, define-se a equação de equilíbrio nas formas anteriores apresentadas, em que $\{U\} = U_j$ e $\{F\} = F_i$ correspondem aos vetores de deslocamentos e de forças nas juntas, os quais correlacionam os graus de liberdade por meio de $[K] = k_{ij}$, que é definida como matriz de rigidez. Desse modo, define-se a equação de equilíbrio aplicável a qualquer elemento do qual se conheça a rigidez $[K]$, que para o elemento de mola idealizado é apresentada pela equação (1.6).

$$k_{ij} = [k] = \begin{bmatrix} +k & -k \\ -k & +k \end{bmatrix} \tag{1.6}$$

1.5. MATRIZ DE RIGIDEZ PARA O ELEMENTO DE BARRA COM DOIS GRAUS DE LIBERDADE

1.5.1. Método da rigidez direta

Considere o elemento de barra indeformado e deformado após a aplicação de forças nas juntas, em condições análogas às do elemento de mola apresentado, conforme as Figuras 1.13 e 1.14.

Figura 1.13 Elemento de barra indeformado

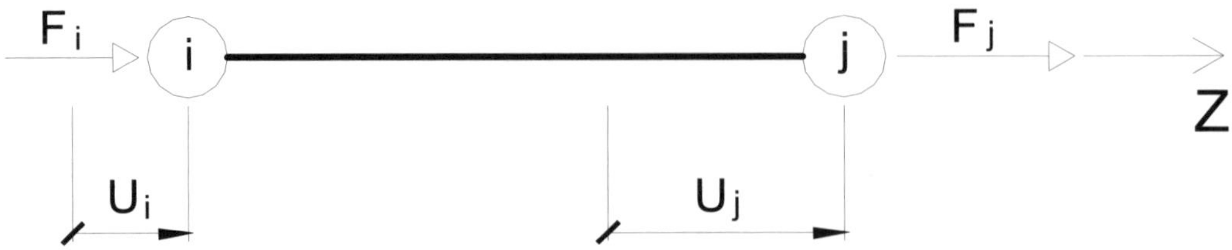

Figura 1.14 Elemento de barra submetido à ação de forças horizontais aplicadas nas juntas

Por outro lado, para este elemento de barra, a rigidez k pode ser perfeitamente determinada pela teoria da elasticidade. Assim, considere a Figura 1.15, que apresenta uma barra em lugar de uma mola sob a ação de uma força axial F. Considere como válida a hipótese de linearidade física estabelecida pela lei de Hooke conforme apresentado pelo gráfico da Figura 1.16, em que a tensão axial σ é proporcional à deformação unitária ε.

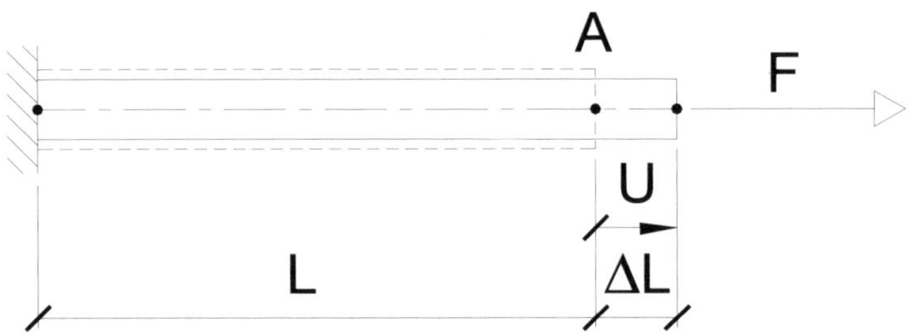

Figura 1.15 Elemento de barra submetido à ação de uma força horizontal

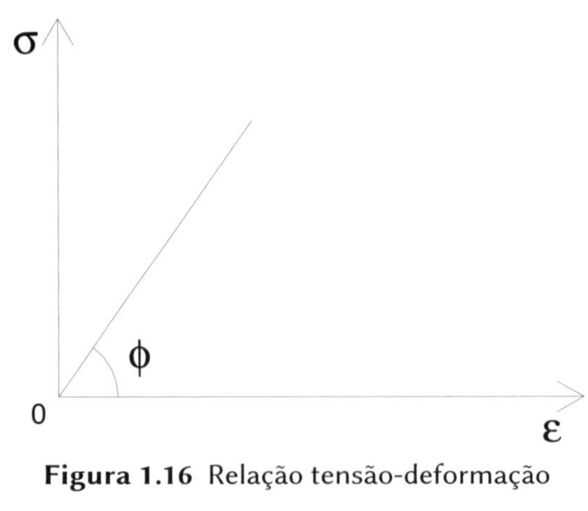

Figura 1.16 Relação tensão-deformação

A equação (1.7) corresponde ao gráfico apresentado na Figura 1.16, sendo o parâmetro E corresponde ao módulo de elasticidade do material também conhecido por módulo de Young – razão de proporcionalidade entre a variação da tensão e a variação da deformação unitária.

$$\sigma = E.\varepsilon \tag{1.7}$$

Considere que o elemento de barra apresentado pela Figura 1.15 possui comprimento L, área da seção transversal A e sofrerá pela ação de uma força F uma deformação ΔL de mesmo valor que deslocamento U da junta da extremidade da barra. Sendo a tensão axial σ a relação entre a força F e a área A, conforme dispõe a equação (1.8), e a deformação unitária ε, a relação entre a deformação ΔL e o comprimento L, apresentado na equação (1.9), é possível determinar, retornando na equação (1.7), a constante de mola k do elemento de barra estudado, desenvolvendo a equação (1.10).

$$\sigma = \frac{F}{A} \tag{1.8}$$

$$\varepsilon = \frac{\Delta L}{L} \tag{1.9}$$

$$\frac{F}{A} = E\ \frac{\Delta L}{L} \tag{1.10}$$

É possível, então, determinar a constante de mola k, da equação (1.1) em termos das demais constantes: modulo de elasticidade, área da seção transversal, comprimento do elemento.

$$\frac{E.A}{L}.U = F \tag{1.11}$$

Portanto, define-se k para o elemento de barra conforme a equação (1.12).

$$k = \frac{E.A}{L} \tag{1.12}$$

Retornando o valor de k para a equação (1.4), chega-se a equação matricial (1.13) de equilíbrio para o elemento de barra.

$$\begin{bmatrix} +\frac{E.A}{L} & -\frac{E.A}{L} \\ -\frac{E.A}{L} & +\frac{E.A}{L} \end{bmatrix} \cdot \begin{Bmatrix} U_i \\ U_j \end{Bmatrix} = \begin{Bmatrix} F_i \\ F_j \end{Bmatrix} \tag{1.13}$$

Nesse caso, $k_{ij} = [k] = [K_e]$ é definida como matriz de rigidez, que, para o elemento de barra, pode ser apresentada pela equação (1.14):

$$[K_e] = \begin{bmatrix} +\frac{E.A}{L} & -\frac{E.A}{L} \\ -\frac{E.A}{L} & +\frac{E.A}{L} \end{bmatrix} \tag{1.14}$$

1.5.2. Formulação do elemento de barra aplicado nas treliças pelo método dos elementos finitos

Os deslocamentos nodais são determinados pelo método dos elementos finitos, considerando um elemento de barra bidimensional, composto por dois nós i e j, sensível apenas a esforços e deformações axiais, seja de tração ou compressão. É conhecido o comprimento L do elemento e o endereçamento nodal, sendo j o índice do nó avante e i o índice do nó à ré. Conforme apresentado na Figura 1.17, ambos os nós terão seus deslocamentos horizontais u correlatos com a deformação do elemento, o qual responde fisicamente apenas na referida direção longitudinal ao comprimento L e normal à seção transversal da barra.

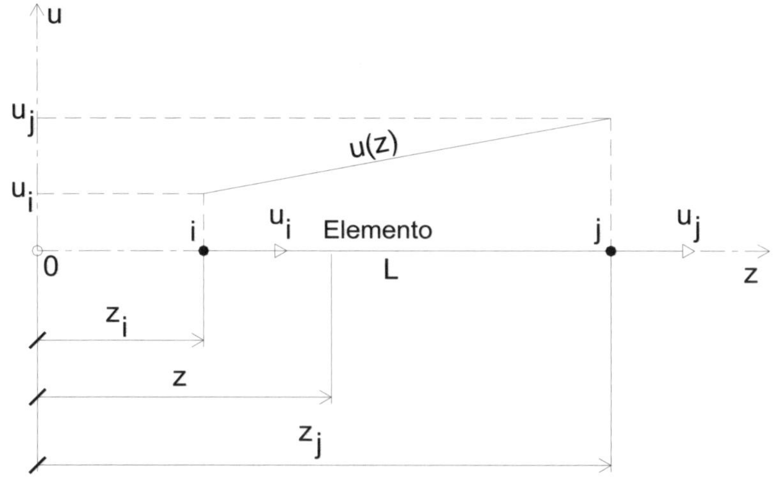

Figura 1.17 Elemento finito de barra de comprimento L e dois graus de liberdade

1.5.2.1. Determinação do campo de deslocamentos

O campo de deslocamentos de cada elemento é aproximado pelas funções de interpolação polinomiais de primeiro grau, sendo α_1 e α_2 constantes da função que representam, respectivamente, os coeficientes linear e angular da função de interpolação.

$$u(z) = \alpha_1 + \alpha_2 z \tag{1.15}$$

Aplicando o método dos elementos finitos, pode-se então determinar os deslocamentos nodais no interior do elemento, representados pelo vetor $\{u_e\}$, por aproximação pela multiplicação da matriz de interpolação do elemento$[N_e]$ pelo vetor $\{\delta_e\}$ que guarda como parâmetros nodais – deslocamentos dos nós do sistema vinculados ao elemento. Assim, escrevendo no formato indicial, tem-se a seguinte equação matricial:

$$\{u_e\} = [N_e]\,\{\delta_e\} \tag{1.16}$$

Portanto, é possível escrever a função dos deslocamentos da matriz de interpolação e do vetor de parâmetros nodais.

$$u(z) = N_i u_i + N_j u_j = [N_i \quad N_j]\begin{bmatrix} u_i \\ u_j \end{bmatrix} \tag{1.17}$$

As funções N_i e N_j de forma do elemento são retas que possuem valor unitário no nó de mesmo índice e zero no nó oposto, sendo escritas em função de z e L, conforme apresentado pelos gráficos da Figura 1.18.

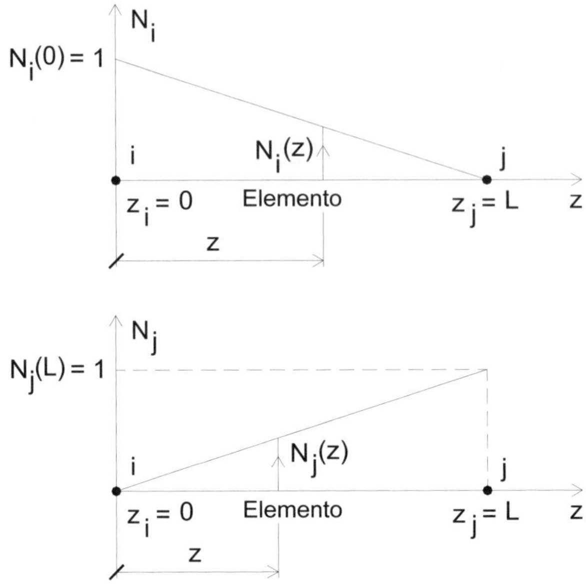

Figura 1.18 Função N_i e N_j de forma para o elemento nos nós *i* e *j*, respectivamente

As equações de interpolação do primeiro grau podem ser extraídas dos gráficos anteriormente apresentados de forma direta por meio da simples semelhança de triângulo.

$$N_i = \frac{z_j - z}{L}, N_j = \frac{-z_i + z}{L} \tag{1.18}$$

Adotando como origem para as coordenadas locais o nó i, assim $z_i = 0$ e $z_j = L$, é possível reescrever as funções.

$$N_i = 1 - \frac{z}{L}, N_j = \frac{z}{L} \tag{1.19}$$

Reescrevendo a matriz de interpolação nos termos de *z* e L.

$$[N_e] = \begin{bmatrix} 1 - \frac{z}{L} & \frac{z}{L} \end{bmatrix} \tag{1.20}$$

1.5.2.2. Equações constitutivas

Considera-se que o material possui comportamento elástico e linear, sendo válida a lei de Hooke, escrita de forma indicial, em que o tensor de tensões se relaciona linearmente com o tensor de deformações por meio do tensor C_{ijkl} de quarta ordem, que representa fisicamente a matriz de elasticidade.

$$\sigma_{ij} = C_{ijkl}\varepsilon_{kl} \tag{1.21}$$

Sendo os materiais supostamente homogêneos e isotópicos, e o tensor de tensões de Cauchy um tensor simétrico $(\sigma_{ij} = \sigma_{ji})$, as componentes da tensão se reduzem a seis, viabilizando a simplificação da equação tensorial para a equação matricial.

$$\{\sigma\}_i = [C]_{ij}.\{\varepsilon\}_j \tag{1.22}$$

Trata-se de um problema de valor de contorno, em que os deslocamentos dos nós dos elementos finitos que integram o sistema correspondem às deformações internas sofridas pelo elemento. Dessa maneira, retornando em (1.16), nos termos da equação constitutiva dada pela lei de Hooke, uma vez que é conhecida a relação $\{\varepsilon\} = [\partial]\,\{u\}$, pode-se perfeitamente obter a correlação entre as deformações internas e os deslocamentos nodais.

$$\{\varepsilon_e\} = [\partial][N_e]\,\{\delta_e\} \tag{1.23}$$

Seja, portanto, definida a matriz de deformação do elemento $[B_e]$ dada por:

$$[B_e] = [\partial][N_e] \tag{1.24}$$

Retornando à equação (1.23), tem-se:

$$\{\varepsilon_e\} = [B_e].\{\delta_e\} \tag{1.25}$$

A matriz de deformação $[B_e]$ pode ser perfeitamente definida, posto que $\{\varepsilon\} = [\partial]\,\{u\}$, sendo o operador $[\partial]$ dado por:

$$[\partial] = \begin{bmatrix} \frac{\partial}{\partial x} & 0 & 0 \\ 0 & \frac{\partial}{\partial y} & 0 \\ 0 & 0 & \frac{\partial}{\partial z} \\ \frac{\partial}{\partial y} & \frac{\partial}{\partial x} & 0 \\ 0 & \frac{\partial}{\partial z} & \frac{\partial}{\partial y} \\ \frac{\partial}{\partial z} & 0 & \frac{\partial}{\partial x} \end{bmatrix} \tag{1.26}$$

Nesse caso, por se tratar de deslocamentos e deformações na direção do eixo do elemento, atribuído a este a letra z, o operador se resume simplesmente à derivada total.

$$[\partial] = \frac{d}{dz} \tag{1.27}$$

Define-se a matriz de deformação do elemento $[B_e]$ por meio da diferenciação da equação (1.20).

$$[B_e] = \frac{d}{dz}\,[N_e] \tag{1.28}$$

$$[B_e] = \frac{d}{dz}\begin{bmatrix} 1 - \frac{z}{L} & \frac{z}{L} \end{bmatrix} \tag{1.29}$$

$$[B_e] = \begin{bmatrix} -\frac{1}{L} & \frac{1}{L} \end{bmatrix} \tag{1.30}$$

1.5.2.3. Teorema dos trabalhos virtuais – condições de equilíbrio

As condições para equilíbrio do sistema composto pelos elementos são então verificadas pela aplicação do teorema dos trabalhos virtuais, que considera como nula a soma dos trabalhos W_e realizados pelas forças externas $\{F_e\}$ durante os deslocamentos virtuais $\{\delta_e^*\}$ *e* $\{u_e^*\}$ com os trabalhos internos W_i realizados pelas tensões $\{\sigma\}$ durante as deformações virtuais $\{\varepsilon_e^*\}$.

Sendo o trabalho realizado pelas forças externas durante os deslocamentos:

$$W_e = \{\delta_e^*\}^T \{F_e\} \tag{1.31}$$

E o trabalho realizado pelas forças internas durante as deformações:

$$W_i = \int_{V_e} \{\varepsilon^*\}^T \{\sigma\} dV_e \tag{1.32}$$

retornando à equação (1.32) as equações (1.23), (1.24) e (1.25), reescreve-se o trabalho interno.

$$W_i = \int_{V_e} \{\delta_e^*\}^T [B_e]^T [C] [B_e] \{\delta_e\} dV_e \tag{1.33}$$

$$W_i = \{\delta_e^*\}^T \left(\int_{V_e} [B_e]^T [C] [B_e]. dV_e \right) \{\delta_e\} \tag{1.34}$$

Aplicando o teorema dos trabalhos virtuais, tem-se:

$$W_e = W_i \tag{1.35}$$

$$\{\delta_e^*\}^T \{F_e\} = \{\delta_e^*\}^T \left(\int_{V_e} [B_e]^T [C] [B_e]. dV_e \right) \{\delta_e\} \tag{1.36}$$

$$\{F_e\} = \left(\int_{V_e} [B_e]^T [C] [B_e]. dV_e \right) \{\delta_e\} \tag{1.37}$$

$$\{F_e\} = \left(\int_{V_e} [B_e]^T [C] [B_e]. dV_e \right) \{u_e\} \tag{1.38}$$

Chega-se à matriz de rigidez do elemento dada por:

$$[K_e] = \int_{V_e} [B_e]^T [C] [B_e]. dV_e \tag{1.39}$$

Assim, é estabelecida a equação de equilíbrio para o elemento.

$$\{F_e\} = [K_e]\{u_e\} \tag{1.40}$$

Também pode ser escrito de forma indicial:

$$Fe_i = Ke_{ij}. Ue_j \tag{1.41}$$

Para o elemento finito de barra apesentado, cujos graus de liberdade são sensíveis apenas na direção do eixo principal z, tem-se:

$$\varepsilon_e = \varepsilon_z \tag{1.42}$$

$$[C] = E \tag{1.43}$$

$$dV_e = A\,dz \tag{1.44}$$

1.5.2.4. Determinação da matriz de rigidez do elemento

Retornando as equações (1.43), (1.44), (1.45) na equação (1.40), e sendo E o módulo de elasticidade e A área da seção transversal do elemento, ambos constantes no domínio $(0 \leq z \leq L)$, a matriz de rigidez do elemento pode ser escrita da seguinte forma:

$$[K_e] = \int_0^L [B_e]^T EA\,[B_e] dz \tag{1.45}$$

Uma vez conhecido os termos da matriz de deformação $[B_e]$ do elemento para as funções de interpolação escolhidas (equações de primeiro grau), conforme apresentado pela equação matricial (1.31), pode-se substituir e obter a matriz de rigidez nos termos das constantes conhecidas.

$$[K_e] = \int_0^L \begin{bmatrix} -\frac{1}{L} \\ \frac{1}{L} \end{bmatrix} EA \begin{bmatrix} -\frac{1}{L} & \frac{1}{L} \end{bmatrix} dz \tag{1.46}$$

$$[K_e] = EA \begin{bmatrix} \frac{1}{L^2} & -\frac{1}{L^2} \\ -\frac{1}{L^2} & \frac{1}{L^2} \end{bmatrix} \int_0^L dz \tag{1.47}$$

$$[K_e] = EAL \begin{bmatrix} \frac{1}{L^2} & -\frac{1}{L^2} \\ -\frac{1}{L^2} & \frac{1}{L^2} \end{bmatrix} \tag{1.48}$$

$$[K_e] = \begin{bmatrix} \frac{EA}{L} & -\frac{EA}{L} \\ -\frac{EA}{L} & \frac{EA}{L} \end{bmatrix} \tag{1.49}$$

Conhecida a matriz de rigidez para o elemento, é possível, por meio do princípio da superposição dos efeitos, determinar também a matriz de rigidez para o sistema. A rigidez atribuída a um nó em seus respectivos graus de liberdade é obtida pela superposição dos efeitos de rigidez dos elementos que concorrem com este, conforme Figura 1.19. Dessa forma, a rigidez do sistema será a soma das rigidezes obtidas para todos os nós do interior do domínio da estrutura, conforme pode ser idealizado na Figura 1.19.

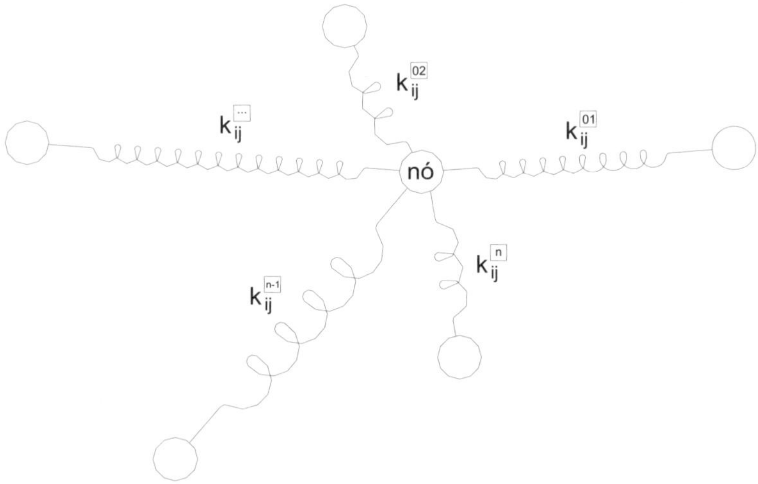

Figura 1.19 Rigidez atribuída aos graus de liberdade de um nó

Entretanto, para aplicação deste princípio de superposição de efeitos, é necessário que todas as grandezas tensoriais $\{G\}$ relacionadas aos elementos do sistema analisado estejam representadas em uma única referência. A esse sistema de referência comum a todos os nós atribui-se o nome de sistema de coordenadas globais.

1.6. TRANSFORMAÇÃO DE SISTEMA DE COORDENADA PARA O ELEMENTO DE BARRA EM DUAS DIMENSÕES

Seja um ponto $P \in R^2$ e, a este ponto, seja vinculada uma grandeza G tensorial referenciada a um sistema cartesiano de coordenada local representado por um par de eixos, z,y. Assim, é possível representar a grandeza G neste sistema local por $G(G_z; G_y)$. A partir deste, deseja-se transformar esta mesma grandeza G em um novo sistema de referência cartesiano vinculado a outro par de eixos Z,Y, este sendo rotacionado por um ângulo conhecido β, denominado sistema de referência em coordenada global.

Nesse novo sistema, a mesma grandeza G passa a ser representada por $G(G_Z; G_Y)$. A Figura 1.20 apresenta geometricamente no plano a transformação do sistema de coordenadas local para a referência global.

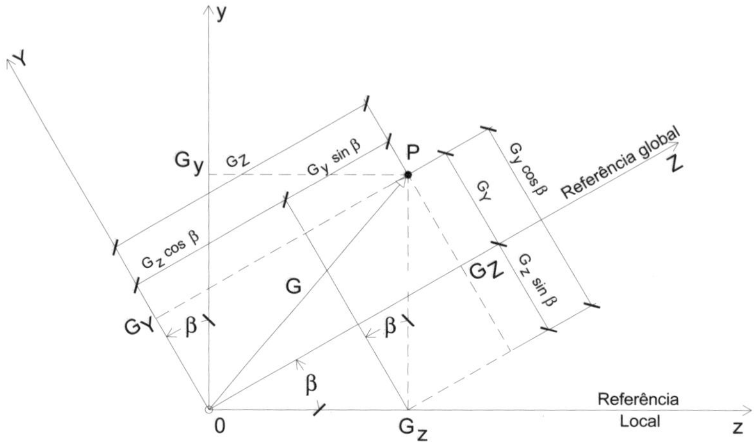

Figura 1.20 Transformação de sistema de coordenadas local para referência global

Determinam-se analiticamente os valores de G em coordenadas globais a partir da referência local, conforme apresentado pelo sistema de equações (1.50).

$$\begin{cases} G_Z = \quad G_z\cos\beta + G_y\sin\beta \\ G_Y = -G_z\sin\beta + G_y\cos\beta \end{cases} \tag{1.50}$$

É conveniente para a realização das operações que tal sistema seja representado de forma matricial, como segue pela equação (1.51).

$$\begin{Bmatrix} G_Z \\ G_Y \end{Bmatrix} = \begin{bmatrix} \cos\beta & \sin\beta \\ -\sin\beta & \cos\beta \end{bmatrix} \begin{Bmatrix} G_z \\ G_y \end{Bmatrix} \tag{1.51}$$

O elemento de barra é composto por dois nós i e j, conforme mostra a Figura 1.21. Cada nó contém dois graus de liberdade estando as grandezas vinculadas à posição dos respectivos nós no plano. Portanto, para transformar o elemento de sistema, é necessário operar simultaneamente as grandezas vinculadas a ambos os nós.

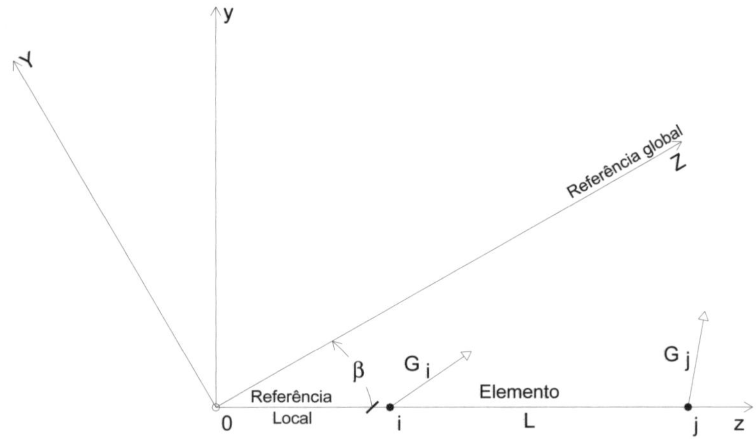

Figura 1.21 Transformação do elemento composto por dois nós

Assim, a equação matricial deve ser escrita da seguinte forma, apresentada pela equação (1.52):

$$\begin{Bmatrix} G_{Zi} \\ G_{Yi} \\ G_{Zj} \\ G_{Yj} \end{Bmatrix} = \begin{bmatrix} \cos\beta & \sin\beta & 0 & 0 \\ -\sin\beta & \cos\beta & 0 & 0 \\ 0 & 0 & \cos\beta & \sin\beta \\ 0 & 0 & -\sin\beta & \cos\beta \end{bmatrix} \begin{Bmatrix} G_{zi} \\ G_{yi} \\ G_{zj} \\ G_{yj} \end{Bmatrix} \tag{1.52}$$

Convém observar que, escrevendo dessa forma, os dois primeiros elementos dos vetores correspondem exclusivamente às grandezas vinculadas à junta à ré i, ao passo que as duas últimas correspondem à junta avante j.

Escrevendo a transformação de forma simplificada, sendo $\{G_l\}$ o vetor que representa a grandeza no sistema local e $\{G_g\}$ o vetor que representa essa mesma grandeza na referência global, e tomando como $[R]$ a matriz de transformação, tem-se a seguinte equação matricial (1.53):

$$\{G_g\} = [R]\{G_l\} \tag{1.53}$$

Tal equação pode ser escrita de forma indicial, como apresentado pela equação (1.54).

$$G_{g_i} = R_{ij}\, G_{l_j} \tag{1.54}$$

Sendo a matriz de rotação [R] definida para o elemento de barra com dois graus de liberdade, e apresentada pela equação (1.55) tomando β como o ângulo formado entre os eixos dos sistemas local e global, tem-se:

$$R_{ij} = [R] = \begin{bmatrix} \cos\beta & \sin\beta & 0 & 0 \\ -\sin\beta & \cos\beta & 0 & 0 \\ 0 & 0 & \cos\beta & \sin\beta \\ 0 & 0 & -\sin\beta & \cos\beta \end{bmatrix} \quad (1.55)$$

Isso viabiliza a representação de qualquer grandeza do sistema local na referência global a partir da multiplicação desta pela matriz de transformação R, conforme a equação (1.55). O retorno do sistema global para a referência local também é possível, por meio da operação inversa apresentada na equação matricial (1.56).

$$\{G_l\} = [R]^{-1}\{G_g\} \quad (1.56)$$

Por se tratar de uma matriz ortogonal $[R]^{-1} = [R]^T$, e a matriz inversa ser igual à transposta, pode-se escrever a transformação pela equação (1.57).

$$\{G_l\} = [R]^T\{G_g\} \quad (1.57)$$

As Figuras 1.22 (a) e (b) apresentam, respectivamente, a convenção dos sinais para as forças internas normais e tangenciais de um elemento, considerando os sistemas de coordenadas local e global.

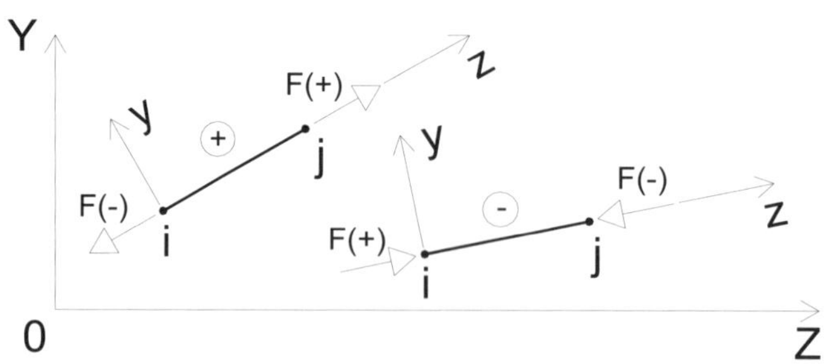

(a)

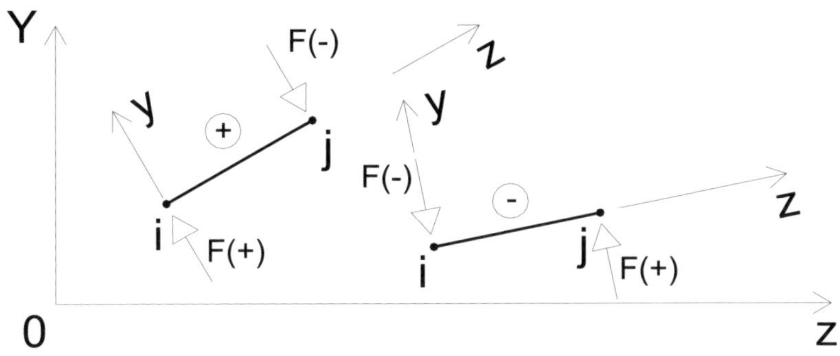

(b)

Figura 1.22 Convenção dos sinais para as forças internas

1.7. OBTENÇÃO DA MATRIZ DE RIGIDEZ DO ELEMENTO DE BARRA NO SISTEMA DE COORDENADAS GLOBAIS

A matriz de rigidez do elemento de barra no sistema de coordenadas globais [Keg] é obtida por meio da transformação da matriz de rigidez do elemento inicialmente no sistema local [Ke] por meio da seguinte operação matricial apresentada pela equação (1.58):

$$[\text{Keg}] = [\text{R}]^{\text{T}}[\text{Ke}][\text{R}] \tag{1.58}$$

Desta transformação, obtém-se a matriz de rigidez de cada elemento em coordenadas globais em termos dos parâmetros conhecidos do sistema, conforme a equação (1.59).

$$[\text{K}_{\text{eg}}] = \frac{E.A}{L}\begin{bmatrix} \cos^2\beta & \cos\beta\sin\beta & -\cos^2\beta & -\cos\beta\sin\beta \\ \cos\beta\sin\beta & \sin^2\beta & -\cos\beta\sin\beta & -\sin^2\beta \\ -\cos^2\beta & -\cos\beta\sin\beta & \cos^2\beta & \cos\beta\sin\beta \\ -\cos\beta\sin\beta & -\sin^2\beta & \cos\beta\sin\beta & \sin^2\beta \end{bmatrix} \tag{1.59}$$

1.8. SOLUÇÃO DO SISTEMA ESTRUTURAL

Considerando um sistema composto por um número conhecido de nós Ne, e de graus de liberdade NDOF, a matriz de rigidez desse sistema, conforme apresentado pela equação (1.60), será:

$$Ks_{ij} = \sum_{e=1}^{Ne} \sum_{i=1}^{NDOF} \sum_{j=1}^{NDOF} Keg_{eij} = \sum_{e=1}^{Ne} Keg_{ij} = \left[K_{eg}\right]_1 + \left[K_{eg}\right]_2 + \cdots + \left[K_{eg}\right]_{Ne} \quad (1.60)$$

Analogamente ao elemento, a equação de equilíbrio é válida para o sistema estrutural, aplicada de forma simultânea a todos os elementos, podendo ser escrita de forma indicial conforme a equação (1.61).

$$Ks_{ij}.U_j = F_i \quad (1.61)$$

As forças F_i aplicadas a um nó qualquer do sistema são de duas naturezas distintas, oriundas de: 1) ações provocadas por agentes externos; 2) reações de apoio que provocam restrições aos graus de liberdade dos nós do sistema. Portanto, uma vez que a matriz de rigidez é conhecida em virtude das propriedades físicas e geométricas dos elementos e da estrutura, para cada valor de força F_i atribuído a um grau de liberdade, haverá valor correspondente de deslocamento nodal U_j, e vice-versa.

1.9. DEFINIÇÃO DE GRAUS DE LIBERDADE DE UMA JUNTA

O termo é bastante difundido na literatura técnica como *degree of freedom* (DOF), termo técnico do inglês que significa graus de liberdade, usado para indicar as possibilidades de movimentação de uma junta. Se considerarmos a junta da extremidade de um elemento de mola no plano, têm-se as seguintes possibilidades de movimentação representadas na Figura 1.23:

a) translação normal – é o movimento na direção do eixo do elemento de mola; recebe esse nome por ser a direção normal, ou seja, perpendicular à seção transversal do elemento;
b) translação tangencial – é o movimento na direção perpendicular ao eixo do elemento de mola, sendo esta tangencial à seção transversal;

c) rotação – é o movimento angular da junta, que significa a rotação da seção transversal em relação a um eixo perpendicular ao plano da estrutura que passa pela junta.

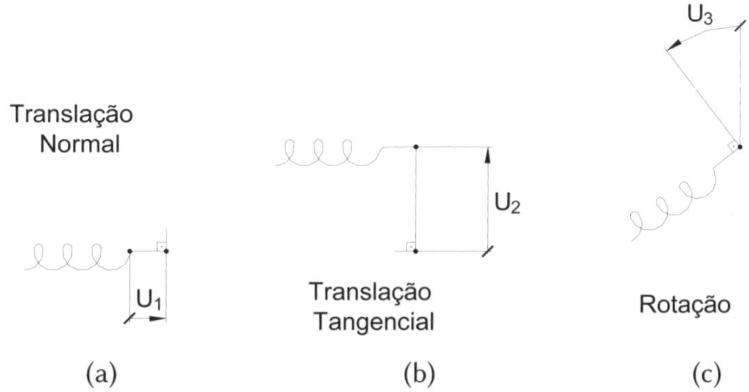

Figura 1.23 Graus de liberdade de uma junta no plano

O deslocamento de um nó de um elemento componente de uma estrutura é a combinação linear de todos os possíveis movimentos de todos os graus de liberdade da respectiva junta. A Figura 1.24 apresenta a movimentação de uma junta no plano indicando o elemento nas posições inicial (tracejado) e final. A Figura 1.24 (a) mostra um elemento de mola idealizado contendo todas as possibilidades de deslocamentos simultâneos, e a Figura 1.24 (b) mostra a correspondência da mesma junta de um elemento representativo de pórtico bidimensional.

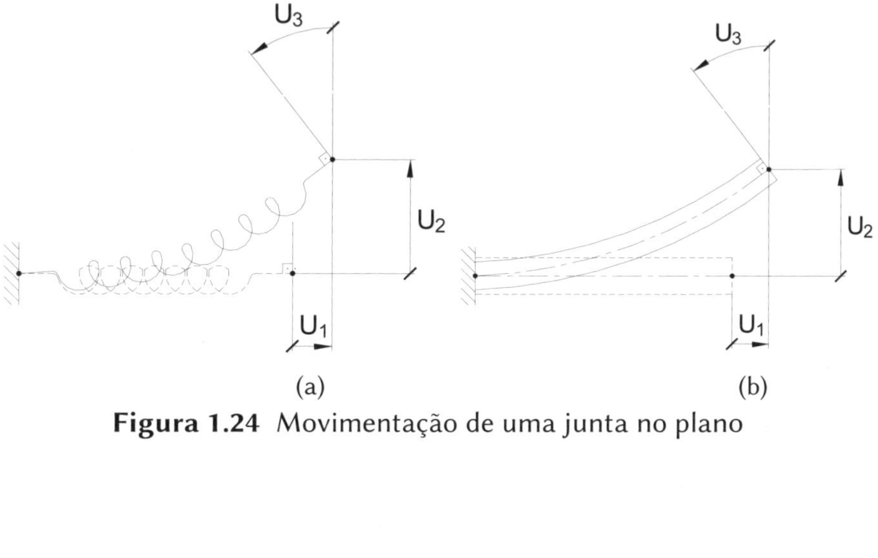

Figura 1.24 Movimentação de uma junta no plano

Em três dimensões, as juntas estão passíveis de translações e rotações em todas as direções, conforme pode ser verificado esquematicamente pela Figura 1.25; portanto, três translações e três rotações.

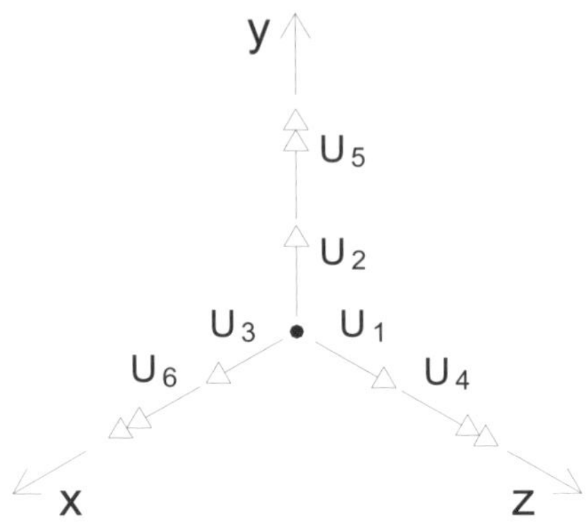

Figura 1.25 Graus de liberdade de uma junta em três dimensões

1.10. RESTRIÇÕES NOS DESLOCAMENTOS DE JUNTAS PROVOCADOS PELA INTERAÇÃO COM O MEIO EXTERNO

Por meio das juntas, obtém-se o equilíbrio da estrutura. Algumas delas configuram elementos de interação com o meio externo que fornece à estrutura as condições de suporte e as restrições ao deslocamento. Para restringir o movimento da junta, o meio deve reagir impondo forças externas denominadas reações de apoio.

Os vínculos são classificados conforme a restrição imposta na junta, ou seja, a força necessária (ou momento) para impedir o movimento daquele grau de liberdade específico.

No plano, o vínculo do primeiro gênero é denominado rolete e restringe o movimento de translação apenas em uma direção, conforme apresenta a Figura 1.26.

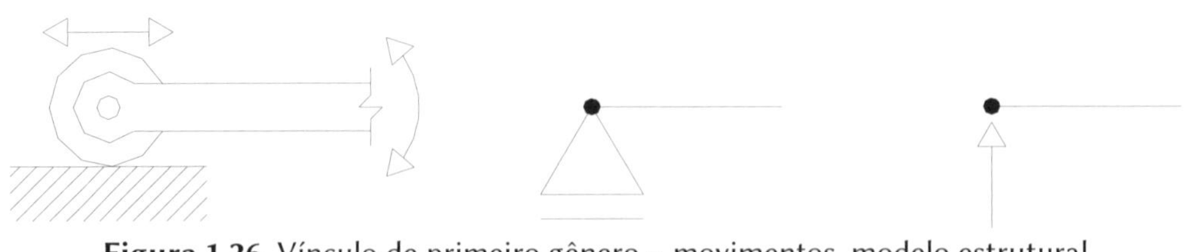

Figura 1.26 Vínculo de primeiro gênero – movimentos, modelo estrutural e reação na junta

A articulação é o nome dado ao vínculo de segundo gênero mais comum que restringe a translação em duas direções, conforme apresenta a Figura 1.27 (a). Contudo, conforme apresentado pela Figura 1.27 (b), existe outro tipo de apoio do segundo gênero, que restringe a translação em uma das direções simultaneamente à rotação.

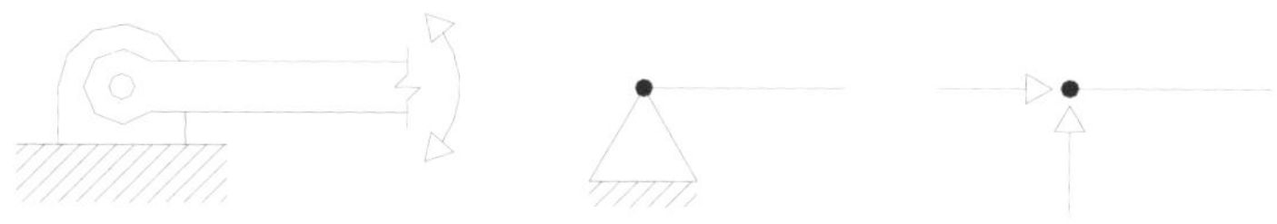

(a)

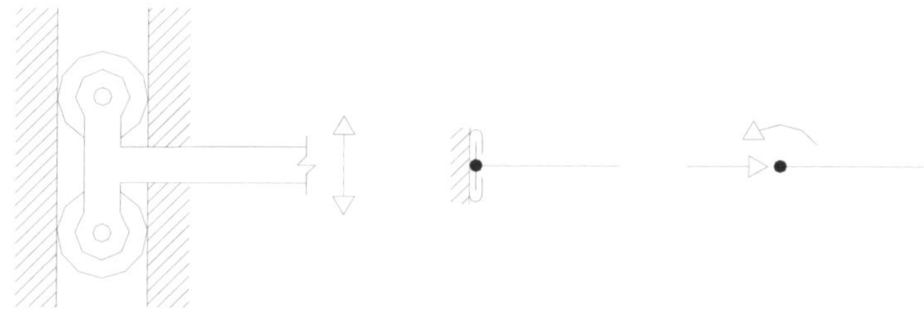

(b)

Figura 1.27 Vínculo de segundo gênero – movimento, modelo estrutural e reações na junta

O vínculo fixo ou engaste (terceiro gênero) apresentado na Figura 1.28 ocorre quando, além da restrição aos movimentos de translação, é impedida a rotação.

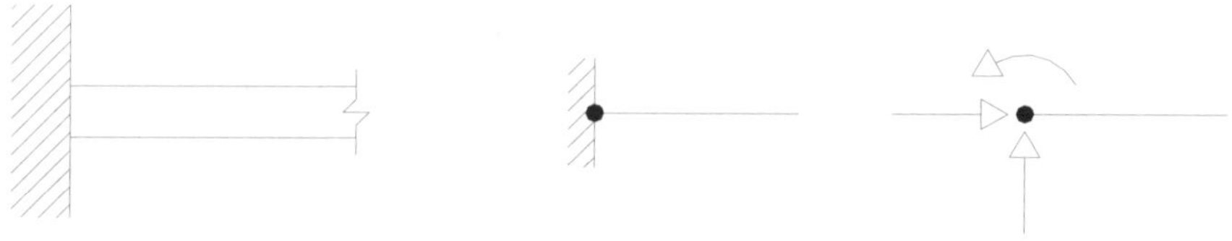

Figura 1.28 Vínculo de terceiro gênero – tipo, modelo estrutural e reações na junta

Da mesma maneira que os deslocamentos, as juntas estão passíveis de restrições de movimento em três dimensões. Conforme apresenta a Figura 1.29, F_1, F_2 e F_3 representam as forças impostas para restringir as translações; já F_4,F_5 e F_6 são os momentos que irão restringir os movimentos de rotação do nó. Portanto, é possível obter inúmeras formas de apoio – vinculação da estrutura com o meio – utilizando as combinações desses doze modos de restrições.

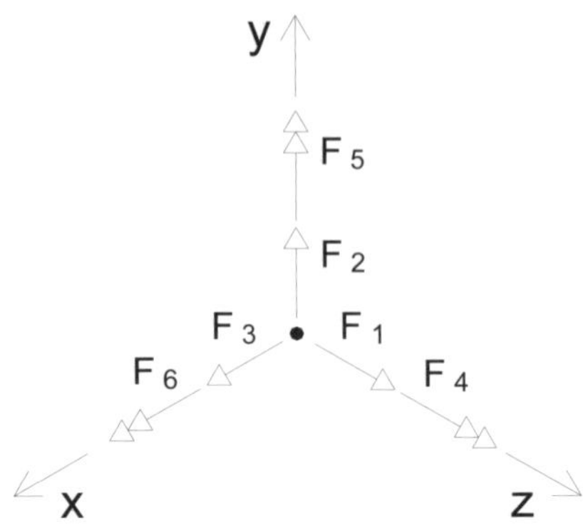

Figura 1.29 Restrições de uma junta em três dimensões

1.11. INDEXAÇÃO DOS GRAUS DE LIBERDADE PELOS NÚMEROS DAS JUNTAS PARA ELEMENTOS DE DOIS NÓS

Em geral, uma estrutura é formada por um número conhecido de elementos cujas propriedades físicas e geométricas podem ser distintas umas das outras. Contudo, a solução do sistema estrutural discretizado é obtida pela interação entre esses elementos, que se dá por meio das juntas de conectividade idealizadas por nós, em que são equilibradas as forças e os deslocamentos, considerando os respectivos graus de liberdade e obtidas as correspondentes equações que formarão o sistema linear. Para que isso seja possível, é necessário haver correlação entre todos os graus de liberdade do sistema estrutural, e uma regra racional para o endereçamento é desejável para ordenar o entendimento. Uma vez que os nós são ordenados, os graus de liberdade vinculados a esses nós podem ser indexados por meio de uma regra de endereçamento que relacione o número do nó com o grau de liberdade pertencente a esse nó. Seja uma estrutura constituída de um certo número de nós N_{NOS} e que cada um dos nós possua um número conhecido de graus de liberdade N_{DOFNO}, o número de graus de liberdade da estrutura N_{DOF} é o número de equações lineares que possui o sistema, podendo ser obtido pela multiplicação desses fatores.

$$N_{DOF} = N_{NOS}.N_{DOFNO} \tag{1.62}$$

Seja um elemento, componente de uma estrutura reticulada, constituído de certo número de graus de liberdade N_{DOFe} e dois nós, sendo um avante j e outro à ré i valores numéricos vinculados a um endereçamento na estrutura. Os graus de liberdade do elemento serão distribuídos entre os dois nós que o constituem, sendo metade para a junta avante e metade para a junta à ré.

$$N_{DOFNO} = \frac{N_{DOFe}}{2} \tag{1.63}$$

Permitindo que o número de graus de liberdade seja determinado pelo número de graus de liberdade atribuído ao elemento, tem-se:

$$N_{DOF} = N_{NOS}.\frac{N_{DOFe}}{2} \tag{1.64}$$

O número da equação do sistema, resultante da incógnita a determinar, deslocamento ou força, é atrelado ao número do grau de liberdade DOF correlacionado. Sendo o elemento constituído por dois nós, endereçados por *i* à ré e por *j* avante, o sistema de equações desse elemento é montado de modo que haja a interação plena com o sistema estrutural. Portanto, são necessários dois endereçamentos: um que identifique o DOF no elemento e outro que identifique o mesmo DOF no sistema estrutural. A equação (1.65) representa a forma de indexação dos graus de liberdade no elemento, iniciando em 1 e variando até $N_{DOFe} = 2.N_{DOFNO}$ e no sistema estrutural em virtude dos índices i e j atribuídos respectivamente a NOI e NOJ.

Nó à ré	i		NOI	Nó avante	j		NOJ
1	2	...	$\frac{N_{DOFe}}{2}$	$\frac{N_{DOFe}}{2}+1$	$\frac{N_{DOFe}}{2}+2$	...	N_{DOFe}
1	2	...	N_{DOFNO}	$N_{DOFNO}+1$	$N_{DOFNO}+2$	...	$2.N_{DOFNO}$
$N_{DOFNO}(i-1)+1$	$N_{DOFNO}(i-1)+2$	...	$i.N_{DOFNO}$	$N_{DOFNO}(j-1)+1$	$N_{DOFNO}(j-1)+2$	...	$j.N_{DOFNO}$

$$\begin{array}{c|cccc} \text{Nó à ré } i & 1 & 1 & \cdots & N_{DOFNO}(i-1)+1 \\ & 2 & 2 & \ddots & N_{DOFNO}(i-1)+2 \\ \text{NOI} & \vdots & \vdots & \cdots & \vdots \\ & \frac{N_{DOFe}}{2} & N_{DOFNO} & & i.N_{DOFNO} \\ \hline \text{Nó avante } j & \frac{N_{DOFe}}{2}+1 & N_{DOFNO}+1 & \cdots & N_{DOFNO}(j-1)+1 \\ & \frac{N_{DOFe}}{2}+2 & N_{DOFNO}+2 & \cdots & N_{DOFNO}(j-1)+2 \\ \text{NOJ} & \vdots & \vdots & \ddots & \vdots \\ & N_{DOFe} & 2.N_{DOFNO} & \cdots & j.N_{DOFNO} \end{array} \quad \left[\begin{array}{c|c} k_{NOI\,NOI} & k_{NOI\,NOJ} \\ \hline k_{NOJ\,NOI} & k_{NOJ\,NOJ} \end{array}\right] \cdot \left\{\begin{array}{c} U_{NOI} \\ \hline U_{NOJ} \end{array}\right\} = \left\{\begin{array}{c} F_{NOI} \\ \hline F_{NOJ} \end{array}\right\} \qquad (1.65)$$

A Figura 1.30 apresenta a forma de indexação dos graus de liberdade no elemento e no sistema estrutural.

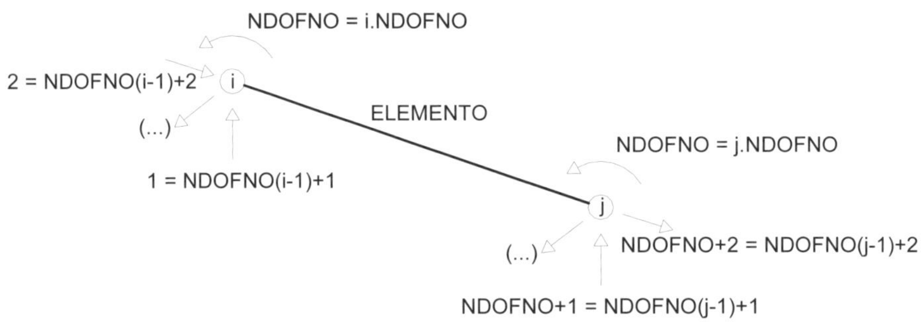

Figura 1.30 Indexação dos graus de liberdade de um elemento

O sistema linear contendo as equações de equilíbrio do elemento é correlato numericamente com seus graus de liberdade, e a regra de numeração desses graus de liberdade com correspondência ao número do nó na estrutura, ora apresentado, estabelece um procedimento de endereçamento único global a todos os elementos e, consequentemente, para toda a estrutura, chegando ao sistema linear de equilíbrio da estrutura por meio do equilíbrio simultâneo de todos os elementos que a compõe.

1.12. MÉTODO DE ANÁLISE ESTRUTURAL

A análise por métodos matriciais requer a prévia idealização da estrutura seguindo os procedimentos ora indicados:

1) Divisão da estrutura analisada em elementos interligados por juntas, pontos dos quais serão atribuídos os graus de liberdade para o tipo de elemento utilizado em consonância com a correspondente sensibilidade dada pela

equação de equilíbrio do elemento. Consiste em desenhar a estrutura de modo unifilar, numerar e localizar no sistema de coordenadas os elementos, as juntas e os respectivos graus de liberdade na sequência lógica de numeração dos nós, o que matematicamente significa discretizar o domínio em nós e elementos.

2) Conhecidas as propriedades físicas e geométricas dos elementos que compõe o sistema idealizado, deve-se estabelecer a conectividade entre os nós por meio dos elementos de ligação e, assim, determinar a matriz de rigidez do elemento e do sistema.
3) Atribuição das condições de contorno de cada junta do sistema estrutural, que matematicamente corresponde à interação da estrutura com o meio externo, sendo ações e reações em cada um deles. Consiste em aplicar as restrições nodais e o carregamento nodal em cada junta do sistema estrutural. Este procedimento permite conhecer as características do vetor de força.
4) Com as informações anteriormente descritas, é possível construir o problema de valor de contorno discretizado em elementos, conhecendo-se as matrizes de rigidez dos elementos e, por conseguinte, do sistema estrutural após o rearranjo e a superposição dos efeitos físicos pela soma que, em conjunto com as condições de contorno, forças e deslocamentos, possibilitam a montagem do sistema linear.
5) A solução do sistema linear permite obter os deslocamentos nodais para as juntas livres da estrutura e, retornando com os deslocamentos calculados ao sistema, determinam-se as reações para os graus de liberdade restritos.
6) Retornando os valores determinados aos sistemas lineares que equilibram os elementos discretizados e aplicando a transformação, obtém-se esforços internos e deformações dos elementos componentes no sistema local.

Exemplo 1.1

Considere a estrutura apresentada pela Figura 1.31 contendo respectivas ações e vínculos. Determine: a) os deslocamentos na extremidade e nas juntas; b) as reações de apoio; c) os esforços internos nos elementos.

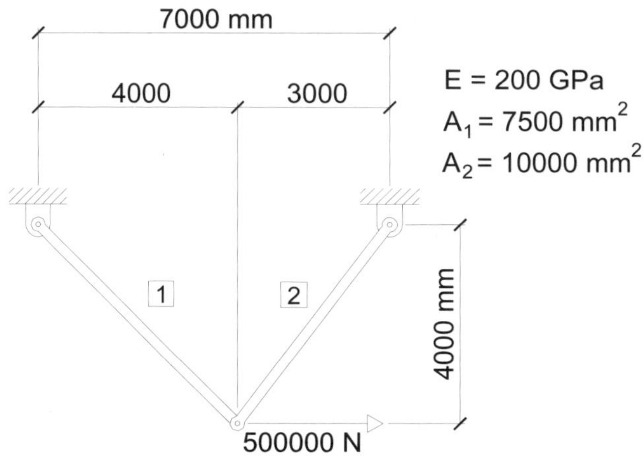

Figura 1.31 Estrutura plana formada por barras

Resolução:

1) Idealização do modelo estrutural.

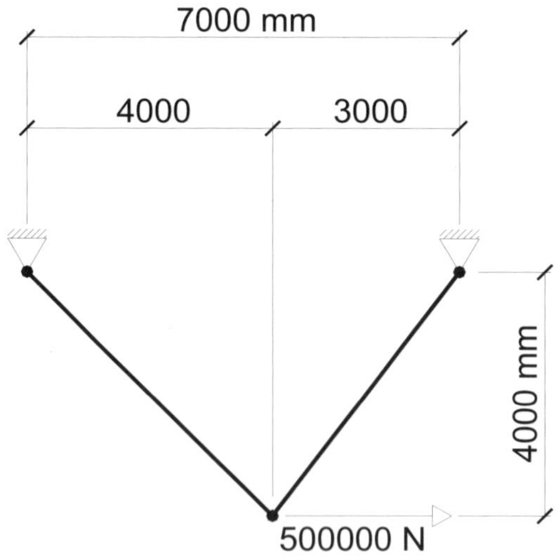

Referência, elementos, juntas e correspondentes graus de liberdade (DOF).

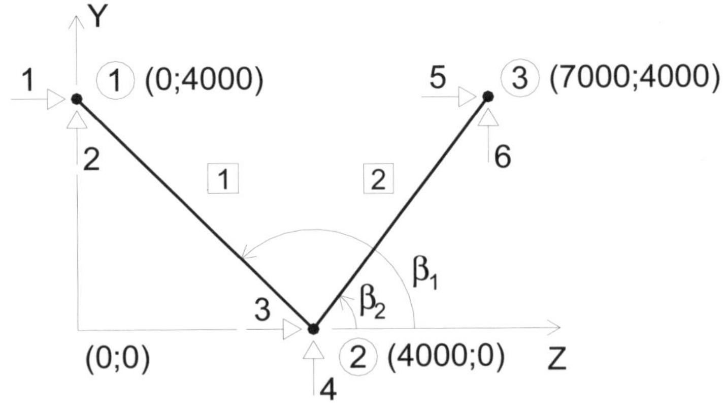

2) Construção das matrizes de rigidezes dos elementos.

Elemento 1:

$$L_1 = \sqrt{(4000-0)^2 + (0-4000)^2} = 5657 \text{ mm}$$
$$\beta_1 = \tan^{-1}\left(\frac{0-4000}{4000-0}\right) = 135{,}0^{\circ}$$
$$\cos\beta_1 = -0{,}7071 \quad \therefore \quad \cos^2\beta_1 = 0{,}5000$$
$$\text{sen}\,\beta_1 = 0{,}7071 \quad \therefore \quad \text{sen}^2\beta_1 = 0{,}5000$$
$$\cos\beta_1.\,\text{sen}\,\beta_1 = -0{,}5000$$
$$\frac{\text{E}.A_1}{L_1} = \frac{200000.7500}{5657} = 265158 \text{ N/mm}$$

$$[k]_1 = 265158.\begin{bmatrix} 0{,}5000 & -0{,}5000 & -0{,}5000 & 0{,}5000 \\ -0{,}5000 & 0{,}5000 & 0{,}5000 & -0{,}5000 \\ -0{,}5000 & 0{,}5000 & 0{,}5000 & -0{,}5000 \\ 0{,}5000 & -0{,}5000 & -0{,}5000 & 0{,}5000 \end{bmatrix}\begin{matrix}1\\2\\3\\4\end{matrix}$$
(columns: 1 2 3 4)

$$[k]_1 = \begin{bmatrix} 1{,}33.10^5 & -1{,}33.10^5 & -1{,}33.10^5 & 1{,}33.10^5 \\ -1{,}33.10^5 & 1{,}33.10^5 & 1{,}33.10^5 & -1{,}33.10^5 \\ -1{,}33.10^5 & 1{,}33.10^5 & \mathbf{1{,}33.10^5} & \mathbf{-1{,}33.10^5} \\ 1{,}33.10^5 & -1{,}33.10^5 & \mathbf{-1{,}33.10^5} & \mathbf{1{,}33.10^5} \end{bmatrix}\begin{matrix}1\\2\\3\\4\end{matrix}$$
(columns: 1 2 3 4)

<u>*Elemento 2:*</u>

$$L_2 = \sqrt{(7000 - 4000)^2 + (4000 - 0)^2} = 5000 \text{ mm}$$

$$\beta_2 = \tan^{-1}\left(\frac{4000-0}{7000-4000}\right) = 53{,}13^{\circ}$$

$$\cos \beta_2 = 0{,}6000 \quad \therefore \quad \cos^2 \beta_2 = 0{,}3600$$

$$\text{sen } \beta_2 = 0{,}8000 \quad \therefore \quad \text{sen}^2 \beta_2 = 0{,}6400$$

$$\cos \beta_2 . \, sen \, \beta_2 = 0{,}4800$$

$$\frac{\text{E}.A_2}{L_2} = \frac{200000.10000}{5000} = 400000 \text{ N/mm}$$

$$[k]_2 = 400000. \begin{array}{c} \\ \\ \\ \\ \end{array} \begin{array}{cccc} 3 & 4 & 5 & 6 \\ \end{array}$$

$$[k]_2 = 400000.\begin{bmatrix} 0{,}3600 & 0{,}4800 & -0{,}3600 & -0{,}4800 \\ 0{,}4800 & 0{,}6400 & -0{,}4800 & -0{,}6400 \\ -0{,}3600 & -0{,}4800 & 0{,}3600 & 0{,}4800 \\ -0{,}4800 & -0{,}6400 & 0{,}4800 & 0{,}6400 \end{bmatrix} \begin{matrix} 3 \\ 4 \\ 5 \\ 6 \end{matrix}$$

(colunas: 3, 4, 5, 6)

$$[k]_2 = \begin{bmatrix} \mathbf{1,44.10^5} & \mathbf{1,92.10^5} & -1{,}44.10^5 & -1{,}92.10^5 \\ \mathbf{1,92.10^5} & \mathbf{2,56.10^5} & -1{,}92.10^5 & -2{,}56.10^5 \\ -1{,}44.10^5 & -1{,}92.10^5 & 1{,}44.10^5 & 1{,}92.10^5 \\ -1{,}92.10^5 & -2{,}56.10^5 & 1{,}92.10^5 & 2{,}56.10^5 \end{bmatrix} \begin{matrix} 3 \\ 4 \\ 5 \\ 6 \end{matrix}$$

(colunas: 3, 4, 5, 6)

3) Construção da matriz de rigidez do sistema.

$$[k]_s = [k]_1 + [k]_2$$

$$[k]_s = \begin{bmatrix} 1{,}33.10^5 & -1{,}33.10^5 & -1{,}33.10^5 & 1{,}33.10^5 & 0 & 0 \\ -1{,}33.10^5 & 1{,}33.10^5 & 1{,}33.10^5 & -1{,}33.10^5 & 0 & 0 \\ -1{,}33.10^5 & 1{,}33.10^5 & \mathbf{2,77.10^5} & \mathbf{5,95.10^4} & -1{,}44.10^5 & -1{,}92.10^5 \\ 1{,}33.10^5 & -1{,}33.10^5 & \mathbf{5,95.10^4} & \mathbf{3,89.10^5} & -1{,}92.10^5 & -2{,}56.10^5 \\ 0 & 0 & -1{,}44.10^5 & -1{,}92.10^5 & 1{,}44.10^5 & 1{,}92.10^5 \\ 0 & 0 & -1{,}92.10^5 & -2{,}56.10^5 & 1{,}92.10^5 & 2{,}56.10^5 \end{bmatrix} \begin{matrix} 1 \\ 2 \\ 3 \\ 4 \\ 5 \\ 6 \end{matrix}$$

(colunas: 1, 2, 3, 4, 5, 6)

4) Carregamento nodal.

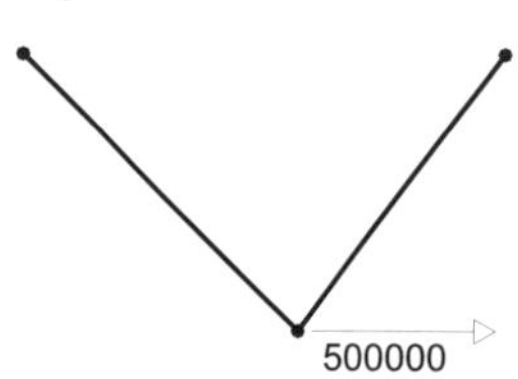

$$\{Fa\} = \begin{Bmatrix} 0 \\ 0 \\ +500000 \\ 0 \\ 0 \\ 0 \end{Bmatrix}$$

5) Estabelecer as condições de contorno das juntas – reações de apoio e deslocamentos a determinar.

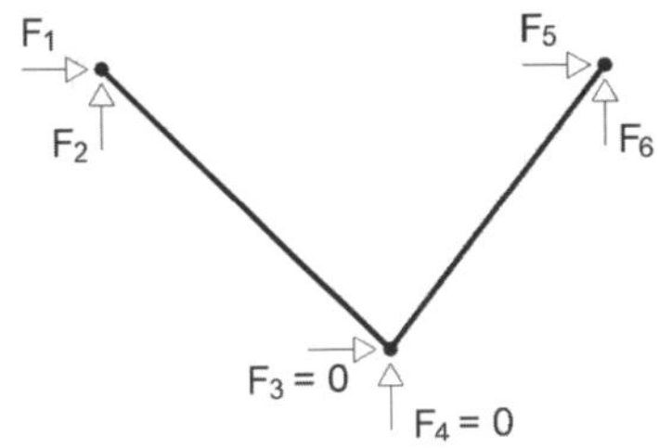

$$\{Fr\} = \begin{Bmatrix} F_1 \\ F_2 \\ 0 \\ 0 \\ F_5 \\ F_6 \end{Bmatrix}$$

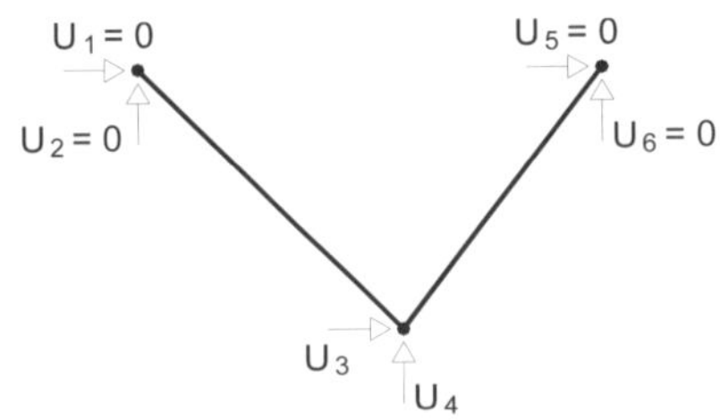

$$\{U\} = \begin{Bmatrix} 0 \\ 0 \\ U_3 \\ U_4 \\ 0 \\ 0 \end{Bmatrix}$$

6) Montagem do sistema linear.

$$\begin{matrix} & 1 & 2 & 3 & 4 & 5 & 6 \\ 1 \\ 2 \\ 3 \\ 4 \\ 5 \\ 6 \end{matrix} \begin{bmatrix} 1{,}33.10^5 & -1{,}33.10^5 & -1{,}33.10^5 & 1{,}33.10^5 & 0 & 0 \\ -1{,}33.10^5 & 1{,}33.10^5 & 1{,}33.10^5 & -1{,}33.10^5 & 0 & 0 \\ -1{,}33.10^5 & 1{,}33.10^5 & \mathbf{2,77.10^5} & \mathbf{5,95.10^4} & -1{,}44.10^5 & -1{,}92.10^5 \\ 1{,}33.10^5 & -1{,}33.10^5 & \mathbf{5,95.10^4} & \mathbf{3,89.10^5} & -1{,}92.10^5 & -2{,}56.10^5 \\ 0 & 0 & -1{,}44.10^5 & -1{,}92.10^5 & 1{,}44.10^5 & 1{,}92.10^5 \\ 0 & 0 & -1{,}92.10^5 & -2{,}56.10^5 & 1{,}92.10^5 & 2{,}56.10^5 \end{bmatrix} \cdot \begin{Bmatrix} 0 \\ 0 \\ U_3 \\ U_4 \\ 0 \\ 0 \end{Bmatrix} = \begin{Bmatrix} F_1 + 0 \\ F_2 + 0 \\ 0 + 500000 \\ 0 + 0 \\ F_5 + 0 \\ F_6 + 0 \end{Bmatrix}$$

7) Determinação dos deslocamentos dos graus de liberdade.

A partir do sistema linear, é possível extrair um sistema linear reduzido contendo como incógnitas apenas os deslocamentos.

$$[k].\{U\} = \{F\}$$

$$\begin{bmatrix} \mathbf{2,77.10^5} & \mathbf{5,95.10^4} \\ \mathbf{5,95.10^4} & \mathbf{3,89.10^5} \end{bmatrix} \cdot \begin{Bmatrix} U_3 \\ U_4 \end{Bmatrix} = \begin{Bmatrix} 500000 \\ 0 \end{Bmatrix}$$

A solução do sistema linear, com a determinação dos deslocamentos U, pode ser obtida pela aplicação de qualquer um dos métodos matemáticos. Neste exercício, os deslocamentos serão determinados pela multiplicação da matriz inversa de k pelo vetor F.

$$\{U\} = [k]^{-1}.\{F\}$$

A inversão da matriz k será realizada pelo método da eliminação de Gauss, por meio de operações elementares que transformem a matriz k na matriz identidade, e a matriz identidade na inversa de k.

$$[k]^{-1} = \left[\begin{matrix} 2{,}77.10^5 & 5{,}95.10^4 \\ 5{,}95.10^4 & 3{,}89.10^5 \end{matrix}\middle|\begin{matrix} 1{,}00.10^0 & 0{,}000000 \\ 0{,}000000 & 1{,}00.10^0 \end{matrix}\right]$$

$$\rightarrow L_1 = \left(\frac{1}{2{,}77.10^5}\right)$$

$$[k]^{-1} = \left[\begin{matrix} 1{,}00.10^0 & 2{,}15.10^{-1} \\ 5{,}95.10^4 & 3{,}89.10^5 \end{matrix}\middle|\begin{matrix} 3{,}61.10^{-6} & 0{,}000000 \\ 0{,}000000 & 1{,}00.10^0 \end{matrix}\right]$$

$$\rightarrow L_2 = L_2 + L_1(-5{,}95.10^4)$$

$$[k]^{-1} = \left[\begin{matrix} 1{,}00.10^0 & 2{,}15.10^{-1} \\ 0{,}000000 & 3{,}76.10^5 \end{matrix}\middle|\begin{matrix} 3{,}61.10^{-6} & 0{,}000000 \\ -2{,}15.10^{-1} & 1{,}00.10^0 \end{matrix}\right]$$

$$\rightarrow L_2 = \left(\frac{1}{3{,}76.10^5}\right)$$

$$[k]^{-1} = \left[\begin{matrix} 1.00.10^0 & 2{,}15.10^{-1} \\ 0{,}000000 & 1{,}00.10^0 \end{matrix}\middle|\begin{matrix} 3{,}61.10^{-6} & 0{,}000000 \\ -5{,}71.10^{-7} & 2{,}66.10^{-6} \end{matrix}\right]$$

$$\rightarrow L_1 = L_1 + L_2(-2{,}15.10^{-1})$$

$$[k]^{-1} = \left[\begin{matrix} 1{,}00.10^0 & 0{,}000000 \\ 0{,}000000 & 1.00.10^0 \end{matrix}\middle|\begin{matrix} 3{,}73.10^{-6} & -5{,}71.10^{-7} \\ -5{,}71.10^{-7} & 2{,}66.10^{-6} \end{matrix}\right]$$

Desse modo, por meio das transformações lineares, a inversa da matriz de rigidez é:

$$[k]^{-1} = \begin{bmatrix} 3{,}73.10^{-6} & -5{,}71.10^{-7} \\ -5{,}71.10^{-7} & 2{,}66.10^{-6} \end{bmatrix}$$

Substitui-se a matriz de rigidez inversa ao sistema reduzido:

$$\begin{Bmatrix} U_3 \\ U_4 \end{Bmatrix} = \begin{bmatrix} 3{,}73.10^{-6} & -5{,}71.10^{-7} \\ -5{,}71.10^{-7} & 2{,}66.10^{-6} \end{bmatrix} . \begin{Bmatrix} 500000 \\ 0 \end{Bmatrix}$$

$$U_3 = 3{,}73.10^{-6}.500000 + (-5{,}71.10^{-7}).0 = +1{,}865\ mm \rightarrow$$

$$U_4 = (-5{,}71.10^{-7}).500000 + 2{,}66.10^{-6}.0 = -0{,}285\ mm \downarrow$$

- *Deslocamento:*

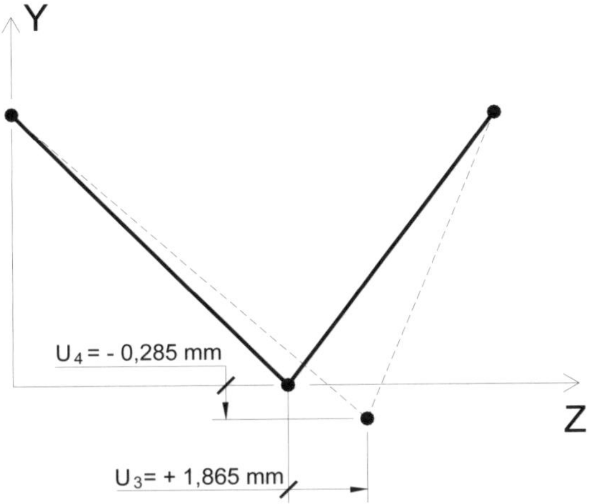

8) Determinação das forças de reação nos apoios.

Retornam-se os valores dos deslocamentos nodais ao sistema linear.

$$
\begin{matrix} \\ 1 \\ 2 \\ 3 \\ 4 \\ 5 \\ 6 \end{matrix}
\begin{matrix} \begin{matrix} 1 & 2 & 3 & 4 & 5 & 6 \end{matrix} \\
\begin{bmatrix}
1{,}33.10^5 & -1{,}33.10^5 & -1{,}33.10^5 & 1{,}33.10^5 & 0 & 0 \\
-1{,}33.10^5 & 1{,}33.10^5 & 1{,}33.10^5 & -1{,}33.10^5 & 0 & 0 \\
-1{,}33.10^5 & 1{,}33.10^5 & \mathbf{2{,}77.10^5} & \mathbf{5{,}95.10^4} & -1{,}44.10^5 & -1{,}92.10^5 \\
1{,}33.10^5 & -1{,}33.10^5 & \mathbf{5{,}95.10^4} & \mathbf{3{,}89.10^5} & -1{,}92.10^5 & -2{,}56.10^5 \\
0 & 0 & -1{,}44.10^5 & -1{,}92.10^5 & 1{,}44.10^5 & 1{,}92.10^5 \\
0 & 0 & -1{,}92.10^5 & -2{,}56.10^5 & 1{,}92.10^5 & 2{,}56.10^5
\end{bmatrix} \end{matrix}
\cdot
\begin{Bmatrix} 0 \\ 0 \\ +1{,}865 \\ -0{,}285 \\ 0 \\ 0 \end{Bmatrix}
=
\begin{Bmatrix} F_1 + 0 \\ F_2 + 0 \\ 0 + 500000 \\ 0 + 0 \\ F_5 + 0 \\ F_6 + 0 \end{Bmatrix}
$$

$$F_1 = (-1{,}33.10^5).(+1{,}865) + 1{,}33.10^5.(-0{,}285) = -285950\ \text{N} \leftarrow$$

$$F_2 = 1{,}33.10^5.(+1{,}865) + (-1{,}33.10^5).(-0{,}285) = +285950\ \text{N} \uparrow$$

$$F_5 = (-1{,}44.10^5).(+1{,}865) + (-1{,}92.10^5).(-0{,}285) = -213840\ \text{N} \leftarrow$$

$$F_6 = (-1{,}92.10^5).(+1{,}865) + (-2{,}56.10^5).(-0{,}285) = -285120\ \text{N} \downarrow$$

9) Determinação dos esforços nos elementos nas seções limites das juntas no sistema local.

$$\{\mathrm{F_g}\}_e = [k]_e.\{\mathrm{U_g}\}_e$$

$$\{\mathrm{F}_l\}_e = [R]_e.\{\mathrm{F_g}\}_e$$

<u>*Elemento 1:*</u>

$$\begin{Bmatrix} F_{1g} \\ F_{2g} \\ F_{3g} \\ F_{4g} \end{Bmatrix} = \begin{bmatrix} 1{,}33.10^5 & -1{,}33.10^5 & -1{,}33.10^5 & 1{,}33.10^5 \\ -1{,}33.10^5 & 1{,}33.10^5 & 1{,}33.10^5 & -1{,}33.10^5 \\ -1{,}33.10^5 & 1{,}33.10^5 & \mathbf{1{,}33.10^5} & \mathbf{-1{,}33.10^5} \\ 1{,}33.10^5 & -1{,}33.10^5 & \mathbf{-1{,}33.10^5} & \mathbf{1{,}33.10^5} \end{bmatrix} . \begin{Bmatrix} 0 \\ 0 \\ +1{,}865 \\ -0{,}285 \end{Bmatrix}$$

$$F_{1g} = (-1{,}33.10^5).(+1{,}865) + (+1{,}33.10^5).(-0{,}285) = -285950\text{ N}$$
$$F_{2g} = (+1{,}33.10^5).(+1{,}865) + (-1{,}33.10^5).(-0{,}285) = +285950\text{ N}$$
$$F_{3g} = (+1{,}33.10^5).(+1{,}865) + (-1{,}33.10^5).(-0{,}285) = +285950\text{ N}$$
$$F_{4g} = (-1{,}33.10^5).(+1{,}865) + (+1{,}33.10^5).(-0{,}285) = -285950\text{ N}$$

$$\begin{Bmatrix} F_{1l} \\ F_{2l} \\ F_{3l} \\ F_{4l} \end{Bmatrix} = \begin{bmatrix} -0{,}7071 & 0{,}7071 & 0 & 0 \\ -0{,}7071 & -0{,}7071 & 0 & 0 \\ 0 & 0 & -0{,}7071 & 0{,}7071 \\ 0 & 0 & -0{,}7071 & -0{,}7071 \end{bmatrix} . \begin{Bmatrix} -285950 \\ +285950 \\ +285950 \\ -285950 \end{Bmatrix}$$

$$F_{1l} = (-0{,}7071).(-285950) + (+0{,}7071).(+285950) = +404390\text{ N} \quad \text{(tração)}$$
$$F_{2l} = (-0{,}7071).(-285950) + (-0{,}7071).(+285950) = 0$$
$$F_{3l} = (-0{,}7071).(+285950) + (+0{,}7071).(-285950) = -404390\text{ N} \quad \text{(tração)}$$
$$F_{4l} = (-0{,}7071).(+285950) + (-0{,}7071).(-285950) = 0$$

<u>*Elemento 2:*</u>

$$\begin{Bmatrix} F_{1g} \\ F_{2g} \\ F_{3g} \\ F_{4g} \end{Bmatrix} = \begin{bmatrix} \mathbf{1{,}44.10^5} & \mathbf{1{,}92.10^5} & -1{,}44.10^5 & -1{,}92.10^5 \\ \mathbf{1{,}92.10^5} & \mathbf{2{,}56.10^5} & -1{,}92.10^5 & -2{,}56.10^5 \\ -1{,}44.10^5 & -1{,}92.10^5 & 1{,}44.10^5 & 1{,}92.10^5 \\ -1{,}92.10^5 & -2{,}56.10^5 & 1{,}92.10^5 & 2{,}56.10^5 \end{bmatrix} . \begin{Bmatrix} +1{,}865 \\ -0{,}285 \\ 0 \\ 0 \end{Bmatrix}$$

$$F_{1g} = (+1{,}44.10^5).(+1{,}865) + (+1{,}92.10^5).(-0{,}285) = +213840\text{ N}$$
$$F_{2g} = (+1{,}92.10^5).(+1{,}865) + (+2{,}56.10^5).(-0{,}285) = +285120\text{ N}$$
$$F_{3g} = (-1{,}44.10^5).(+1{,}865) + (-1{,}92.10^5).(-0{,}285) = -213840\text{ N}$$
$$F_{4g} = (-1{,}92.10^5).(+1{,}865) + (-2{,}56.10^5).(-0{,}285) = -285120\text{ N}$$

$$\begin{Bmatrix} F_{1l} \\ F_{2l} \\ F_{3l} \\ F_{4l} \end{Bmatrix} = \begin{bmatrix} +0{,}6000 & +0{,}8000 & 0 & 0 \\ -0{,}8000 & +0{,}6000 & 0 & 0 \\ 0 & 0 & +0{,}6000 & +0{,}8000 \\ 0 & 0 & -0{,}8000 & +0{,}6000 \end{bmatrix} . \begin{Bmatrix} +213840 \\ +285120 \\ -213840 \\ -285120 \end{Bmatrix}$$

$F_{1l} = (+0{,}6000).(+213840) + (+0{,}8000).(+285950) = +357064\ \text{N}$ (compressão)

$F_{2l} = (-0{,}8000).(+213840) + (+0{,}6000).(+285950) = (+498)\ 0$

$F_{3l} = (+0{,}6000).(-213840) + (+0{,}8000).(-285950) = -357064\ \text{N}$ (compressão)

$F_{4l} = (-0{,}8000).(-213840) + (+0{,}6000).(-285950) = (-498)\ 0$

Convém observar que, após a transformação para o sistema local, as forças tangenciais confirmaram-se nulas, porque o elemento de barra somente responde a esforços na direção axial. As forças locais F_{2l} e F_{4l} no elemento 2 são nulas, uma vez que os valores matematicamente encontrados são apenas residuais.

- *Diagrama de esforços normais:*

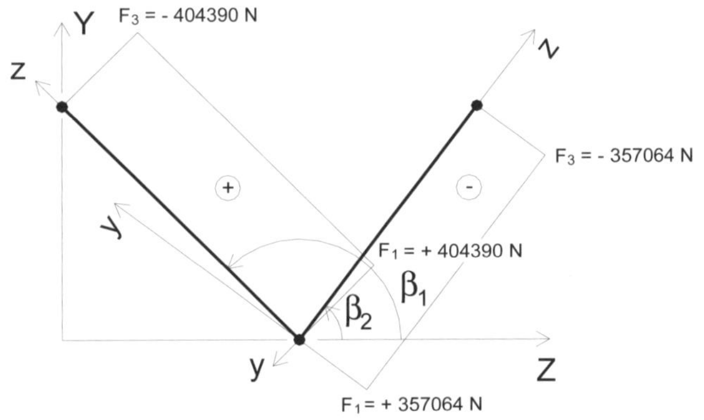

- *Código em Python para a solução computacional da estrutura.*

```
# carrega o anaStruct no Google Colag
! pip install anastruct


# Importa SystemElements do anastruct
from anastruct import SystemElements
ss = SystemElements()
# Adiciona os elementos entre juntas à ré e avante
# e Atribui aos elementos o produto E.A
ss.add_truss_element(location=[[0, 4000], [4000, 0]],EA=200000*7500)
ss.add_truss_element(location=[[4000, 0], [7000, 4000]],EA=200000*10000)
# Restrição nodal
ss.add_support_hinged(node_id=1)
ss.add_support_hinged(node_id=3)
```

```
# Cargas concentradas
ss.point_load(Fx=500000, node_id=2)
# Resolve a Estrutura
ss.solve()
# Apresentação dos resultados
# Modelo estrutural
ss.show_structure()
# Reações de apoio
ss.show_reaction_force()
# Diagrama de esforços normais
ss.show_axial_force()
# Deslocamento
ss.show_displacement(factor=1000)
print(ss.get_node_displacements())
```

- *Modelo estrutural:*

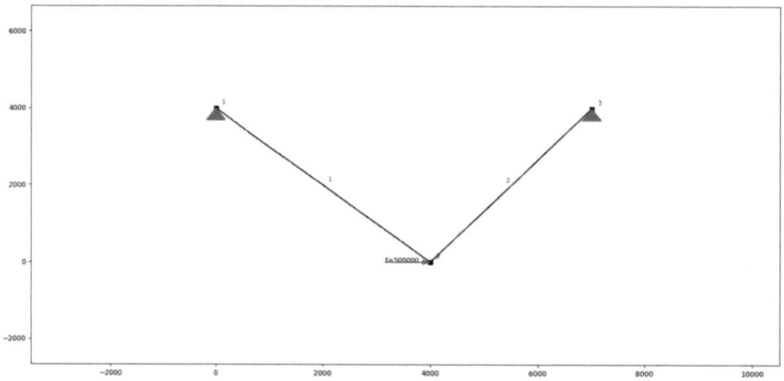

- *Reações de apoio:*

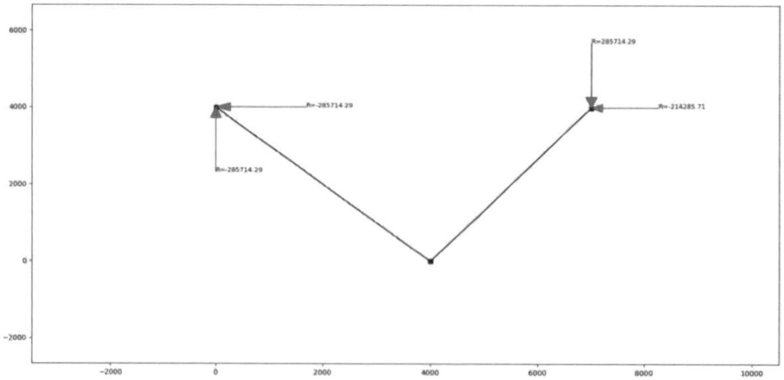

- *Diagrama de esforços normais:*

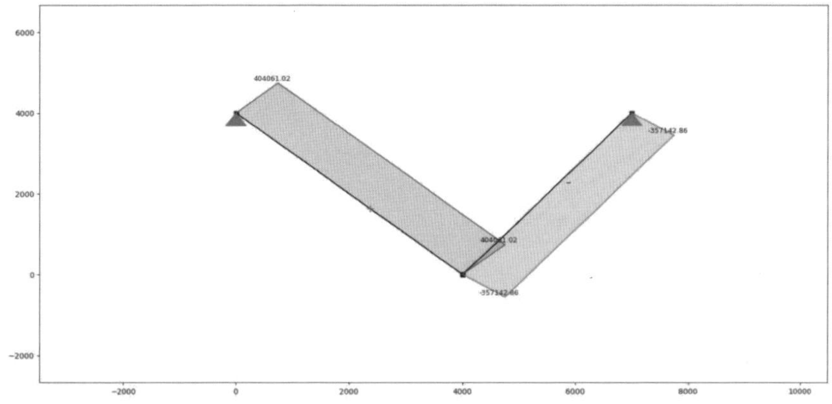

- *Deslocamento:*

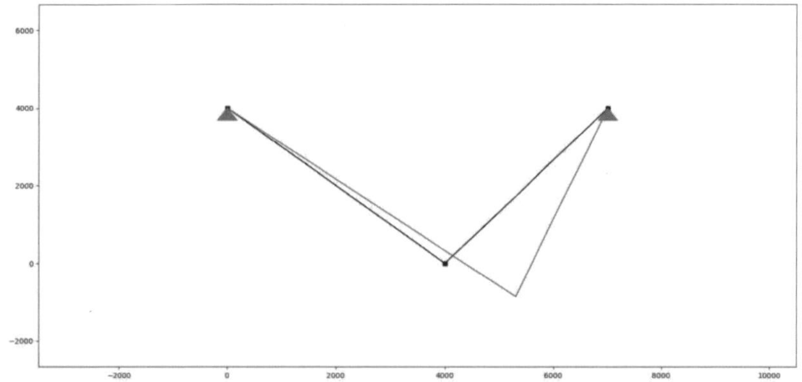

```
[(1, 0.0, -0.0, -0.0001619722987876047), (2, 1.8691792091836745, -0.28581297831632657, -0.00026981771352595603),
(3, 0.0, -0.0, -0.00036514048953804266)]
```

Resultados do código em Python para o vetor de deslocamentos das juntas {U} pelo "ss.solve()"

```
array([0.00000000e+00, 0.00000000e+00, 1.61972299e-04, 1.86917921e+00,
    2.85812978e-01, 2.69817714e-04, 0.00000000e+00, 0.00000000e+00,
    3.65140490e-04])
```

- *Deslocamento vertical:*

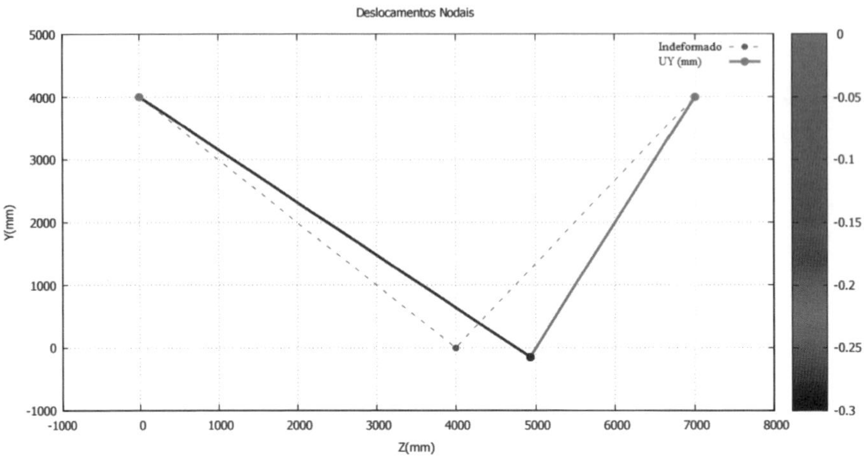

- *Deslocamento horizontal:*

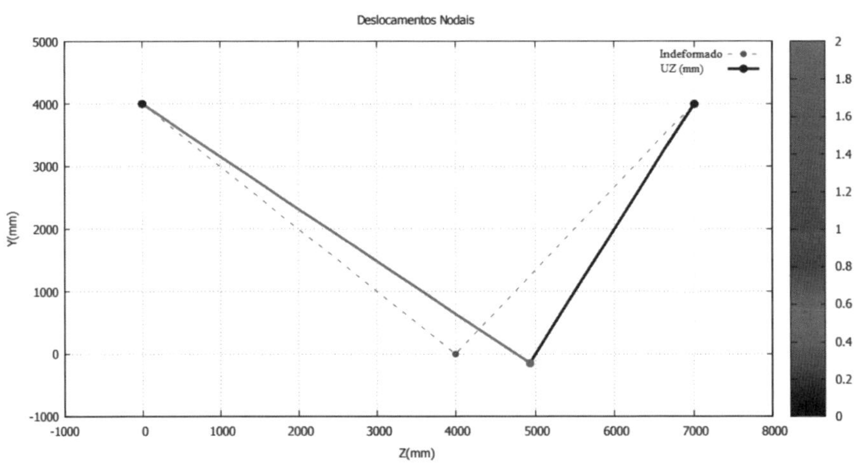

Exemplo 1.2

Considere a estrutura apresentada pela Figura 1.32 contendo respectivas ações e vínculos. Determine: a) os deslocamentos na extremidade e nas juntas; b) as reações de apoio; c) os esforços internos nos elementos.

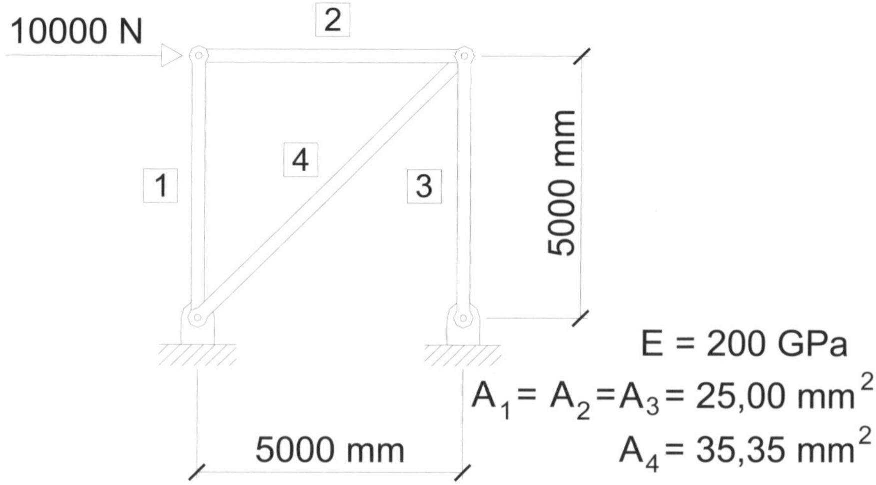

Figura 1.32 Estrutura plana formada por barras

Resolução:

1) Idealização do modelo estrutural.

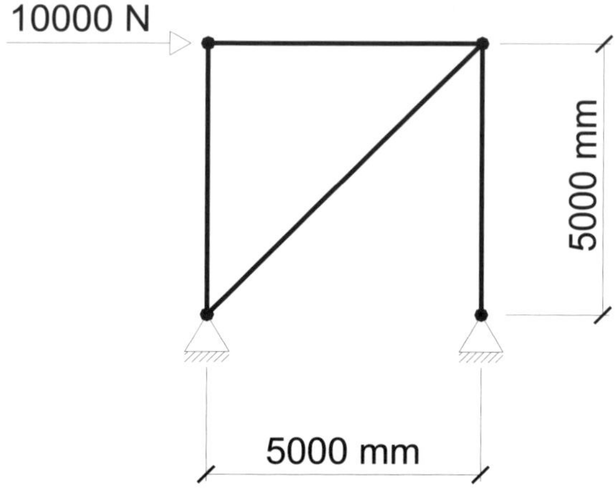

Referência, elementos, juntas e correspondentes graus de liberdade (DOF).

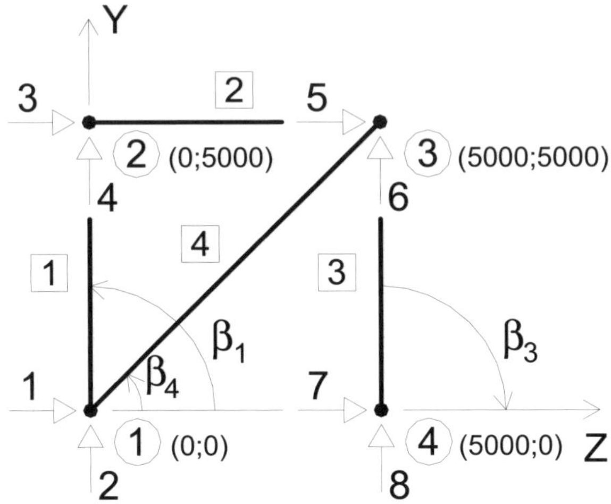

2) Construção das matrizes de rigidezes dos elementos.

Elemento 1:

$$L_1 = \sqrt{(5000-0)^2 + (0-0)^2} = 5000 \text{ mm}$$
$$\cos \beta_1 = 0{,}0000 \quad \therefore \quad \cos^2 \beta_1 = 0{,}0000$$
$$\text{sen } \beta_1 = 1{,}0000 \quad \therefore \quad \text{sen}^2 \beta_1 = 1{,}0000$$
$$\cos \beta_1 . \text{ sen } \beta_1 = 0{,}0000$$
$$\frac{E.A_1}{L_1} = \frac{200000.25{,}0}{5000} = 1000 \text{ N/mm}$$

$$\begin{array}{cccccccc} & 1 & 2 & 3 & 4 & \leftarrow & & \text{Elemento} \\ & 1\rightarrow 1 & 2\rightarrow 2 & 3\rightarrow 3 & 4\rightarrow 4 & \text{Sistema} & & \downarrow \end{array}$$

$$[k]_1 = \frac{E.A_1}{L_1}\begin{bmatrix} 0{,}000 & 0{,}000 & 0{,}000 & 0{,}000 \\ 0{,}000 & 1{,}000 & 0{,}000 & -1{,}000 \\ 0{,}000 & 0{,}000 & 0{,}000 & 0{,}000 \\ 0{,}000 & -1{,}000 & 0{,}000 & 1{,}000 \end{bmatrix} \begin{array}{ccc} 1\rightarrow 1 & & 1 \\ 2\rightarrow 2 & & 2 \\ 3\rightarrow 3 & & 3 \\ 4\rightarrow 4 & & 4 \end{array}$$

$$[k]_1 = \begin{array}{c} \begin{matrix} 1 & 2 & 3 & 4 & 5 & 6 & 7 & 8 \end{matrix} \\ \begin{bmatrix} 0 & 0 & 0 & 0 & 0 & 0 & 0 & 0 \\ 0 & 1000 & 0 & -1000 & 0 & 0 & 0 & 0 \\ 0 & 0 & 0 & 0 & 0 & 0 & 0 & 0 \\ 0 & -1000 & 0 & 1000 & 0 & 0 & 0 & 0 \\ 0 & 0 & 0 & 0 & 0 & 0 & 0 & 0 \\ 0 & 0 & 0 & 0 & 0 & 0 & 0 & 0 \\ 0 & 0 & 0 & 0 & 0 & 0 & 0 & 0 \\ 0 & 0 & 0 & 0 & 0 & 0 & 0 & 0 \end{bmatrix} \end{array} \begin{matrix} 1 \\ 2 \\ 3 \\ 4 \\ 5 \\ 6 \\ 7 \\ 8 \end{matrix}$$

Elemento 2:

$$L_2 = \sqrt{(5000 - 5000)^2 + (5000 - 0)^2} = 5000 \text{ mm}$$
$$\cos\ \beta_2 = 1{,}0000 \qquad \therefore \qquad cos^2\ \beta_2 = 1{,}0000$$
$$\text{sen}\ \beta_2 = 0{,}0000 \qquad \therefore \qquad \text{sen}^2\ \beta_2 = 0{,}0000$$
$$\cos\ \beta_2.\ \text{sen}\ \beta_2 = 0{,}0000$$
$$\frac{\text{E}.A_2}{L_2} = \frac{200000.25{,}0}{5000} = 1000 \text{ N/mm}$$

$$[k]_2 = \frac{E.A_2}{L_2} \begin{array}{c} \begin{matrix} 1 & 2 & 3 & 4 \\ 1 \rightarrow 3 & 2 \rightarrow 4 & 3 \rightarrow 5 & 4 \rightarrow 6 \end{matrix} \\ \begin{bmatrix} 1{,}000 & 0{,}000 & -1{,}000 & 0{,}000 \\ 0{,}000 & 0{,}000 & 0{,}000 & 0{,}000 \\ -1{,}000 & 0{,}000 & 1{,}000 & 0{,}000 \\ 0{,}000 & 0{,}000 & 0{,}000 & 1{,}000 \end{bmatrix} \end{array} \begin{matrix} \leftarrow \\ \text{Sistema} \\ 1 \rightarrow 3 \\ 2 \rightarrow 4 \\ 3 \rightarrow 5 \\ 4 \rightarrow 6 \end{matrix} \quad \begin{matrix} \text{Elemento} \\ \downarrow \\ 1 \\ 2 \\ 3 \\ 4 \end{matrix}$$

$$[k]_2 = \begin{array}{c} \begin{matrix} 1 & 2 & 3 & 4 & 5 & 6 & 7 & 8 \end{matrix} \\ \begin{bmatrix} 0 & 0 & 0 & 0 & 0 & 0 & 0 & 0 \\ 0 & 0 & 0 & 0 & 0 & 0 & 0 & 0 \\ 0 & 0 & 1000 & 0 & -1000 & 0 & 0 & 0 \\ 0 & 0 & 0 & 0 & 0 & 0 & 0 & 0 \\ 0 & 0 & -1000 & 0 & 1000 & 0 & 0 & 0 \\ 0 & 0 & 0 & 0 & 0 & 0 & 0 & 0 \\ 0 & 0 & 0 & 0 & 0 & 0 & 0 & 0 \\ 0 & 0 & 0 & 0 & 0 & 0 & 0 & 0 \end{bmatrix} \end{array} \begin{matrix} 1 \\ 2 \\ 3 \\ 4 \\ 5 \\ 6 \\ 7 \\ 8 \end{matrix}$$

Elemento 3:

$$L_3 = \sqrt{(0-5000)^2 + (0-0)^2} = 5000 \text{ mm}$$
$$\cos\,\beta_3 = 0{,}0000 \quad \therefore \quad \cos^2\beta_3 = 0{,}0000$$
$$\text{sen}\,\beta_3 = -1{,}0000 \quad \therefore \quad \text{sen}^2\beta_3 = 1{,}0000$$
$$\cos\,\beta_3.\,\text{sen}\,\beta_3 = 0{,}0000$$
$$\frac{\text{E}.A_3}{L_3} = \frac{200000.25{,}0}{5000} = 1000 \text{ N/mm}$$

$$\begin{array}{ccccccc} & 1 & 2 & 3 & 4 & \leftarrow & \text{Elemento} \\ & 1\rightarrow 5 & 2\rightarrow 6 & 3\rightarrow 7 & 4\rightarrow 8 & \text{Sistema} & \downarrow \end{array}$$

$$[k]_3 = \frac{E.A_3}{L_3}\begin{bmatrix} 0{,}000 & 0{,}000 & 0{,}000 & 0{,}000 \\ 0{,}000 & 1{,}000 & 0{,}000 & -1{,}000 \\ 0{,}000 & 0{,}000 & 0{,}000 & 0{,}000 \\ 0{,}000 & -1{,}000 & 0{,}000 & 1{,}000 \end{bmatrix} \begin{array}{cc} 1\rightarrow 5 & 1 \\ 2\rightarrow 6 & 2 \\ 3\rightarrow 7 & 3 \\ 4\rightarrow 8 & 4 \end{array}$$

$$\begin{array}{cccccccc} 1 & 2 & 3 & 4 & 5 & 6 & 7 & 8 \end{array}$$
$$[k]_3 = \begin{bmatrix} 0 & 0 & 0 & 0 & 0 & 0 & 0 & 0 \\ 0 & 0 & 0 & 0 & 0 & 0 & 0 & 0 \\ 0 & 0 & 0 & 0 & 0 & 0 & 0 & 0 \\ 0 & 0 & 0 & 0 & 0 & 0 & 0 & 0 \\ 0 & 0 & 0 & 0 & 0 & 0 & 0 & 0 \\ 0 & 0 & 0 & 0 & 0 & 1000 & 0 & -1000 \\ 0 & 0 & 0 & 0 & 0 & 0 & 0 & 0 \\ 0 & 0 & 0 & 0 & 0 & -1000 & 0 & 1000 \end{bmatrix} \begin{array}{c} 1 \\ 2 \\ 3 \\ 4 \\ 5 \\ 6 \\ 7 \\ 8 \end{array}$$

Elemento 4:

$$L_4 = \sqrt{(5000-0)^2 + (5000-0)^2} = 7071 \text{ mm}$$
$$\cos\,\beta_4 = 0{,}7071 \quad \therefore \quad \cos^2\beta_4 = 0{,}5000$$
$$\text{sen}\,\beta_4 = 0{,}7071 \quad \therefore \quad \text{sen}^2\beta_4 = 0{,}5000$$
$$\cos\,\beta_4.\,\text{sen}\,\beta_4 = 0{,}5000$$
$$\frac{\text{E}.A_4}{L_4} = \frac{200000.35{,}35}{7071} = 1000 \text{ N/mm}$$

$$
\begin{array}{cccccccc}
 & 1 & 2 & 3 & 4 & \leftarrow & & \text{Elemento} \\
 & 1\rightarrow 1 & 2\rightarrow 2 & 3\rightarrow 5 & 4\rightarrow 6 & \text{Sistema} & & \downarrow
\end{array}
$$

$$
[k]_4 = \frac{E.A_4}{L_4}\begin{bmatrix} 0{,}500 & 0{,}500 & -0{,}500 & -0{,}500 \\ 0{,}5000 & 1{,}500 & -0{,}500 & -0{,}500 \\ -0{,}500 & -0{,}500 & 0{,}500 & 0{,}500 \\ -0{,}500 & -0{,}500 & 0{,}500 & 0{,}500 \end{bmatrix}
\begin{matrix} 1\rightarrow 1 & 1 \\ 2\rightarrow 2 & 2 \\ 3\rightarrow 5 & 3 \\ 4\rightarrow 6 & 4 \end{matrix}
$$

$$
[k]_4 = \begin{matrix} 1 & 2 & 3 & 4 & 5 & 6 & 7 & 8 \\ \end{matrix}
$$

$$
[k]_4 = \begin{bmatrix} 500 & 500 & 0 & 0 & -500 & -500 & 0 & 0 \\ 500 & 500 & 0 & 0 & -500 & -500 & 0 & 0 \\ 0 & 0 & 0 & 0 & 0 & 0 & 0 & 0 \\ 0 & 0 & 0 & 0 & 0 & 0 & 0 & 0 \\ -500 & -500 & 0 & 0 & 500 & 500 & 0 & 0 \\ -500 & -500 & 0 & 0 & 500 & 500 & 0 & 0 \\ 0 & 0 & 0 & 0 & 0 & 0 & 0 & 0 \\ 0 & 0 & 0 & 0 & 0 & 0 & 0 & 0 \end{bmatrix}
\begin{matrix} 1 \\ 2 \\ 3 \\ 4 \\ 5 \\ 6 \\ 7 \\ 8 \end{matrix}
$$

3) Construção da matriz de rigidez do sistema.

$$
[k]_s = [k]_1 + [k]_2 + [k]_3 + [k]_4
$$

$$
\begin{matrix} 1 & 2 & 3 & 4 & 5 & 6 & 7 & 8 \end{matrix}
$$

$$
[k]_s = \begin{bmatrix} 500 & 500 & 0 & 0 & -500 & -500 & 0 & 0 \\ 500 & 1500 & 0 & -1000 & -500 & -500 & 0 & 0 \\ 0 & 0 & 1000 & 0 & -1000 & 0 & 0 & 0 \\ 0 & -1000 & 0 & 1000 & 0 & 0 & 0 & 0 \\ -500 & -500 & -1000 & 0 & 1500 & 500 & 0 & 0 \\ -500 & -500 & 0 & 0 & 500 & 1500 & 0 & -1000 \\ 0 & 0 & 0 & 0 & 0 & 0 & 0 & 0 \\ 0 & 0 & 0 & 0 & 0 & -1000 & 0 & 1000 \end{bmatrix}
\begin{matrix} 1 \\ 2 \\ 3 \\ 4 \\ 5 \\ 6 \\ 7 \\ 8 \end{matrix}
$$

4) Carregamento nodal.

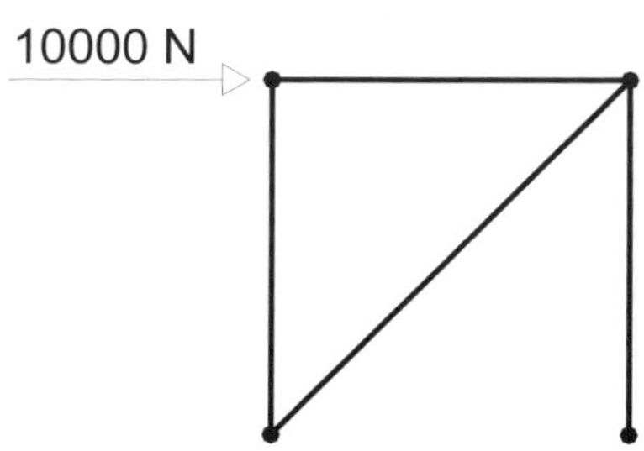

$$
\{Fa\} = \begin{Bmatrix} 0 \\ 0 \\ +10000 \\ 0 \\ 0 \\ 0 \\ 0 \\ 0 \end{Bmatrix}
$$

5) Estabelecer as condições de contorno das juntas – reações de apoio e deslocamentos a determinar.

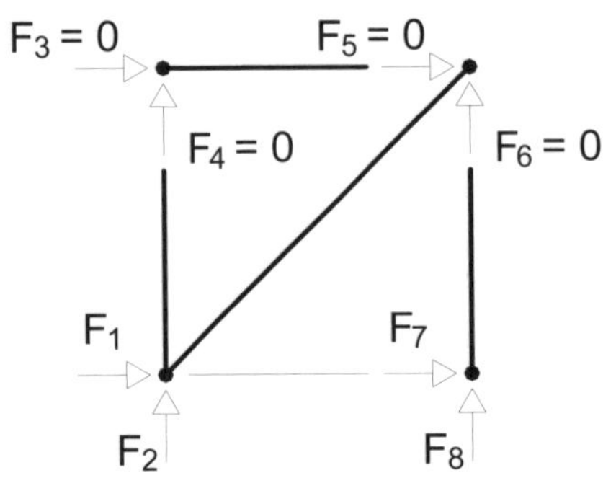

$$\{Fr\} = \begin{Bmatrix} F_1 \\ F_2 \\ 0 \\ 0 \\ 0 \\ 0 \\ F_7 \\ F_8 \end{Bmatrix}$$

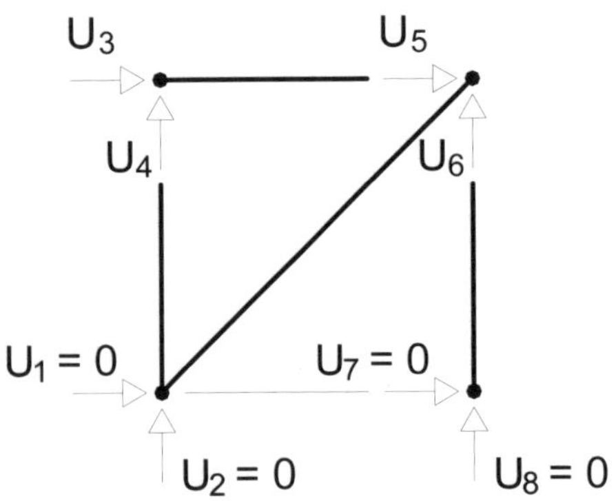

$$\{U\} = \begin{Bmatrix} 0 \\ 0 \\ U_3 \\ U_4 \\ U_5 \\ U_6 \\ 0 \\ 0 \end{Bmatrix}$$

6) Montagem do sistema linear.

$$\begin{array}{c} \\ 1 \\ 2 \\ 3 \\ 4 \\ 5 \\ 6 \\ 7 \\ 8 \end{array} \begin{array}{c} \begin{array}{cccccccc} 1 & 2 & 3 & 4 & 5 & 6 & 7 & 8 \end{array} \\ \begin{bmatrix} 500 & 500 & 0 & 0 & -500 & -500 & 0 & 0 \\ 500 & 1500 & 0 & -1000 & -500 & -500 & 0 & 0 \\ 0 & 0 & 1000 & 0 & -1000 & 0 & 0 & 0 \\ 0 & -1000 & 0 & 1000 & 0 & 0 & 0 & 0 \\ -500 & -500 & -1000 & 0 & 1500 & 500 & 0 & 0 \\ -500 & -500 & 0 & 0 & 500 & 1500 & 0 & -1000 \\ 0 & 0 & 0 & 0 & 0 & 0 & 0 & 0 \\ 0 & 0 & 0 & 0 & 0 & -1000 & 0 & 1000 \end{bmatrix} \end{array} \cdot \begin{Bmatrix} 0 \\ 0 \\ U_3 \\ U_4 \\ U_5 \\ U_6 \\ 0 \\ 0 \end{Bmatrix} = \begin{Bmatrix} F_1 + 0 \\ F_2 + 0 \\ 0 + 10000 \\ 0 + 0 \\ 0 + 0 \\ 0 + 0 \\ F_3 + 0 \\ F_4 + 0 \end{Bmatrix}$$

7) Determinação dos deslocamentos dos graus de liberdade.

Extrai-se um sistema linear reduzido contendo apenas deslocamentos como incógnitas.

$$[k].\{U\} = \{F\}$$

$$\begin{bmatrix} 1000 & 0 & -1000 & 0 \\ 0 & 1000 & 0 & 0 \\ -1000 & 0 & 1500 & 500 \\ 0 & 0 & 500 & 1500 \end{bmatrix} . \begin{Bmatrix} U_3 \\ U_4 \\ U_5 \\ U_6 \end{Bmatrix} = \begin{Bmatrix} 10000 \\ 0 \\ 0 \\ 0 \end{Bmatrix}$$

A solução do sistema linear e a inversão da matriz k podem ser realizadas por meio de operações elementares que transformem a matriz k na matriz identidade.

$$\left[\begin{array}{cccc|c} 1000 & 0 & -1000 & 0 & 10000 \\ 0 & 1000 & 0 & 0 & 0 \\ -1000 & 0 & 1500 & 500 & 0 \\ 0 & 0 & 500 & 1500 & 0 \end{array}\right] \begin{bmatrix} 1{,}00.10^0 & 0.00000 & 0.00000 & 0.00000 \\ 0.00000 & 1{,}00.10^0 & 0.00000 & 0.00000 \\ 0.00000 & 0.00000 & 1{,}00.10^0 & 0.00000 \\ 0.00000 & 0.00000 & 0.00000 & 1{,}00.10^0 \end{bmatrix}$$

$$\rightarrow L_1 = \left(\frac{1}{1000}\right)$$
$$\rightarrow L_2 = L_2$$
$$\rightarrow L_3 = L_3 + L_1(+1000)$$
$$\rightarrow L_4 = L_4$$

$$\left[\begin{array}{cccc|c} 1 & 0 & -1 & 0 & 10 \\ 0 & 1000 & 0 & 0 & 0 \\ 0 & 0 & 500 & 500 & 10000 \\ 0 & 0 & 500 & 1500 & 0 \end{array}\right] \begin{bmatrix} 1{,}00.10^{-3} & 0.00000 & 0.00000 & 0.00000 \\ 0.00000 & 1{,}00.10^0 & 0.00000 & 0.00000 \\ 1{,}00.10^0 & 0.00000 & 1{,}00.10^0 & 0.00000 \\ 0.00000 & 0.00000 & 0.00000 & 1{,}00.10^0 \end{bmatrix}$$

$$\rightarrow L_2 = \left(\frac{1}{1000}\right)$$
$$\rightarrow L_1 = L_1$$
$$\rightarrow L_3 = L_3$$
$$\rightarrow L_4 = L_4$$

$$\left[\begin{array}{cccc|c} 1 & 0 & -1 & 0 & 10 \\ 0 & 1 & 0 & 0 & 0 \\ 0 & 0 & 500 & 500 & 10000 \\ 0 & 0 & 500 & 1500 & 0 \end{array}\right] \begin{bmatrix} 1{,}00.10^{-3} & 0.00000 & 0.00000 & 0.00000 \\ 0.00000 & 1{,}00.10^{-3} & 0.00000 & 0.00000 \\ 1{,}00.10^0 & 0.00000 & 1{,}00.10^0 & 0.00000 \\ 0.00000 & 0.00000 & 0.00000 & 1{,}00.10^0 \end{bmatrix}$$

$\rightarrow L_3 = \left(\frac{1}{500}\right)$

$\rightarrow L_1 = L_1 + L_3(+1)$

$\rightarrow L_2 = L_2$

$\rightarrow L_4 = L_4 + L_3(-500)$

$$\left[\begin{array}{cccc|c} 1 & 0 & 0 & 1 & 30{,}0 \\ 0 & 1 & 0 & 0 & 0 \\ 0 & 0 & 1 & 1 & 20{,}0 \\ 0 & 0 & 0 & 1000 & -10000 \end{array}\right] \quad \begin{bmatrix} 3{,}00.10^{-3} & 0.00000 & 2{,}00.10^{-3} & 0.00000 \\ 0.00000 & 1{,}00.10^{-3} & 0.00000 & 0.00000 \\ 2{,}00.10^{-3} & 0.00000 & 2{,}00.10^{-3} & 0.00000 \\ -1{,}00.10^{0} & 0.00000 & -1{,}00.10^{0} & 1{,}00.10^{0} \end{bmatrix}$$

$\rightarrow L_4 = \left(\frac{1}{1000}\right)$

$\rightarrow L_1 = L_1 + L_4(-1)$

$\rightarrow L_2 = L_2$

$\rightarrow L_3 = L_3 + L_4(-1)$

$$\left[\begin{array}{cccc|c} 1 & 0 & 0 & 0 & 40{,}0 \\ 0 & 1 & 0 & 0 & 0 \\ 0 & 0 & 1 & 0 & 30{,}0 \\ 0 & 0 & 0 & 1 & -10{,}0 \end{array}\right] \quad \begin{bmatrix} 4{,}00.10^{-3} & 0.00000 & 3{,}00.10^{-3} & -1{,}00.10^{-3} \\ 0.00000 & 1{,}00.10^{-3} & 0.00000 & 0.00000 \\ 3{,}00.10^{-3} & 0.00000 & 3{,}00.10^{-3} & -1{,}00.10^{-3} \\ -1{,}00.10^{0} & 0.00000 & -1{,}00.10^{-3} & 1{,}00.10^{-3} \end{bmatrix}$$

$$\{U\} = \begin{Bmatrix} 0 \\ 0 \\ +40{,}0 \\ 0 \\ +30{,}0 \\ -10{,}0 \\ 0 \\ 0 \end{Bmatrix} \quad \therefore \quad \begin{matrix} U_3 = +40{,}0\ mm \rightarrow \\ U_4 = 0 \\ U_5 = +30{,}0\ mm \rightarrow \\ U_6 = -10{,}0\ mm \downarrow \end{matrix}$$

- *Deslocamento:*

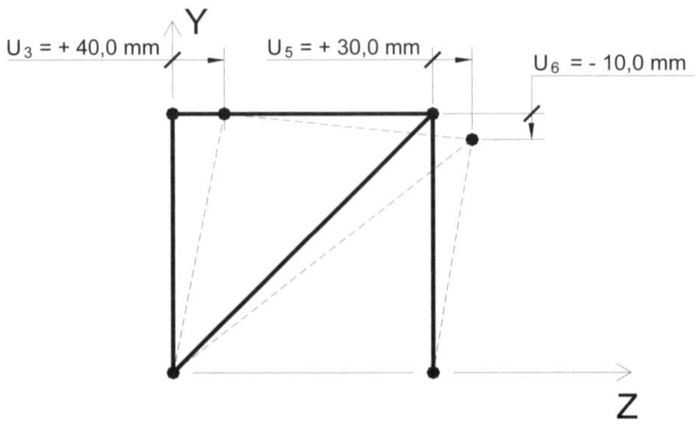

8) Determinação das forças de reação nos apoios.

Retornam-se os deslocamentos encontrados no sistema linear para obter as reações nos apoios.

$$\begin{array}{c} \\ 1\\2\\3\\4\\5\\6\\7\\8 \end{array}\begin{array}{c} \begin{array}{cccccccc} 1 & 2 & 3 & 4 & 5 & 6 & 7 & 8 \end{array} \\ \begin{bmatrix} 500 & 500 & 0 & 0 & -500 & -500 & 0 & 0 \\ 500 & 1500 & 0 & -1000 & -500 & -500 & 0 & 0 \\ 0 & 0 & 1000 & 0 & -1000 & 0 & 0 & 0 \\ 0 & -1000 & 0 & 1000 & 0 & 0 & 0 & 0 \\ -500 & -500 & -1000 & 0 & 1500 & 500 & 0 & 0 \\ -500 & -500 & 0 & 0 & 500 & 1500 & 0 & -1000 \\ 0 & 0 & 0 & 0 & 0 & 0 & 0 & 0 \\ 0 & 0 & 0 & 0 & 0 & -1000 & 0 & 1000 \end{bmatrix} \end{array} \cdot \begin{Bmatrix} 0 \\ 0 \\ +40 \\ 0 \\ +30 \\ -10 \\ 0 \\ 0 \end{Bmatrix} = \begin{Bmatrix} F_1+0 \\ F_2+0 \\ 0+10000 \\ 0+0 \\ 0+0 \\ 0+0 \\ F_3+0 \\ F_4+0 \end{Bmatrix}$$

Multiplicando as matrizes k e U, obtêm-se as reações nos apoios, por meio do vetor F.

$$\{F_r\} = \begin{Bmatrix} -10000 \\ -10000 \\ 0 \\ 0 \\ 0 \\ 0 \\ 0 \\ +10000 \end{Bmatrix} \quad \therefore \quad \begin{aligned} F_1 &= -10000\,N \downarrow \\ F_2 &= -10000\,N \leftarrow \\ F_7 &= 0 \\ F_8 &= +10000\,N \uparrow \end{aligned}$$

9) Determinação dos esforços nos elementos nas seções limites das juntas no sistema local.

$$\{\mathrm{F_g}\}_e = [k]_e . \{\mathrm{U_g}\}_e$$

$$\{\mathrm{F}_l\}_e = [R]_e . \{\mathrm{F_g}\}_e$$

<u>*Elemento 1:*</u>

$$\begin{Bmatrix} F_{1g} \\ F_{2g} \\ F_{3g} \\ F_{4g} \end{Bmatrix} = \begin{bmatrix} 0 & 0 & 0 & 0 \\ 0 & +1000 & 0 & -1000 \\ 0 & 0 & 0 & 0 \\ 0 & -1000 & 0 & +1000 \end{bmatrix} . \begin{Bmatrix} 0 \\ 0 \\ +40{,}0 \\ 0 \end{Bmatrix} \quad \therefore \quad \begin{Bmatrix} F_{1g} \\ F_{2g} \\ F_{3g} \\ F_{4g} \end{Bmatrix} = \begin{Bmatrix} 0 \\ 0 \\ 0 \\ 0 \end{Bmatrix}$$

$$\begin{Bmatrix} F_{1l} \\ F_{2l} \\ F_{3l} \\ F_{4l} \end{Bmatrix} = \begin{bmatrix} 0{,}000 & 1{,}000 & 0 & 0 \\ -1{,}000 & 0{,}000 & 0 & 0 \\ 0 & 0 & 0{,}000 & 1{,}000 \\ 0 & 0 & -1{,}000 & 0{,}000 \end{bmatrix} \cdot \begin{Bmatrix} 0 \\ 0 \\ 0 \\ 0 \end{Bmatrix} \quad \therefore \quad \begin{Bmatrix} F_{1l} \\ F_{2l} \\ F_{3l} \\ F_{4l} \end{Bmatrix} = \begin{Bmatrix} 0 \\ 0 \\ 0 \\ 0 \end{Bmatrix}$$

Elemento 2:

$$\begin{Bmatrix} F_{1g} \\ F_{2g} \\ F_{3g} \\ F_{4g} \end{Bmatrix} = \begin{bmatrix} +1000 & 0 & -1000 & 0 \\ 0 & 0 & 0 & 0 \\ -1000 & 0 & +1000 & 0 \\ 0 & 0 & 0 & 0 \end{bmatrix} \cdot \begin{Bmatrix} +40{,}0 \\ 0 \\ +30{,}0 \\ -10{,}0 \end{Bmatrix} \quad \therefore \quad \begin{Bmatrix} F_{1g} \\ F_{2g} \\ F_{3g} \\ F_{4g} \end{Bmatrix} = \begin{Bmatrix} +10000 \\ 0 \\ -10000 \\ 0 \end{Bmatrix} N$$

$$\begin{Bmatrix} F_{1l} \\ F_{2l} \\ F_{3l} \\ F_{4l} \end{Bmatrix} = \begin{bmatrix} 1{,}000 & 0{,}000 & 0 & 0 \\ 0{,}000 & 1{,}000 & 0 & 0 \\ 0 & 0 & 1{,}000 & 0{,}000 \\ 0 & 0 & 0{,}000 & 1{,}000 \end{bmatrix} \cdot \begin{Bmatrix} +10000 \\ 0 \\ -10000 \\ 0 \end{Bmatrix} \quad \therefore \quad \begin{Bmatrix} F_{1l} \\ F_{2l} \\ F_{3l} \\ F_{4l} \end{Bmatrix} = \begin{Bmatrix} +10000 \\ 0 \\ -10000 \\ 0 \end{Bmatrix} N$$

Elemento 3:

$$\begin{Bmatrix} F_{1g} \\ F_{2g} \\ F_{3g} \\ F_{4g} \end{Bmatrix} = \begin{bmatrix} 0 & 0 & 0 & 0 \\ 0 & +1000 & 0 & -1000 \\ 0 & 0 & 0 & 0 \\ 0 & -1000 & 0 & +1000 \end{bmatrix} \cdot \begin{Bmatrix} +30{,}0 \\ -10{,}0 \\ 0 \\ 0 \end{Bmatrix} \quad \therefore \quad \begin{Bmatrix} F_{1g} \\ F_{2g} \\ F_{3g} \\ F_{4g} \end{Bmatrix} = \begin{Bmatrix} 0 \\ -10000 \\ 0 \\ +10000 \end{Bmatrix} N$$

$$\begin{Bmatrix} F_{1l} \\ F_{2l} \\ F_{3l} \\ F_{4l} \end{Bmatrix} = \begin{bmatrix} 0{,}000 & -1{,}000 & 0 & 0 \\ 1{,}000 & 0{,}000 & 0 & 0 \\ 0 & 0 & 0{,}000 & -1{,}000 \\ 0 & 0 & 1{,}000 & 0{,}000 \end{bmatrix} \cdot \begin{Bmatrix} 0 \\ -10000 \\ 0 \\ +10000 \end{Bmatrix} \quad \therefore \quad \begin{Bmatrix} F_{1l} \\ F_{2l} \\ F_{3l} \\ F_{4l} \end{Bmatrix} = \begin{Bmatrix} +10000 \\ 0 \\ -10000 \\ 0 \end{Bmatrix} N$$

Elemento 4:

$$\begin{Bmatrix} F_{1g} \\ F_{2g} \\ F_{3g} \\ F_{4g} \end{Bmatrix} = \begin{bmatrix} +500 & +500 & -500 & -500 \\ +500 & +500 & -500 & -500 \\ -500 & -500 & +500 & +500 \\ -500 & -500 & +500 & +500 \end{bmatrix} \cdot \begin{Bmatrix} 0 \\ 0 \\ +30{,}0 \\ -10{,}0 \end{Bmatrix} \quad \therefore \quad \begin{Bmatrix} F_{1g} \\ F_{2g} \\ F_{3g} \\ F_{4g} \end{Bmatrix} = \begin{Bmatrix} -10000 \\ -10000 \\ +10000 \\ +10000 \end{Bmatrix} N$$

$$\begin{Bmatrix} F_{1l} \\ F_{2l} \\ F_{3l} \\ F_{4l} \end{Bmatrix} = \begin{bmatrix} 0{,}7071 & 0{,}7071 & 0 & 0 \\ -0{,}7071 & 0{,}7071 & 0 & 0 \\ 0 & 0 & 0{,}7071 & 0{,}7071 \\ 0 & 0 & -0{,}7071 & 0{,}7071 \end{bmatrix} \cdot \begin{Bmatrix} -10000 \\ -10000 \\ +10000 \\ +10000 \end{Bmatrix} \quad \therefore \quad \begin{Bmatrix} F_{1l} \\ F_{2l} \\ F_{3l} \\ F_{4l} \end{Bmatrix} = \begin{Bmatrix} -14142 \\ 0 \\ +14142 \\ 0 \end{Bmatrix} N$$

- *Diagrama de esforços normais:*

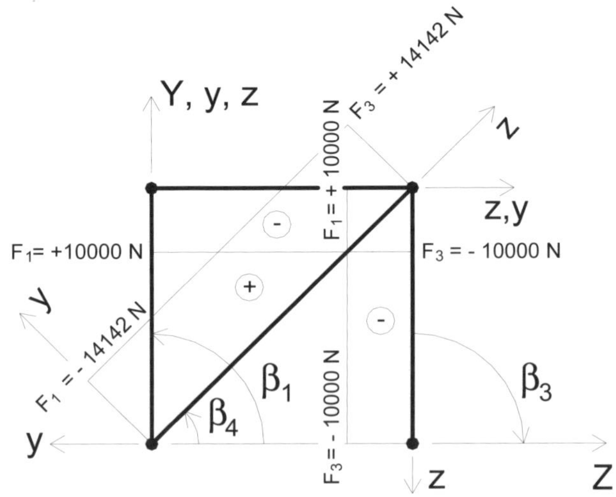

- *Código em Python para a solução computacional da estrutura*

```
# carrega o anaStruct no Google Colag
! pip install anastruct

# Importa SystemElements do anastruct
from anastruct import SystemElements
# Atribui SystemElements
ss = SystemElements()
# Adiciona os elementos entre juntas à ré e avante
# e Atribui aos elementos o produto E.A
ss.add_truss_element(location=[[0, 0], [0, 5000]],EA=200000*25.00)
ss.add_truss_element(location=[[0, 5000], [5000, 5000]],EA=200000*25.00)
ss.add_truss_element(location=[[5000, 5000], [5000, 0]],EA=200000*25.00)
ss.add_truss_element(location=[[0, 0], [5000, 5000]],EA=200000*35.35)
# Restrição nodal
ss.add_support_hinged(node_id=1)
ss.add_support_hinged(node_id=4)
# Cargas pontual
ss.point_load(Fx=10000, node_id=2)
# Resolve a Estrutura
ss.solve()
# Apresentação dos resultados
# Modelo estrutural
ss.show_structure()
# Reações de apoio
ss.show_reaction_force()
```

```
# Diagrama de esforços normais
ss.show_axial_force()
# Deslocamento
ss.show_displacement(factor=10)
print(ss.get_node_displacements())
```

- *Modelo estrutural:*

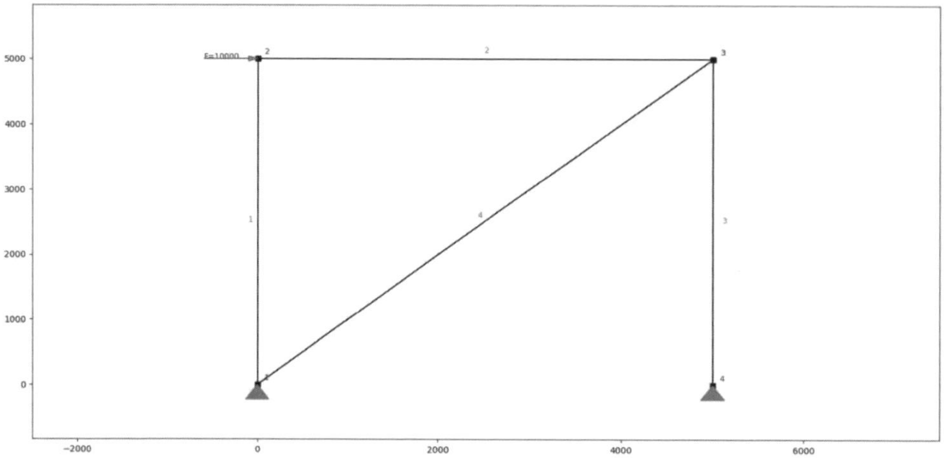

- *Reações de apoio:*

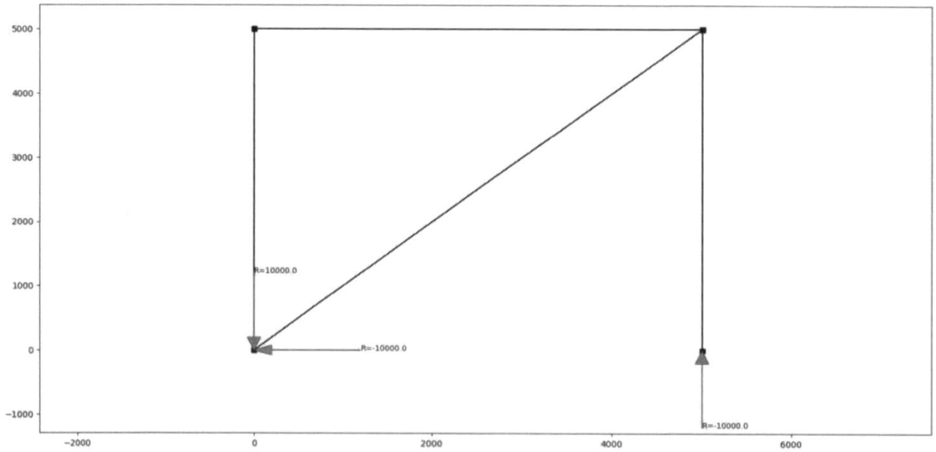

- *Diagrama de esforços normais:*

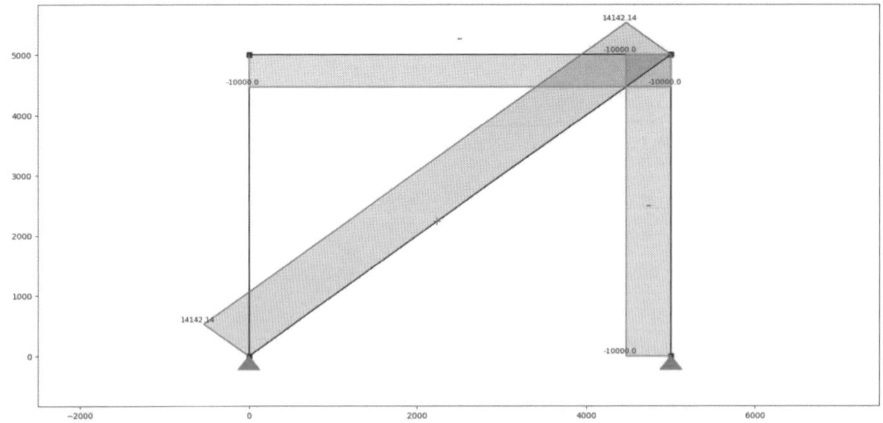

- *Deslocamento:*

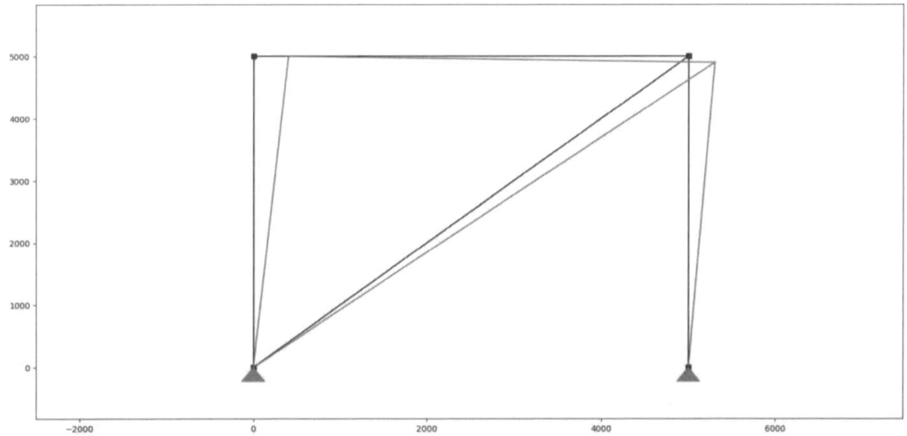


```
[(1, 0.0, -0.0, 0.007507998688638391), (2, 40.00302085175038, 7.34843571635688e-15, 0.004950541614516566), (3, 30.003020851750378, -10.000000000000005, 0.0026916473643455764), (4, 0.0, -0.0, 0.007655082573352325)]
```

Resultados do código em Python para o vetor de deslocamentos das juntas {U} pelo "ss.solve()"

```
array([ 0.00000000e+00,  0.00000000e+00, -7.50799869e-03,  4.00030209e+01,
       -7.34843572e-15, -4.95054161e-03,  3.00030209e+01,  1.00000000e+01,
       -2.69164736e-03,  0.00000000e+00,  0.00000000e+00, -7.65508257e-03])
```

- *Deslocamento vertical:*

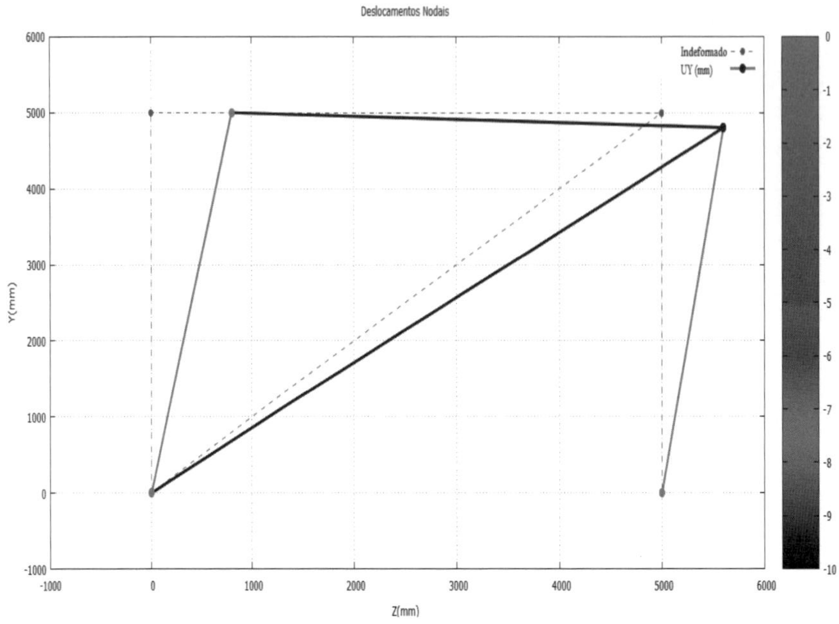

- *Deslocamento horizontal:*

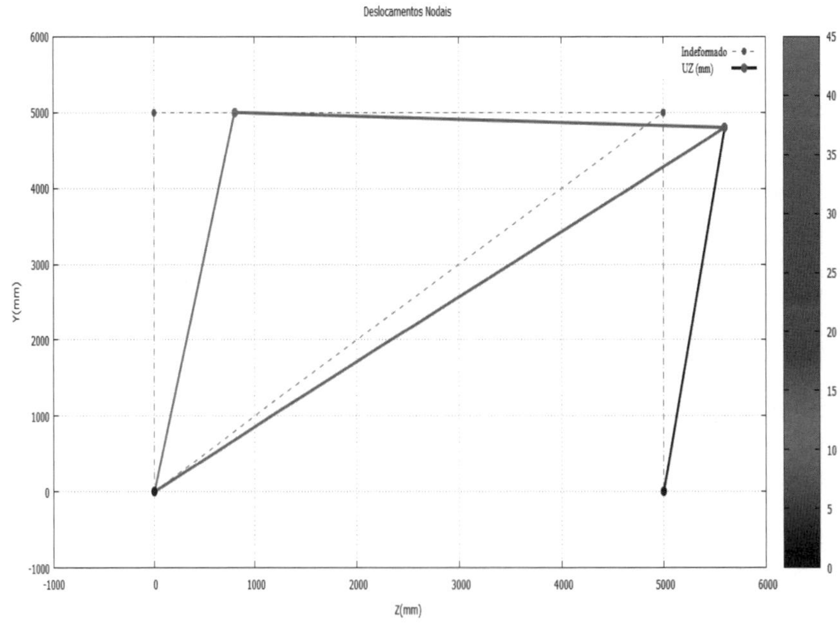

ESTRUTURAS QUE TIVERAM A PARTICIPAÇÃO DE AUTORES

Utilização das treliças

Kilimanjaro – Maior toboágua do mundo[1]

Supermercado Stock

Tecnocell

---

[1] Guinness World Records 2013 – p. 139 – ISBN 978-85-220-1393-7.

Galpão logístico Rodovia Pres. Dutra

Centro logístico no interior da Bayer

2. VIGAS

2.1. MATRIZ DE RIGIDEZ PARA O ELEMENTO DE VIGA COM QUATRO GRAUS DE LIBERDADE

2.1.1. Método da rigidez direta

Sendo as vigas elementos estruturais lineares dispostos na horizontal e submetidos a ações tangenciais à seção transversal, cargas perpendiculares ao eixo, consideram-se apenas os efeitos de rotações nas juntas e deslocamentos verticais, sendo desconsiderados efeitos de esforços axiais. Portanto, são idealizados como elementos constituídos de dois nós com quatro graus de liberdade, conforme apresenta a Figura 2.1.

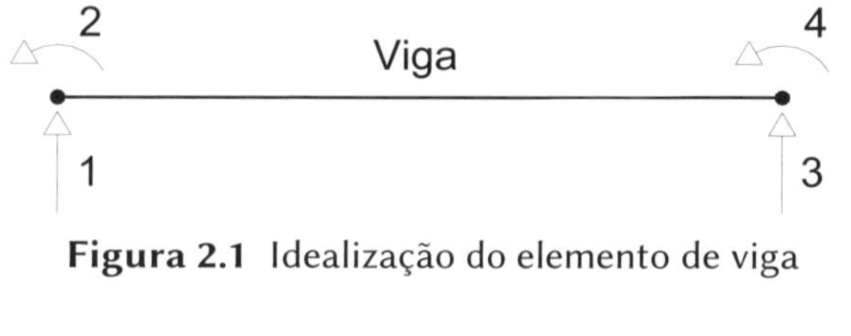

Figura 2.1 Idealização do elemento de viga

Visando à melhor compreensão fenomenológica dos deslocamentos nodais, foi observado o comportamento de uma haste de bambu que, indeformada, é apresentada na Figura 2.2.

Figura 2.2 Haste de bambu indeformada

A matriz de rigidez do elemento é obtida pela superposição de todos os efeitos de forças i – linhas da matriz, provocados por suas correspondentes causas, deslocamentos j – colunas da matriz. Possuindo quatro graus de liberdade, a matriz de rigidez de um elemento de viga será 4 x 4, conforme apresenta a equação (2.1).

$$k_{ij} = [K] = \begin{array}{c} \begin{matrix} 1 & 2 & 3 & 4 \end{matrix} \\ \begin{bmatrix} k_{11} & k_{12} & k_{13} & k_{14} \\ k_{21} & k_{22} & k_{23} & k_{24} \\ k_{31} & k_{32} & k_{33} & k_{34} \\ k_{41} & k_{42} & k_{43} & k_{44} \end{bmatrix} \begin{matrix} 1 \\ 2 \\ 3 \\ 4 \end{matrix} \\ \begin{matrix} v_1 = 1 & \theta_2 = 1 & v_3 = 1 & \theta_4 = 1 \end{matrix} \end{array} \tag{2.1}$$

A primeira coluna k_{i1} é determinada pela força correspondente ao deslocamento unitário translacional na direção tangencial do elemento no nó à ré ($v_1 = 1$), conforme apresenta a Figura 2.3a e consta na observação da Figura 2.4a.

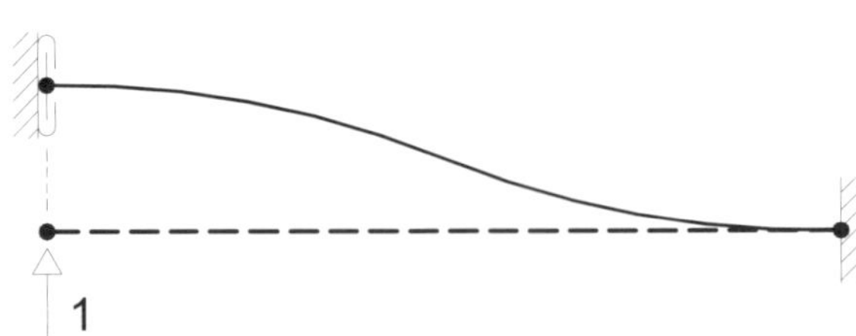

Figura 2.3a Deslocamento do primeiro grau de liberdade: translação tangencial

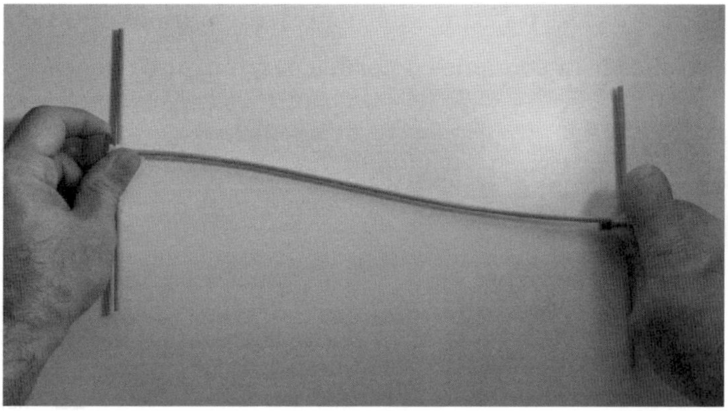

Figura 2.4a Observação do deslocamento do primeiro grau de liberdade na haste de bambu

Seja o elemento de viga idealizado apresentado na Figura 2.5, onde z é a ordenada do eixo do elemento e v a deformação transversal.

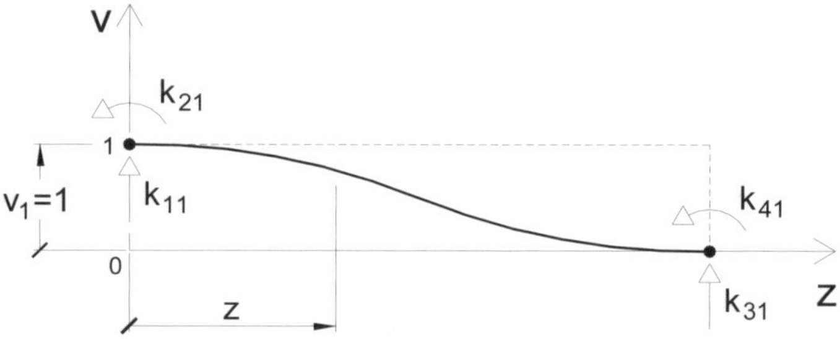

Figura 2.5a Elemento submetido a deformação unitária na direção do primeiro grau de liberdade

A equação do momento fletor determinada para uma seção do elemento na ordenada z é dado pela equação (2.2a).

$$M_x(z) = k_{11}.z - k_{21} \tag{2.2a}$$

A deformação pode ser obtida a partir da equação diferencial da linha elástica apresentada pela equação (2.3a).

$$E.I_x \frac{d^2v}{dz^2} = M_x(z) \tag{2.3a}$$

Substituindo a equação (2.2a), que representa o momento fletor, na equação (2.3a) da linha elástica para pequenas deformações, tem-se a equação (2.4a).

$$E.I_x \frac{d^2v}{dz^2} = k_{11}.z - k_{21} \tag{2.4a}$$

que, integrando continuadamente, tem-se pelas equações (2.5a) e (2.6a).

$$E.I_x \frac{dv}{dz} = \frac{k_{11}}{2}.z^2 - k_{21}.z + C_1 \tag{2.5a}$$

$$E.I_x.v = \frac{k_{11}}{6}.z^3 - \frac{k_{21}}{2}.z^2 + C_1.z + C_2 \tag{2.6a}$$

As condições de contorno são apresentadas pelas equações (2.7a), (2.8a), (2.9a), (2.10a).

$$\theta(0) = \frac{dv}{dz} = 0 \tag{2.7a}$$
$$v(0) = 1 \tag{2.8a}$$
$$\theta(l) = \frac{dv}{dz} = 0 \tag{2.9a}$$
$$v(0) = 0 \tag{2.10a}$$

Substituindo a condição de contorno dada pela equação (2.7a) na equação (2.5a), chega-se à primeira constante de integração.

$$C_1 = 0$$

Substituindo a condição de contorno dada pela equação (2.8a) na equação (2.6a), chega-se à segunda constante de integração.

$$C_2 = E.I_x$$

Substituindo a condição de contorno dada pela equação (2.9a) na equação (2.5a), tem-se a equação (2.11a).

$$0 = \frac{k_{11}}{2}.l^2 - k_{21}.l$$

$$k_{21} = \frac{k_{11}}{2}.l \qquad (2.11a)$$

Substituindo a condição de contorno dada pela equação (2.9a) na equação (2.6a), tem-se a equação (2.12a).

$$0 = \frac{k_{11}}{6}.l^3 - \frac{k_{21}}{2}.l^2 + E.I_x$$

$$0 = \left(\frac{k_{11}}{2}.l\right).\frac{l^2}{3} - \frac{k_{21}}{2}.l^2 + E.I_x$$

$$\frac{k_{21}}{2}.l^2 - k_{21}.\frac{l^2}{3} = E.I_x$$

$$\frac{k_{21}}{6}.l^2 = E.I_x \quad \therefore \quad k_{21} = \frac{6.E.I_x}{l^2} \qquad (2.12a)$$

Retornando a equação (2.12a) em (2.11a):

$$k_{11} = \frac{2}{l}.\frac{6.E.I_x}{l^2} \quad \therefore \quad k_{11} = \frac{12.E.I_x}{l^3} \qquad (2.13a)$$

Uma vez que deve ser mantido o equilíbrio do elemento à ação tanto de forças verticais quanto de momentos, tem-se as seguintes equações:

$$\sum F_{\text{verticais}} = 0$$

$$k_{11} + k_{31} = 0$$

$$k_{31} = -k_{11} \quad \therefore \quad k_{31} = \frac{-12.E.I_x}{l^3} \qquad (2.14a)$$

$$\sum M_0 = 0$$

$$k_{31}.l + k_{41} + k_{21} = 0$$

$$\frac{-12.E.I_x}{l^3}.l + k_{41} + \frac{6.E.I_x}{l^2} = 0 \quad \therefore \quad k_{41} = \frac{6.E.I_x}{l^2} \qquad (2.15a)$$

A segunda coluna k_{i2} é determinada pelo momento correspondente à rotação unitária do nó à ré ($\theta_2 = 1$) do elemento, conforme apresenta a Figura 2.3b e consta na observação da Figura 2.4b.

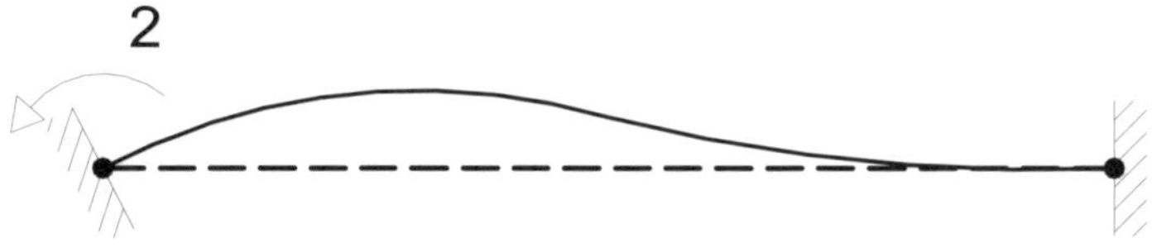

Figura 2.3b Deslocamento do segundo grau de liberdade: rotação

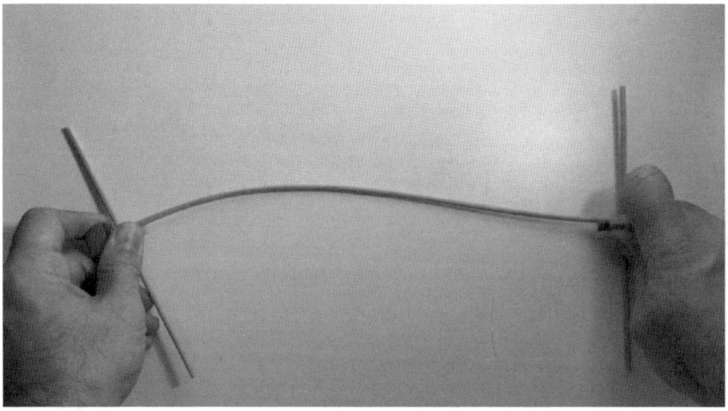

Figura 2.4b Observação do deslocamento do segundo grau de liberdade na haste de bambu

Seja o elemento de viga idealizado, apresentado na Figura 2.5b, onde *z* é a ordenada do eixo do elemento e *v*, a deformação transversal.

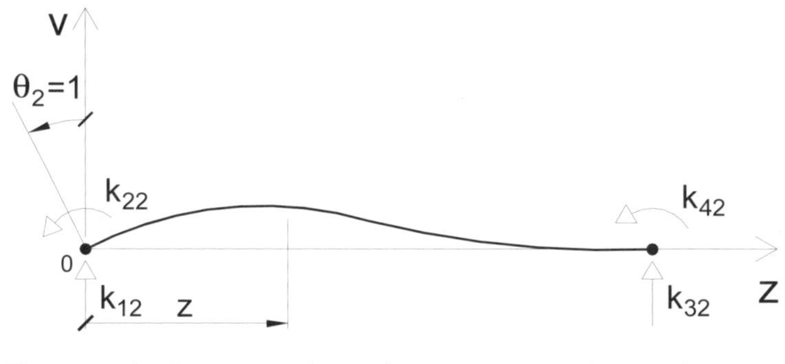

Figura 2.5b Elemento submetido a rotação unitária na direção do segundo grau de liberdade.

A equação do momento fletor determinada para uma seção do elemento na ordenada z é dado pela equação (2.2b).

$$M_x(z) = k_{12}.z - k_{22} \tag{2.2b}$$

A deformação pode ser obtida da equação diferencial da linha elástica apresentada pela equação (2.3b).

$$E.I_x \frac{d^2v}{dz^2} = M_x(z) \tag{2.3b}$$

Substituindo a equação (2.2b) do momento fletor, na equação (2.3b) da equação diferencial da linha elástica para pequenas deformações, tem-se a equação (2.4b).

$$E.I_x \frac{d^2v}{dz^2} = k_{12}.z - k_{22} \tag{2.4b}$$

que, integrando continuadamente, tem-se pelas equações (2.5b) e (2.6b).

$$E.I_x \frac{dv}{dz} = \frac{k_{12}}{2}.z^2 - k_{22}.z + C_3 \tag{2.5b}$$

$$E.I_x.v = \frac{k_{12}}{6}.z^3 - \frac{k_{22}}{2}.z^2 + C_3.z + C_4 \tag{2.6b}$$

As condições de contorno são apresentadas pelas equações (2.7b), (2.8b), (2.9b), (2.10b).

$$\theta(0) = \frac{dv}{dz} = 1 \tag{2.7b}$$

$$v(0) = 0 \tag{2.8b}$$

$$\theta(l) = \frac{dv}{dz} = 0 \tag{2.9b}$$

$$v(0) = 0 \tag{2.10b}$$

Substituindo a condição de contorno dada pela equação (2.7b) na equação (2.5b), chega-se à primeira constante de integração.

$$C_3 = E.I_x$$

Substituindo a condição de contorno dada pela equação (2.8b) na equação (2.6b), chega-se à segunda constante de integração.

$$C_2 = 0$$

Substituindo a condição de contorno dada pela equação (2.9b) na equação (2.5b), tem-se a equação (2.11b).

$$0 = \frac{k_{12}}{2}.l^2 - k_{22}.l + E.I_x \qquad (2.11b)$$

Substituindo a condição de contorno dada pela equação (2.10b) na equação (2.11b), tem-se a equação (2.12b).

$$0 = \frac{k_{12}}{6}.l^3 - \frac{k_{22}}{2}.l^2 + E.I_x.l \qquad (2.12b)$$

Dividindo a equação (2.12b) por l, chega-se a (2.13b).

$$0 = \frac{k_{12}}{6}.l^2 - \frac{k_{22}}{2}.l + E.I_x \qquad (2.13b)$$

Igualando as equações (2.11b) e (2.13b), chega-se a (2.14b).

$$\frac{k_{12}}{2}.l^2 - k_{22}.l = \frac{k_{12}}{6}.l^2 - \frac{k_{22}}{2}.l \qquad (2.14b)$$

Dividindo a equação (2.14b) por l, chega-se a (2.15b).

$$\frac{k_{12}}{2}.l - k_{22} = \frac{k_{12}}{6}.l - \frac{k_{22}}{2}$$
$$\frac{k_{12}}{2}.l - \frac{k_{12}}{6}.l = k_{22} - \frac{k_{22}}{2}$$

$$\frac{k_{12}}{3}.l = \frac{k_{22}}{2} \quad \therefore \quad k_{22} = \frac{2}{3}.k_{12}.l \tag{2.15b}$$

Substituindo a equação (2.15b) na equação (2.13b), tem-se a equação (2.16b).

$$0 = \frac{k_{12}}{6}.l^2 - \frac{2}{3}.k_{12}.l.\frac{l}{2} + E.I_x$$

$$\frac{k_{12}}{6}.l^2 = E.I_x \quad \therefore \quad k_{12} = \frac{6.E.I_x}{l^2} \tag{2.16b}$$

Retornando a equação (2.16b) em (2.15b), tem-se a equação (2.17b):

$$k_{22} = \frac{2}{3}.\frac{6.E.I_x}{l^2}.l$$

$$k_{22} = \frac{4.E.I_x}{l} \tag{2.17b}$$

Uma vez que deve ser mantido o equilíbrio do elemento à ação tanto de forças verticais quanto de momentos, tem-se as seguintes equações:

$$\sum F_{\text{verticais}} = 0$$
$$k_{12} + k_{32} = 0$$
$$k_{32} = -k_{12} \quad \therefore \quad k_{32} = \frac{-6.E.I_x}{l^2} \tag{2.18b}$$

$$\sum M_0 = 0$$
$$k_{32}.l + k_{42} + k_{22} = 0$$
$$\frac{-6.E.I_x}{l^2}.l + k_{42} + \frac{4.E.I_x}{l} = 0 \quad \therefore \quad k_{42} = \frac{2.E.I_x}{l} \tag{2.19b}$$

A terceira coluna k_{i3} é determinada pela força correspondente ao deslocamento unitário translacional na direção tangencial do elemento no nó avante ($v_3 = 1$), conforme apresenta a Figura 2.3c e consta na observação da Figura 2.4c.

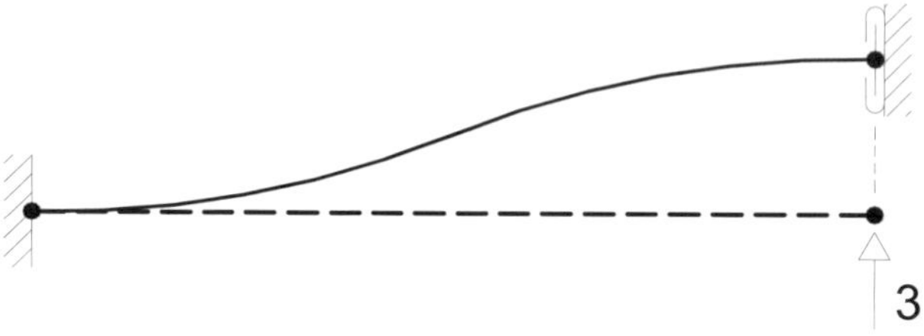

Figura 2.3c Deslocamento do terceiro grau de liberdade: translação tangencial

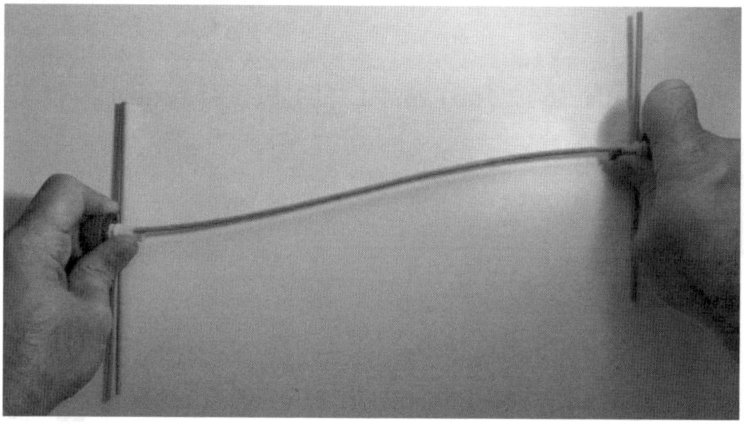

Figura 2.4c Observação do deslocamento do terceiro grau de liberdade na haste de bambu

Seja o elemento de viga idealizado apresentado na Figura 2.5c, onde z é a ordenada do eixo do elemento e v a deformação transversal.

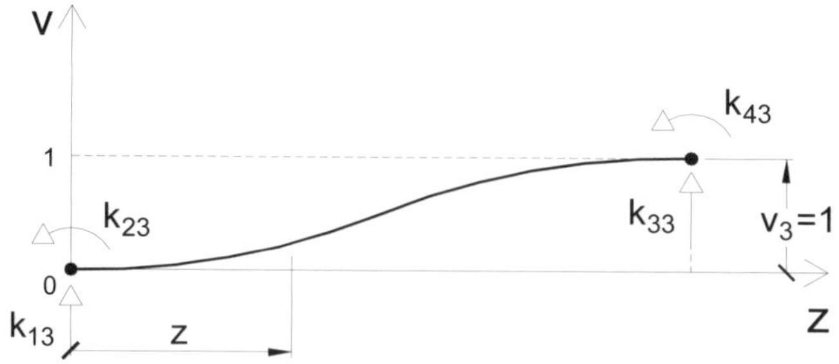

Figura 2.5c Elemento submetido a deformação unitária na direção do terceiro grau de liberdade

A equação do momento fletor determinada para uma seção do elemento na ordenada z é dado pela equação (2.2c).

$$M_x(z) = k_{13}.z - k_{23} \tag{2.2c}$$

A deformação pode ser obtida da equação diferencial da linha elástica apresentada pela equação (2.3c).

$$E.I_x \frac{d^2v}{dz^2} = M_x(z) \tag{2.3c}$$

Substituindo a equação (2.2c) do momento fletor, na equação (2.3c) da equação diferencial da linha elástica para pequenas deformações, tem-se a equação (2.4c).

$$E.I_x \frac{d^2v}{dz^2} = k_{13}.z - k_{23} \tag{2.4c}$$

que integrando continuadamente, tem-se pelas equações (2.5c) e (2.6c).

$$E.I_x \frac{dv}{dz} = \frac{k_{13}}{2}.z^2 - k_{23}.z + C_5 \tag{2.5c}$$

$$E.I_x.v = \frac{k_{13}}{6}.z^3 - \frac{k_{23}}{2}.z^2 + C_5.z + C_6 \tag{2.6c}$$

As condições de contorno são apresentadas pelas equações (2.7c), (2.8c), (2.9c) e (2.10c).

$$\theta(0) = \frac{dv}{dz} = 0 \tag{2.7c}$$
$$v(0) = 0 \tag{2.8c}$$
$$\theta(l) = \frac{dv}{dz} = 0 \tag{2.9c}$$
$$v(0) = 1 \tag{2.10c}$$

Substituindo a condição de contorno dada pela equação (2.8c) na equação (2.5c), chega-se a primeira constante de integração.

$$C_5 = 0$$

Substituindo a condição de contorno dada pela equação (2.7c) na equação (2.6c), chega-se à segunda constante de integração.

$$C_6 = 0$$

Substituindo a condição de contorno dada pela equação (2.9c) na equação (2.5c), tem-se a equação (2.11c).

$$0 = \frac{k_{13}}{2}.l^2 - k_{23}.l \tag{2.11c}$$

Dividindo a equação (2.11c) por l, chega-se a (2.12c).

$$k_{13} = \frac{2.k_{23}}{l} \tag{2.12c}$$

Substituindo a condição de contorno dada pela equação (2.10c) na equação (2.6c), tem-se a equação (2.13c).

$$E.I_x = \frac{k_{13}}{6}l^3 - \frac{k_{23}}{2}l^2 \tag{2.13c}$$

Substituindo a equação (2.12c) na equação (2.13c), tem-se a equação (2.14c).

$$E.I_x = \frac{2.k_{23}}{l}\frac{1}{6}l^3 - \frac{k_{23}}{2}l^2$$

$$E.I_x = \frac{-k_{23}}{6}l^2 \quad \therefore \quad k_{23} = \frac{-6.E.I_x}{l^2} \tag{2.14c}$$

Retornando a equação (2.14c) em (2.12c):

$$k_{13} = \frac{2}{l}\frac{-6.E.I_x}{l^2} \quad \therefore \quad k_{13} = \frac{-12.E.I_x}{l^3} \tag{2.15c}$$

Uma vez que deve ser mantido o equilíbrio do elemento à ação tanto de forças verticais quanto de momentos, tem-se as seguintes equações:

$$\sum F_{\text{verticais}} = 0$$

$$k_{13} + k_{33} = 0$$

$$k_{33} = -k_{13} \quad \therefore \quad k_{33} = \frac{12.E.I_x}{l^3} \tag{2.16c}$$

$$\sum M_0 = 0$$

$$k_{33}.l + k_{43} + k_{23} = 0$$

$$\frac{12.E.I_x}{l^3}.l + k_{43} - \frac{6.E.I_x}{l^2} = 0 \quad \therefore \quad k_{43} = \frac{6.E.I_x}{l^2} \tag{2.17c}$$

A quarta coluna k_{i4} é determinada pelo momento correspondente à rotação unitária do nó avante ($\theta_4 = 1$) do elemento, conforme apresenta a Figura 2.3d e observação da Figura 2.4d.

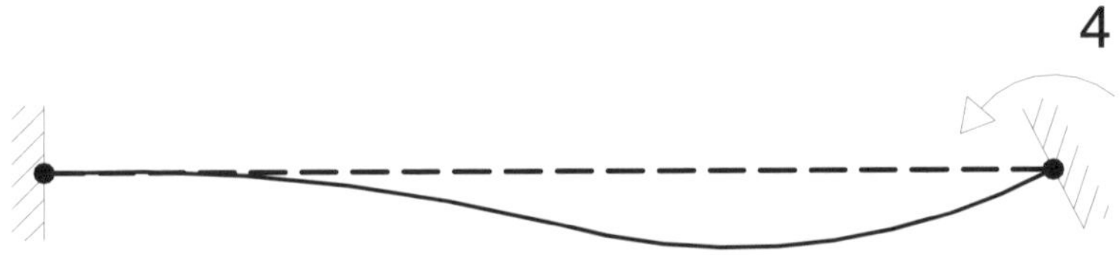

Figura 2.3d Deslocamento do quarto grau de liberdade: rotação

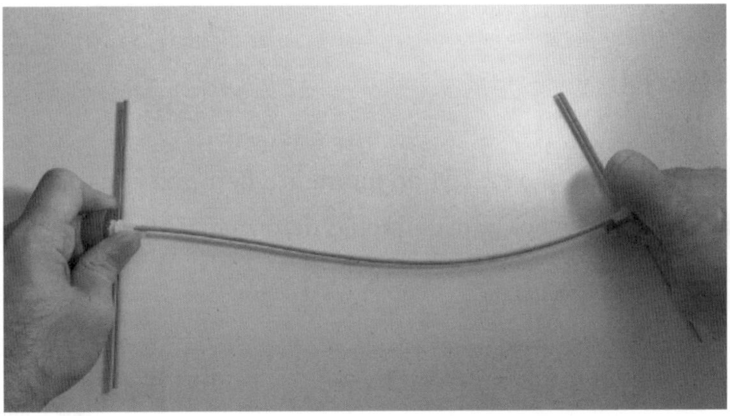

Figura 2.4d Observação do deslocamento do quarto grau de liberdade na haste de bambu

Seja o elemento de viga idealizado apresentado na Figura 2.5d, onde z é a ordenada do eixo do elemento e v a deformação transversal.

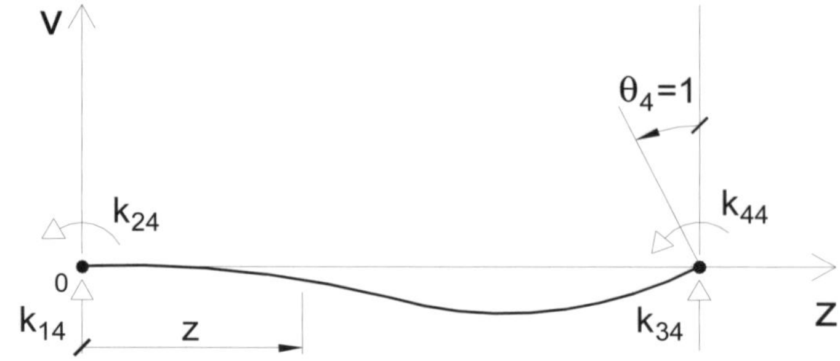

Figura 2.5d Elemento submetido à rotação unitária na direção do quarto grau de liberdade

A equação do momento fletor determinada para uma seção do elemento na ordenada z é dado pela equação (2.2d).

$$M_x(z) = k_{14}.z - k_{24} \tag{2.2d}$$

A deformação pode ser obtida da equação diferencial da linha elástica apresentada pela equação (2.3d).

$$E.I_x \frac{d^2v}{dz^2} = M_x(z) \tag{2.3d}$$

Substituindo a equação (2.2d) do momento fletor na equação (2.3d) da equação diferencial da linha elástica para pequenas deformações, tem-se a equação (2.4d).

$$E.I_x \frac{d^2v}{dz^2} = k_{14}.z - k_{24} \tag{2.4d}$$

que integrando continuadamente, tem-se pelas equações (2.5d) e (2.6d).

$$E.I_x \frac{dv}{dz} = \frac{k_{14}}{2}.z^2 - k_{24}.z + C_7 \tag{2.5d}$$

$$E.I_x.v = \frac{k_{14}}{6}.z^3 - \frac{k_{24}}{2}.z^2 + C_7.z + C_8 \tag{2.6d}$$

As condições de contorno são apresentadas pelas equações (2.7d), (2.8d), (2.9d) e (2.10d).

$$\theta(0) = \frac{dv}{dz} = 0 \tag{2.7d}$$

$$v(0) = 0 \tag{2.8d}$$

$$\theta(l) = \frac{dv}{dz} = 1 \tag{2.9d}$$

$$v(0) = 0 \tag{2.10d}$$

Substituindo a condição de contorno dada pela equação (2.7d) na equação (2.5d), chega-se a primeira constante de integração.

$$C_7 = 0$$

Substituindo a condição de contorno dada pela equação (2.8d) na equação (2.6d), chega-se à segunda constante de integração.

$$C_8 = 0$$

Substituindo a condição de contorno dada pela equação (2.9d) na equação (2.5d), tem-se a equação (2.11d).

$$E.I_x = \frac{k_{14}}{2} l^2 - k_{24}.l \tag{2.11d}$$

Substituindo a condição de contorno dada pela equação (2.10d) na equação (2.6d), tem-se a equação (2.12d).

$$0 = \frac{k_{12}}{6} l^3 - \frac{k_{22}}{2} l^2 + E.I_x.l \tag{2.12d}$$

Dividindo a equação (2.12d) por l, chega-se a (2.13d).

$$0 = \frac{k_{14}}{6} l^2 - \frac{k_{24}}{2}.l \quad \therefore \quad k_{24} = \frac{k_{14}}{3}.l \tag{2.13d}$$

Substituindo a equação (2.13d) na equação (2.13d), tem-se a equação (2.14d).

$$E.I_x = \frac{k_{14}}{2} l^2 - \frac{k_{14}}{3}.l.l$$

$$E.I_x = \frac{k_{14}}{6} l^2 \quad \therefore \quad k_{14} = \frac{6.E.I_x}{l^2} \tag{2.14d}$$

Retornando a equação (2.14d) em (2.13d), tem-se a equação (2.15d):

$$k_{24} = \frac{1}{3} \cdot \frac{6.E.I_x}{l^2} . l \quad \therefore \quad k_{24} = \frac{2.E.I_x}{l} \tag{2.15d}$$

Uma vez que deve ser mantido o equilíbrio do elemento à ação tanto de forças verticais quanto de momentos, tem-se as seguintes equações:

$$\sum F_{\text{verticais}} = 0$$
$$k_{14} + k_{34} = 0$$
$$k_{34} = -k_{14} \quad \therefore \quad k_{34} = \frac{-6.E.I_x}{l} \tag{2.16d}$$

$$\sum M_0 = 0$$
$$k_{34}.l + k_{44} + k_{24} = 0$$
$$\frac{-6.E.I_x}{l^2}.l + k_{44} + \frac{2.E.I_x}{l} = 0 \quad \therefore \quad k_{44} = \frac{4.E.I_x}{l} \tag{2.17d}$$

Conhecidos os termos, define-se a matriz de rigidez para o elemento de viga com quatro graus de liberdade identificados na Figura 2.6 e correspondentes endereçamentos no elemento.

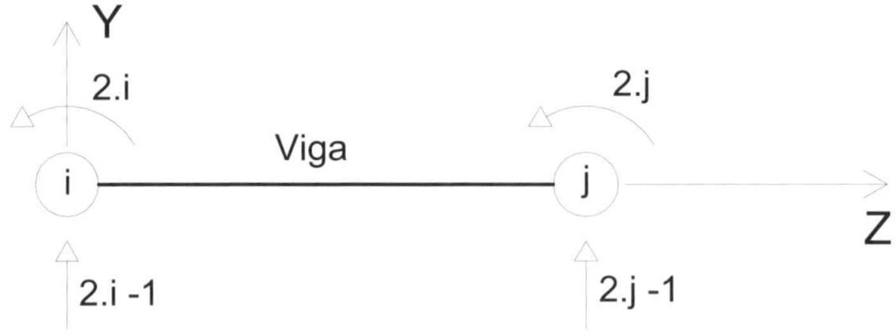

Figura 2.6 Endereçamento dos graus de liberdade no elemento de viga

Conhecidos os termos, define-se a matriz de rigidez para o elemento em conformidade com o apresentado pela equação (2.20).

$$
\begin{array}{c}
\\
\\
[K_e] =
\end{array}
\begin{array}{cc|cc}
\text{NOI} & & \text{NOJ} & \\
2i-1 & 2i & 2j-1 & 2j
\end{array}
$$

$$
[K_e] = \left[\begin{array}{cc|cc}
\dfrac{12.E.I_x}{L^3} & \dfrac{6.E.I_x}{L^2} & -\dfrac{12.E.I_x}{L^3} & \dfrac{6.E.I_x}{L^2} \\
\dfrac{6.E.I_x}{L^2} & \dfrac{4.E.I_x}{L} & -\dfrac{6.E.I_x}{L^2} & \dfrac{2.E.I_x}{L} \\
\hline
-\dfrac{12.E.I_x}{L^3} & -\dfrac{6.E.I_x}{L^2} & \dfrac{12.E.I_x}{L^3} & -\dfrac{6.E.I_x}{L^2} \\
\dfrac{6.E.I_x}{L^2} & \dfrac{2.E.I_x}{L} & -\dfrac{6.E.I_x}{L^2} & \dfrac{4.E.I_x}{L}
\end{array}\right]
\begin{array}{l}
2i-1 \\
2i \quad NOI \\
\hline
2j-1 \\
2j \quad NOJ
\end{array}
\qquad (2.20)
$$

2.1.2. Formulação do elemento de viga pelo método dos elementos finitos

Os deslocamentos nodais são determinados pelo método dos elementos finitos, considerando um elemento de viga bidimensional, composto por dois nós, i e j, sensíveis tanto à translação tangencial quanto à rotação. É conhecido o comprimento L do elemento, assim como o endereçamento nodal, sendo j índice do nó avante e i o índice do nó à ré. Conforme apresentado na Figura 2.7, o deslocamento nodal será composto por esses dois efeitos simultâneos: translação tangencial, sendo U = v, e correspondente derivada que, para o caso de pequenas deformações, fornece a rotação U' = θ.

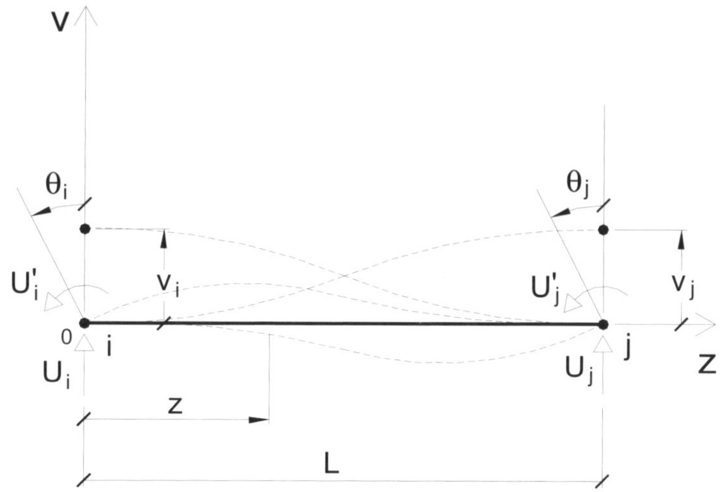

Figura 2.7 Elemento finito de viga de comprimento L e quatro graus de liberdade

2.1.2.1. Determinação do campo de deslocamentos

Os campos de deslocamentos de cada elemento, representados anteriormente pelas linhas tracejadas, são aproximados por funções de interpolação polinomiais, por serem de mais simples manipulação. Neste caso, especificamente, em se tratando de quatro graus de liberdade, dois à translação e dois à rotação, é adotada uma equação polinomial de terceiro grau completa, para a determinação da translação tangencial, $u(z) = v_i$, e como segue na equação (2.21), α_1, α_2, α_3 e α_4 são os parâmetros a determinar.

$$u(z) = v_i = \alpha_1 + \alpha_2 z + \alpha_3 z^2 + \alpha_4 z^3 \tag{2.21}$$

A representação matricial da equação (2.21) é dada pela equação (2.22).

$$u(z) = \begin{bmatrix} 1 & z & z^2 & z^3 \end{bmatrix} \begin{bmatrix} \alpha_1 \\ \alpha_2 \\ \alpha_3 \\ \alpha_4 \end{bmatrix} \tag{2.22}$$

Deriva-se a equação da deformação para determinar a rotação do correspondente nó, $u'(z) = \theta_i$.

$$u'(z) = \theta_i = 0 + \alpha_2 + 2z\,\alpha_3 + 3z^2\alpha_4 \tag{2.23}$$

Na determinação dos parâmetros α_i, devem ser atendidas as condições de contorno nodais.

Para o nó i, tem-se que $z = 0$.

$$u(0) = v_i \tag{2.24}$$

$$u'(0) = \theta_i \tag{2.25}$$

Substituindo o valor de z nas equações (2.21) e (2.23), tem-se:

$$v_i = \alpha_1 + \alpha_2 0 + \alpha_3 (0)^2 + \alpha_4 (0)^3$$

$$v_i = 1\alpha_1 + 0\alpha_2 + 0\alpha_3 + 0\alpha_4 \tag{2.26}$$

$$\theta_i = 0 + 1.\alpha_2 + 2.(0)\alpha_3 + 3.(0)^2\ \alpha_4$$
$$\theta_i = 0 + 1\alpha_2 + 0\alpha_3 + 0\ \alpha_4 \tag{2.27}$$

Assim, da mesma forma, para o nó j, em que $z = L$, nas equações (2.21) e (2.23), tem-se:

$$u(L) = v_j$$
$$u'(L) = \theta_j$$
$$v_j = \alpha_1 + \alpha_2 L + \alpha_3 L^2 + \alpha_4 L^3$$
$$v_j = \alpha_1 + L\alpha_2 + L^2\alpha_3 + L^3\alpha_4 \tag{2.28}$$

$$\theta_j = 0 + 1\alpha_2 + 2L\ \alpha_3 + 3L^2\ \alpha_4 \tag{2.29}$$

As equações (2.26), (2.27), (2.28) e (2.29) comporão um sistema que determinará o parâmetro α_i em termos do comprimento L do elemento de viga e da correspondente posição z ao longo do eixo, o qual é ordenado de forma matricial pela equação (2.30).

$$\begin{bmatrix} v_i \\ \theta_i \\ v_j \\ \theta_j \end{bmatrix} = \begin{bmatrix} 1 & 0 & 0 & 0 \\ 0 & 1 & 0 & 0 \\ 1 & L & L^2 & L^3 \\ 0 & 1 & 2L & 3L^2 \end{bmatrix} \begin{bmatrix} \alpha_1 \\ \alpha_2 \\ \alpha_3 \\ \alpha_4 \end{bmatrix} \tag{2.30}$$

Para simplificar a manipulação algébrica, considera-se $[A]$ a matriz quadrada 4x4 que contém as constantes em função do comprimento da viga.

$$[A] = \begin{bmatrix} 1 & 0 & 0 & 0 \\ 0 & 1 & 0 & 0 \\ 1 & L & L^2 & L^3 \\ 0 & 1 & 2L & 3L^2 \end{bmatrix} \tag{2.31}$$

Assim, é possível determinar o vetor do parâmetro α_i multiplicando a inversa da matriz A pelo vetor que guarda os deslocamentos e respectivas rotações dos nós.

$$\begin{bmatrix} \alpha_1 \\ \alpha_2 \\ \alpha_3 \\ \alpha_4 \end{bmatrix} = [A]^{-1} \begin{bmatrix} v_i \\ \theta_i \\ v_j \\ \theta_j \end{bmatrix} \tag{2.32}$$

A matriz inversa pode ser determinada pela razão da matriz adjunta pelo determinante da própria matriz.

$$[A]^{-1} = \frac{adj[A]}{|A|} \tag{2.33}$$

A matriz adjunta é a matriz do cofator da matriz transposta.

$$adj[A] = \text{cofator da matriz } [A]^T \tag{2.34}$$

A transposta da matriz é determinada pela substituição dos índices, como apresentado na equação (2.35).

$$\left[A_{ij}\right]^T = A_{ji} \tag{2.35}$$

$$[A]^T = \begin{bmatrix} 1 & 0 & 1 & 0 \\ 0 & 1 & L & 1 \\ 0 & 0 & L^2 & 2L \\ 0 & 0 & L^3 & 3L^2 \end{bmatrix} \tag{2.36}$$

Conhecida a matriz transposta, é possível determinar a adjunta de A.

$$adj[A] = \begin{bmatrix} (+1)\begin{vmatrix} 1 & L & 1 \\ 0 & L^2 & 2L \\ 0 & L^3 & 3L^2 \end{vmatrix} & (-1)\begin{vmatrix} 0 & L & 1 \\ 0 & L^2 & 2L \\ 0 & L^3 & 3L^2 \end{vmatrix} & (+1)\begin{vmatrix} 0 & 1 & 1 \\ 0 & 0 & 2L \\ 0 & 0 & 3L^2 \end{vmatrix} & (-1)\begin{vmatrix} 0 & 1 & L \\ 0 & 0 & L^2 \\ 0 & 0 & L^3 \end{vmatrix} \\ (-1)\begin{vmatrix} 0 & 1 & 0 \\ 0 & L^2 & 2L \\ 0 & L^3 & 3L^2 \end{vmatrix} & (+1)\begin{vmatrix} 1 & 1 & 0 \\ 0 & L^2 & 2L \\ 0 & L^3 & 3L^2 \end{vmatrix} & (-1)\begin{vmatrix} 1 & 0 & 0 \\ 0 & 0 & 2L \\ 0 & 0 & 3L^2 \end{vmatrix} & (+1)\begin{vmatrix} 1 & 0 & 1 \\ 0 & 0 & L^2 \\ 0 & 0 & L^3 \end{vmatrix} \\ (+1)\begin{vmatrix} 0 & 1 & 0 \\ 1 & L & 1 \\ 0 & L^3 & 3L^2 \end{vmatrix} & (-1)\begin{vmatrix} 1 & 1 & 0 \\ 0 & L & 1 \\ 0 & L^3 & 3L^2 \end{vmatrix} & (+1)\begin{vmatrix} 1 & 0 & 0 \\ 0 & 1 & 1 \\ 0 & 0 & 3L^2 \end{vmatrix} & (-1)\begin{vmatrix} 1 & 0 & 1 \\ 0 & 1 & L \\ 0 & 0 & L^3 \end{vmatrix} \\ (-1)\begin{vmatrix} 0 & 1 & 0 \\ 1 & L & 1 \\ 0 & L^2 & 2L \end{vmatrix} & (+1)\begin{vmatrix} 1 & 1 & 0 \\ 0 & L & 1 \\ 0 & L^2 & 2L \end{vmatrix} & (-1)\begin{vmatrix} 1 & 0 & 0 \\ 0 & 1 & 1 \\ 0 & 0 & 2L \end{vmatrix} & (+1)\begin{vmatrix} 1 & 0 & 1 \\ 0 & 1 & L \\ 0 & 0 & L^2 \end{vmatrix} \end{bmatrix}$$

$$adj[A] = \begin{bmatrix} L^4 & 0 & 0 & 0 \\ 0 & L^4 & 0 & 0 \\ -3L^2 & -2L^3 & 3L^2 & -L^3 \\ 2L & L^2 & -2L & L^2 \end{bmatrix} \tag{2.37}$$

Obtém-se o determinante da matriz A.

$$|A| = 1.(3L^4 - 2L^4) + 0.(0) + 1.(0) + 0.(0)$$
$$|A| = L^4 \tag{2.38}$$

Retornando à equação (2.33), chega-se à matriz inversa de A.

$$[A]^{-1} = \frac{1}{L^4}\begin{bmatrix} L^4 & 0 & 0 & 0 \\ 0 & L^4 & 0 & 0 \\ -3L^2 & -2L^3 & 3L^2 & -L^3 \\ 2L & L^2 & -2L & L^2 \end{bmatrix} \tag{2.39}$$

Substituindo a equação (2.32) em (2.22) e, em seguida, aplicando a matriz inversa (2.39), chega-se à função de forma do deslocamento.

$$u(z) = [1 \quad z \quad z^2 \quad z^3]\,[A]^{-1}\begin{bmatrix} v_i \\ \theta_i \\ v_j \\ \theta_j \end{bmatrix} \tag{2.40}$$

$$u(z) = [1 \quad z \quad z^2 \quad z^3]\,\frac{1}{L^4}\begin{bmatrix} L^4 & 0 & 0 & 0 \\ 0 & L^4 & 0 & 0 \\ -3L^2 & -2L^3 & 3L^2 & -L^3 \\ 2L & L^2 & -2L & L^2 \end{bmatrix}\begin{bmatrix} v_i \\ \theta_i \\ v_j \\ \theta_j \end{bmatrix} \tag{2.41}$$

$$u(z) = \frac{1}{L^4}[(L^4 - 3z^2L^2 + 2z^3L)\ (zL^4 - 2z^2L^3 + z^3L^2)\ (3z^2L^2 - 2z^3L)\ (-z^2L^3 + z^3L^2)]\begin{bmatrix} v_i \\ \theta_i \\ v_j \\ \theta_j \end{bmatrix} \tag{2.42}$$

$$u(z) = \left[\left(1 - \frac{3z^2}{L^2} + \frac{2z^3}{L^3}\right)\left(z - \frac{2z^2}{L} + \frac{z^3}{L^2}\right)\left(\frac{3z^2}{L^2} - \frac{2z^3}{L^3}\right)\left(-\frac{z^2}{L} + \frac{z^3}{L^2}\right)\right]\begin{bmatrix} v_i \\ \theta_i \\ v_j \\ \theta_j \end{bmatrix} \tag{2.43}$$

$$[N_e] = \left[\left(1 - \frac{3z^2}{L^2} + \frac{2z^3}{L^3}\right)\left(z - \frac{2z^2}{L} + \frac{z^3}{L^2}\right)\left(\frac{3z^2}{L^2} - \frac{2z^3}{L^3}\right)\left(-\frac{z^2}{L} + \frac{z^3}{L^2}\right)\right] \tag{2.43a}$$

Os termos da matriz de forma $[N_e]$ do elemento são as funções de interpolação, ou funções de forma, chamadas de polinômios de *Hermite*.

Aplicando o método dos elementos finitos, pode-se então determinar, retornando na equação (1.16), os deslocamentos nodais, representados pelo vetor $\{u_e\}$, por aproximação pela multiplicação da matriz das funções de interpolação do elemento $[N_e]$ pelo vetor $\{\delta_e\}$ que guarda como parâmetros nodais – deslocamentos dos nós do sistema vinculados ao elemento. Reescrevendo a equação matricial, determina-se a equação do deslocamento nodal.

$$\{u_e\} = [N_e]\,\{\delta_e\} \tag{2.44}$$

$$u(z) = N_{vi}v_i + N_{\theta i}\theta_i + N_{vj}v_j + N_{\theta j}\theta_j = \begin{bmatrix} N_{vi} & N_{\theta i} & N_{vj} & N_{\theta j} \end{bmatrix}\begin{bmatrix} v_i \\ \theta_i \\ v_j \\ \theta_j \end{bmatrix} \tag{2.45}$$

A equação (2.46) de interpolação que segue é apresentada pela Figura 2.8.

$$N_{vi} = 1 - \frac{3z^2}{L^2} + \frac{2z^3}{L^3},\ N_{\theta i} = z - \frac{2z^2}{L} + \frac{z^3}{L^2},\ N_{vj} = \frac{3z^2}{L^2} - \frac{2z^3}{L^3},\ N_{\theta j} = -\frac{z^2}{L} + \frac{z^3}{L^2} \tag{2.46}$$

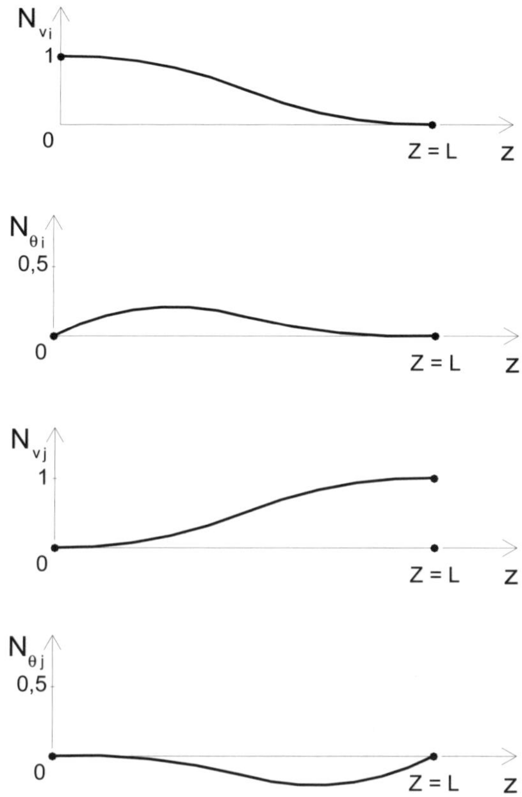

Figura 2.8 Funções de interpolação para o elemento de viga com quatro graus de liberdade

Portanto, os valores das funções de forma e respectivas derivadas podem ser dados pela Tabela 2.1, a seguir.

Tabela 2.1 Valores das funções de forma e derivadas

	N_{vi}	$N_{\theta i}$	N_{vj}	$N_{\theta j}$
$(N)_{Z=0}$	1	0	0	0
$\left(\frac{dN}{dz}\right)_{Z=0}$	0	1	0	0
$(N)_{Z=L}$	0	0	1	0
$\left(\frac{dN}{dz}\right)_{Z=L}$	0	0	0	1

Retorna-se à equação diferencial da linha elástica para pequenas deformações com o deslocamento nodal em lugar da deformação.

$$\frac{1}{\rho} = \frac{d^2 v}{dz^2} = \frac{d^2}{dz^2}[N_e]\{\delta_e\} \tag{2.47}$$

Seja $[B_{fe}]$definido com a matriz de deformação do elemento à flexão.

$$\frac{1}{\rho} = \frac{d^2 v}{dz^2} = [B_{fe}]\{\delta_e\} \tag{2.48}$$

$$[B_{fe}] = \frac{d^2}{dz^2}[N_e] \tag{2.49}$$

Aplica-se duas vezes a derivação na equação (2.43).

$$[B_{fe}] = \left[\left(-\frac{6}{L^2} + \frac{12z}{L^3}\right)\left(-\frac{4}{L} + \frac{6z}{L^2}\right)\left(\frac{6}{L^2} - \frac{12z}{L^3}\right)\left(-\frac{2}{L} + \frac{6z}{L^2}\right)\right] \tag{2.50}$$

2.1.2.2. Determinação da matriz de rigidez do elemento

As condições de equilíbrio são alcançadas com a aplicação do teorema dos trabalhos virtuais descrito no item 1.5.2.3. A matriz de rigidez do elemento é determinada na equação (1.39), a qual será reescrita em termos do elemento de viga deformado por efeito de flexão.

$$[K_e] = \int_{V_e} [B_e]^T [C]\, [B_e].\, dV_e \tag{2.51}$$

Seja $[C]$ a matriz constitutiva e $[B_e]$ a matriz de deformação do elemento definida pela relação.

$$\{\varepsilon_e\} = [N_e]\{\delta_e\} \tag{2.52}$$

Substituindo a matriz de forma pela matriz de deformação, tem-se:

$$\{\varepsilon_e\} = [B_e].\{\delta_e\} \tag{2.53}$$

No elemento finito de viga constituído de dois nós em suas extremidades, são considerados os deslocamentos nodais e respectivas rotações $v_i, \theta_i, v_j, \theta_j$. Admite-se como válida a hipótese de pequenas deformações, sendo desprezado o efeito do esforço cortante. É adotada a teoria de vigas de Navier sendo válida a hipótese, proposta por Bernoulli, de manutenção das seções transversais planas após a deformação. As tensões e correspondentes deformações que se desenvolvem em uma fibra de distância y do eixo neutro, da seção transversal do elemento, ocorrem apenas na direção do eixo.

$$\{\sigma_e\} = \sigma_z \tag{2.54}$$

$$\{\varepsilon_e\} = \varepsilon_z \tag{2.55}$$

A matriz constitutiva $[C]$ corresponde ao módulo de elasticidade E.

$$[C] = E \tag{2.56}$$

A deformação linear no ponto é determinada a partir da teoria de vigas para pequenas deformações, conforme apresentado na equação (2.57).

$$\varepsilon_z = y\frac{d^2v}{dz^2} \tag{2.57}$$

Retorna-se na equação (2.48) para substituir matriz e vetores na equação (2.57).

$$\{\varepsilon_e\} = y[B_{fe}].\{\delta_e\} \tag{2.58}$$

Igualando as equações (2.58) e (2.53), tem-se que:

$$[B_e] = y[B_{fe}] \tag{2.59}$$

Retorna-se a matriz de deformação da equação (2.51).

$$[K_e] = \int_{V_e}[B_{fe}]^T yEy\,[B_{fe}].dV_e \tag{2.60}$$

O incremento de volume do elemento é definido na equação (1.44), sendo reescrito em termos da integração da área e substituído na equação (2.51).

$$dV_e = A\,dz = \left(\int_A dA\right) dz \tag{2.61}$$

$$[K_e] = \int_L \left([B_{fe}]^T E\, [B_{fe}] \int_A y^2.dA \right) dz \tag{2.62}$$

O momento de inércia em relação ao eixo centroidal é definido por I_x, como segue.

$$I_x = \int_A y^2.dA \tag{2.63}$$

$$[K_e] = \int_L [B_{fe}]^T E I_x\, [B_{fe}]\, dz \tag{2.64}$$

$$[K_e] = \int_L \begin{bmatrix} \left(-\frac{6}{L^2}+\frac{12z}{L^3}\right) \\ \left(-\frac{4}{L}+\frac{6z}{L^2}\right) \\ \left(\frac{6}{L^2}-\frac{12z}{L^3}\right) \\ \left(-\frac{2}{L}+\frac{6z}{L^2}\right) \end{bmatrix} E I_x \left[\left(-\frac{6}{L^2}+\frac{12z}{L^3}\right) \quad \left(-\frac{4}{L}+\frac{6z}{L^2}\right) \quad \left(\frac{6}{L^2}-\frac{12z}{L^3}\right) \quad \left(-\frac{2}{L}+\frac{6z}{L^2}\right) \right] dz \tag{2.65}$$

$$[K_e] = E I_x \int_L \begin{bmatrix} \left(-\frac{6}{L^2}+\frac{12z}{L^3}\right)\left(-\frac{6}{L^2}+\frac{12z}{L^3}\right) & \left(-\frac{6}{L^2}+\frac{12z}{L^3}\right)\left(-\frac{4}{L}+\frac{6z}{L^2}\right) & \left(-\frac{6}{L^2}+\frac{12z}{L^3}\right)\left(\frac{6}{L^2}-\frac{12z}{L^3}\right) & \left(-\frac{6}{L^2}+\frac{12z}{L^3}\right)\left(-\frac{2}{L}+\frac{6z}{L^2}\right) \\ \left(-\frac{4}{L}+\frac{6z}{L^2}\right)\left(-\frac{6}{L^2}+\frac{12z}{L^3}\right) & \left(-\frac{4}{L}+\frac{6z}{L^2}\right)\left(-\frac{4}{L}+\frac{6z}{L^2}\right) & \left(-\frac{4}{L}+\frac{6z}{L^2}\right)\left(\frac{6}{L^2}-\frac{12z}{L^3}\right) & \left(-\frac{4}{L}+\frac{6z}{L^2}\right)\left(-\frac{2}{L}+\frac{6z}{L^2}\right) \\ \left(\frac{6}{L^2}-\frac{12z}{L^3}\right)\left(-\frac{6}{L^2}+\frac{12z}{L^3}\right) & \left(\frac{6}{L^2}-\frac{12z}{L^3}\right)\left(-\frac{4}{L}+\frac{6z}{L^2}\right) & \left(\frac{6}{L^2}-\frac{12z}{L^3}\right)\left(\frac{6}{L^2}-\frac{12z}{L^3}\right) & \left(\frac{6}{L^2}-\frac{12z}{L^3}\right)\left(-\frac{2}{L}+\frac{6z}{L^2}\right) \\ \left(-\frac{2}{L}+\frac{6z}{L^2}\right)\left(-\frac{6}{L^2}+\frac{12z}{L^3}\right) & \left(-\frac{2}{L}+\frac{6z}{L^2}\right)\left(-\frac{4}{L}+\frac{6z}{L^2}\right) & \left(-\frac{2}{L}+\frac{6z}{L^2}\right)\left(\frac{6}{L^2}-\frac{12z}{L^3}\right) & \left(-\frac{2}{L}+\frac{6z}{L^2}\right)\left(-\frac{2}{L}+\frac{6z}{L^2}\right) \end{bmatrix} dz \tag{2.66}$$

Resolvendo a integral, chega-se novamente à matriz de rigidez do elemento finito de viga com quatro graus de liberdade. As constantes elásticas coincidem com o obtido pelo método da rigidez direta apresentado pela equação (2.20).

$$
[K_e] = \begin{array}{c} \begin{array}{cccc} \text{NOI} & & \text{NOJ} & \\ 2i-1 & 2i & 2j-1 & 2j \end{array} \\ \left[\begin{array}{cc|cc} \frac{12.E.I_x}{L^3} & \frac{6.E.I_x}{L^2} & -\frac{12.E.I_x}{L^3} & \frac{6.E.I_x}{L^2} \\ \frac{6.E.I_x}{L^2} & \frac{4.E.I_x}{L} & -\frac{6.E.I_x}{L^2} & \frac{2.E.I_x}{L} \\ \hline -\frac{12.E.I_x}{L^3} & -\frac{6.E.I_x}{L^2} & \frac{12.E.I_x}{L^3} & -\frac{6.E.I_x}{L^2} \\ \frac{6.E.I_x}{L^2} & \frac{2.E.I_x}{L} & -\frac{6.E.I_x}{L^2} & \frac{4.E.I_x}{L} \end{array}\right] \end{array} \begin{array}{c} 2i-1 \\ 2i \\ \hline 2j-1 \\ 2j \end{array} \begin{array}{c} NOI \\ \\ NOJ \end{array} \qquad (2.67)
$$

2.2. CARREGAMENTO NODAL EQUIVALENTE

Nas vigas, é comum o carregamento ser aplicado de modo indireto no elemento em vez de na junta. Entretanto, como visto, é na junta que se devem conhecer as ações ou reações bem como deslocamentos ou restrições, sendo necessário, para obter-se a solução da estrutura, que todas as cargas estejam nos nós. Portanto, eventuais ações sobre os elementos devem ser transferidas para as juntas na forma de efeitos equivalentes. Os efeitos das cargas aplicadas nos elementos são transferidos aos nós por meio do carregamento nodal equivalente.

2.2.1. Carga concentrada no meio do elemento

Seja o elemento apresentado pela Figura 2.9 composto por dois nós, contendo comprimento L e carga concentrada P no meio do elemento. Explorando a simetria, metade da carga é transmitida a cada uma das juntas, conforme apresenta a Figura 2.10.

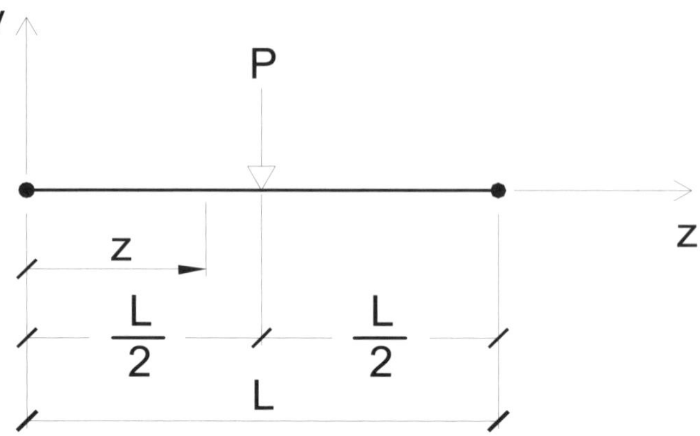

Figura 2.9 Carga concentrada no meio do elemento

Figura 2.10 Efeito nas juntas da carga concentrada no meio do elemento

O momento fletor em uma seção do elemento à distância z do nó à ré e obtido da equação de equilíbrio de momentos da mesma seção é apresentado pela equação (2.21a).

$$M_x(z) = M - \frac{P}{2}z, \qquad 0 \leq z \leq \frac{L}{2} \tag{2.21a}$$

Esta função do primeiro grau em z é descontínua na metade do comprimento do elemento. Aplicando a equação diferencial da linha elástica no domínio indicado, tem-se:

$$E.I_x\frac{d^2v}{dz^2} = M - \frac{P}{2}z \tag{2.22a}$$

que, integrando continuadamente, tem-se pelas equações (2.23a) e (2.24a).

$$E.I_x\frac{dv}{dz} = M.z - \frac{P}{4}.z^2 + C_1 \tag{2.23a}$$

$$E.I_x.v = \frac{M}{2}.z^2 - \frac{P}{12}.z^3 + C_1.z + C_2 \tag{2.24a}$$

As condições de contorno são apresentadas pelas equações (2.25a), (2.26a) e (2.27a).

$$\theta(0) = \frac{dv}{dz} = 0 \qquad (2.25a)$$

$$v(0) = 0 \qquad (2.26a)$$

$$\theta\left(\frac{l}{2}\right) = \frac{dv}{dz} = 0 \qquad (2.27a)$$

Substituindo a condição de contorno dada pela equação (2.25a) na equação (2.23a), chega-se à primeira constante de integração.

$$C_1 = 0$$

Substituindo a condição de contorno dada pela equação (2.26a) na equação (2.24a), chega-se à primeira constante de integração.

$$C_2 = 0$$

Substituindo a equação (2.27a) na equação (2.23a), chega-se ao momento no nó à ré, que, por simetria, é o mesmo momento do nó avante.

$$0 = M.\frac{L}{2} - \frac{P}{4}.\left(\frac{l}{2}\right)^2$$

$$M.\frac{L}{2} = \frac{P}{4}.\frac{L^2}{4}$$

$$M = \frac{PL}{8}$$

2.2.2. Carga distribuída ao longo do elemento

Seja o elemento apresentado pela Figura 2.11 composto por dois nós, contendo comprimento L e carga distribuída Q ao longo do elemento. Explorando a simetria, metade do carregamento total, produto de Q e L, é transmitida a cada uma das juntas, conforme apresenta a Figura 2.12.

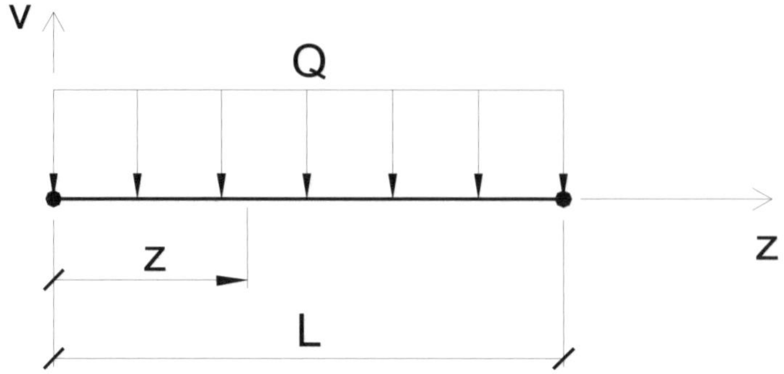

Figura 2.11 Carga distribuída ao longo do elemento

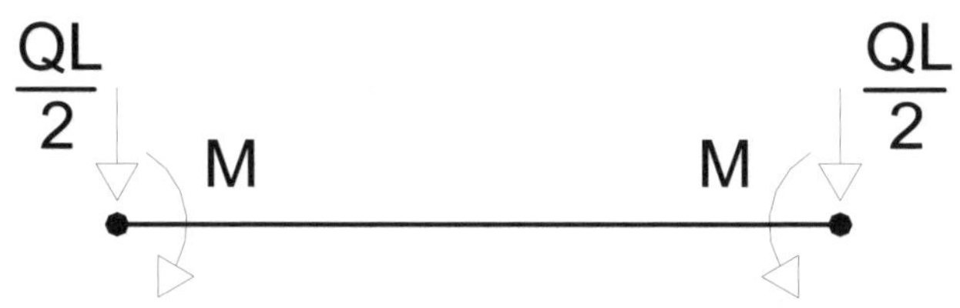

Figura 2.12 Efeito nas juntas da carga distribuída ao longo do elemento

O momento fletor em uma seção do elemento à distância z do nó à ré e obtido da equação de equilíbrio de momentos da mesma seção é apresentado pela equação (2.21b).

$$M_x(z) = \frac{Q}{2}z^2 - \frac{Q.L}{2}z + M, \qquad 0 \leq z \leq L \tag{2.21b}$$

Esta função do segundo grau em z é contínua ao longo do comprimento L do elemento. Aplicando a equação diferencial da linha elástica no domínio indicado, tem-se:

$$E.I_x \frac{d^2v}{dz^2} = \frac{Q}{2}z^2 - \frac{Q.L}{2}z + M \tag{2.22b}$$

que, integrando continuadamente, tem-se pelas equações (2.23b) e (2.24b):

$$E.I_x \frac{dv}{dz} = \frac{Q}{6}z^3 - \frac{Q.L}{4}z^2 + M.z + C_1 \tag{2.23b}$$

$$E.I_x.v = \frac{Q}{24}z^4 - \frac{Q.L}{12}z^3 + \frac{M}{2}z^2 + C_1.z + C_2 \tag{2.24b}$$

As condições de contorno são apresentadas pelas equações (2.25b), (2.26b), (2.27b) e (2.28b).

$$\theta(0) = \frac{dv}{dz} = 0 \quad (2.25b)$$

$$v(0) = 0 \quad (2.26b)$$

$$\theta(L) = \frac{dv}{dz} = 0 \quad (2.27b)$$

$$v(L) = 0 \quad (2.28b)$$

Substituindo a condição de contorno dada pela equação (2.25b) na equação (2.23b), chega-se à primeira constante de integração.

$$C_1 = 0$$

Substituindo a condição de contorno dada pela equação (2.26b) na equação (2.24b), chega-se à primeira constante de integração.

$$C_2 = 0$$

Substituindo a equação (2.27b) na equação (2.23b), chega-se ao momento no nó à ré, que, por simetria, é o mesmo momento do nó avante.

$$0 = \frac{Q}{6}L^3 - \frac{Q.L}{4}L^2 + M.L$$

$$M = \frac{Q.L^2}{4} - \frac{Q.L^2}{6}$$

$$M = \frac{Q.L^2}{12}$$

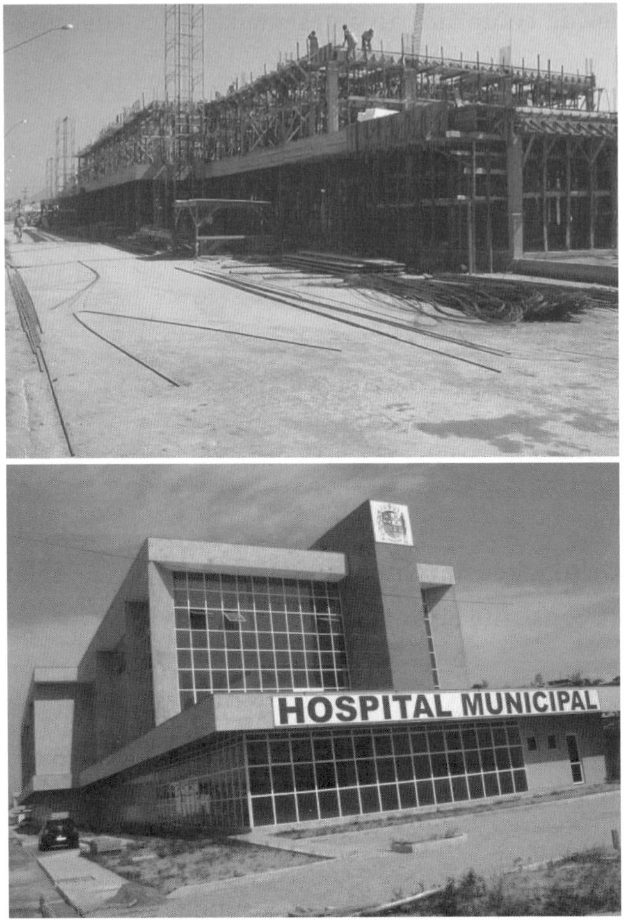

Hospital Municipal de Angra dos Reis – RJ. Estrutura em concreto armado, tradicionalmente dimensionada e detalhada por meio de elementos discretos, vigas e pilares.

Exemplo 2.1

Aplicando o método dos elementos finitos, determine o carregamento nodal equivalente para a carga triangular apresentada na Figura 2.13, sendo conhecido o valor extremo da carga Q e o comprimento L.

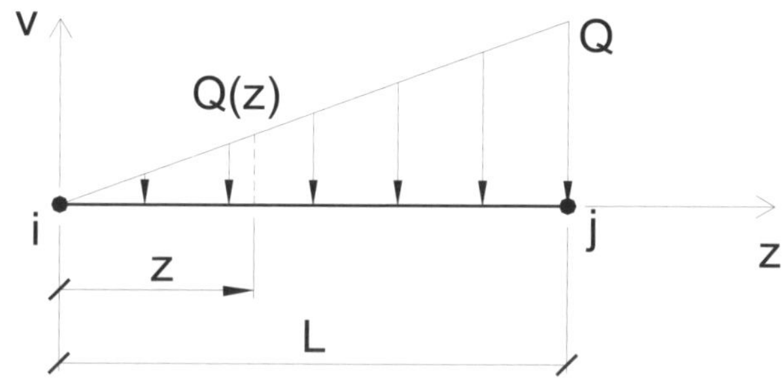

Figura 2.13 Carga triangular no elemento de viga.

Resolução:

1) Função de carga.

$$Q(z) = -\frac{Q}{L}z$$

2) Conhecida a carga em função da ordenada z, aplicam-se os polinômios de Hermite, equação (2.43), funções de forma, para obter o vetor de forças correspondente ao carregamento nodal equivalente.

Funções de forma – polinômios de Hermite.

$$[N_e] = \left[\left(1 - \frac{3z^2}{L^2} + \frac{2z^3}{L^3}\right) \quad \left(z - \frac{2z^2}{L} + \frac{z^3}{L^2}\right) \quad \left(\frac{3z^2}{L^2} - \frac{2z^3}{L^3}\right) \quad \left(-\frac{z^2}{L} + \frac{z^3}{L^2}\right)\right]$$

Carregamento nodal equivalente.

$$F_i = \int_0^L \left(1 - \frac{3z^2}{L^2} + \frac{2z^3}{L^3}\right)\left(-\frac{Q}{L}z\right).dz = \frac{Q}{L}\left(\frac{L^2}{2} - \frac{3L^4}{4L^2} + \frac{2L^5}{5L^3}\right) = -\frac{3QL}{20}$$

$$M_i = \int_0^L \left(z - \frac{2z^2}{L} + \frac{z^3}{L^2}\right)\left(-\frac{Q}{L}z\right).dz = \frac{Q}{L}\left(\frac{L^3}{3} - \frac{2L^4}{4L} + \frac{L^5}{5L^2}\right) = -\frac{QL^2}{30}$$

$$F_j = \int_0^L \left(\frac{3z^2}{L^2} - \frac{2z^3}{L^3}\right)\left(-\frac{Q}{L}z\right).dz = \frac{Q}{L}\left(\frac{3L^4}{4L^2} - \frac{2L^5}{5L^3}\right) = -\frac{7QL}{20}$$

$$M_j = \int_0^L \left(-\frac{z^2}{L} + \frac{z^3}{L^2}\right)\left(-\frac{Q}{L}z\right).dz = \frac{Q}{L}\left(-\frac{L^4}{4L} + \frac{L^5}{5L^2}\right) = +\frac{QL^2}{20}$$

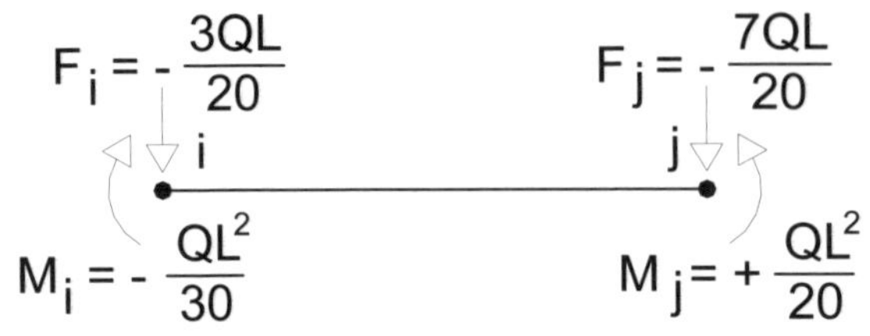

$$\{FO\} = \begin{bmatrix} F_i \\ M_i \\ F_j \\ M_j \end{bmatrix} = \begin{bmatrix} -\dfrac{3QL}{20} \\ -\dfrac{QL^2}{30} \\ -\dfrac{7QL}{20} \\ +\dfrac{QL^2}{20} \end{bmatrix}$$

A Figura 2.14 apresenta a tabela contendo os carregamentos nodais equivalentes mais relevantes à análise estrutural.

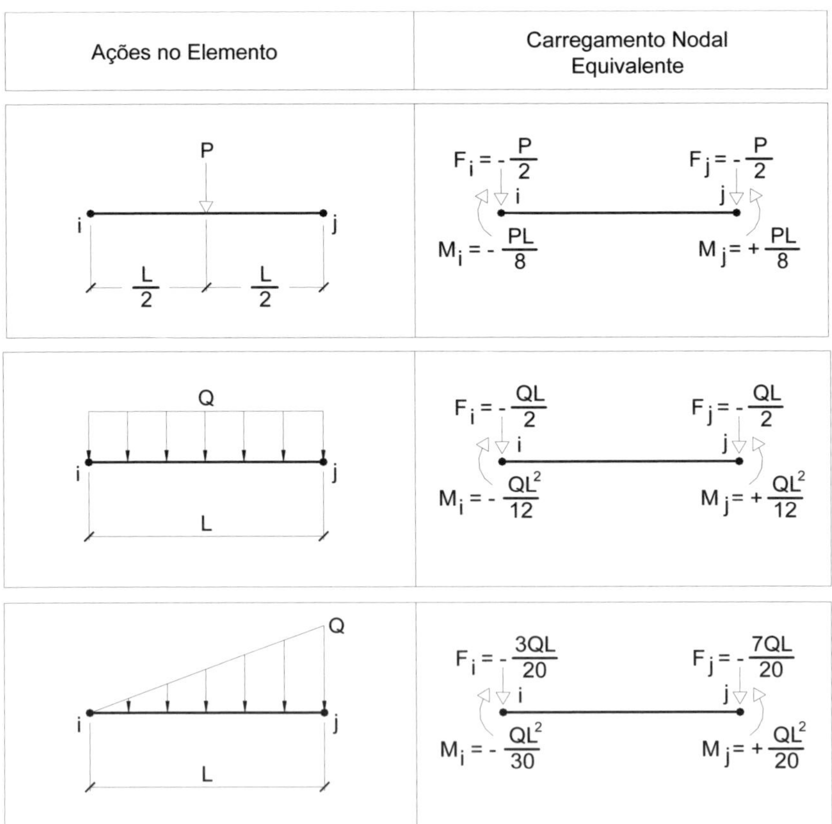

Figura 2.14 Carregamento nodal equivalente

Exemplo 2.2

Considere a viga apresentada pela Figura 2.15 contendo respectivas ações e vínculos. Determine: a) os deslocamentos nas juntas; b) as reações de apoio; c) os esforços internos nos elementos.

Dados: E = 200.000 MPa, I_x = 127.770.000 mm^4 (W410 x 38,8).

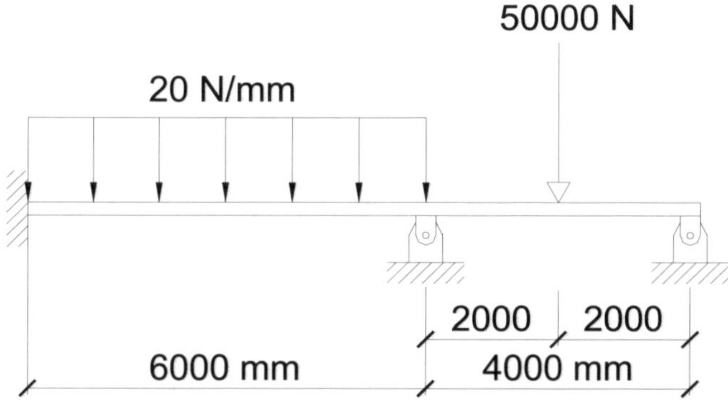

Figura 2.15 Estrutura de uma viga contínua

Resolução:

1) Idealização do modelo estrutural.

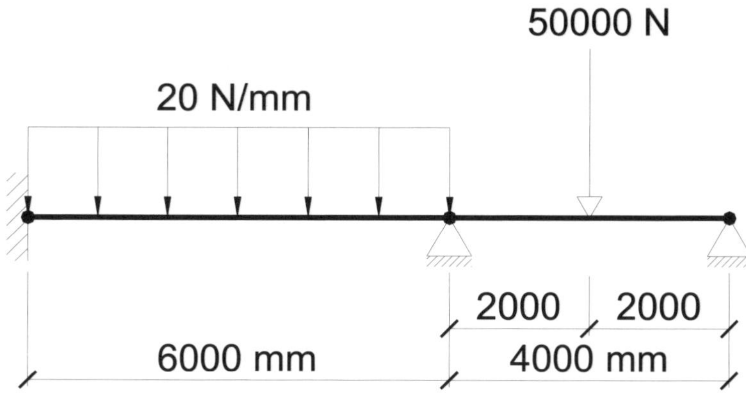

Referência, elementos, juntas e correspondentes graus de liberdade (DOF).

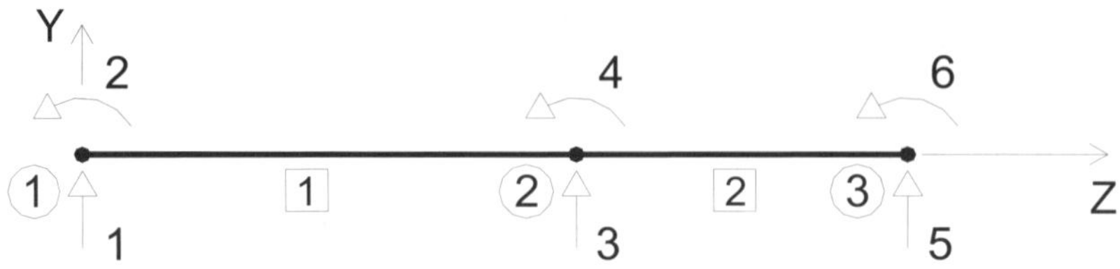

2) Construção das matrizes de rigidezes dos elementos.

$$[k]_e = \left[\begin{array}{cc|cc} \frac{12.E.I_x}{L^3} & \frac{6.E.I_x}{L^2} & -\frac{12.E.I_x}{L^3} & \frac{6.E.I_x}{L^2} \\ \frac{6.E.I_x}{L^2} & \frac{4.E.I_x}{L} & -\frac{6.E.I_x}{L^2} & \frac{2.E.I_x}{L} \\ \hline -\frac{12.E.I_x}{L^3} & -\frac{6.E.I_x}{L^2} & \frac{12.E.I_x}{L^3} & -\frac{6.E.I_x}{L^2} \\ \frac{6.E.I_x}{L^2} & \frac{2.E.I_x}{L} & -\frac{6.E.I_x}{L^2} & \frac{4.E.I_x}{L} \end{array}\right]$$

<u>*Elemento 1:*</u>

$$\frac{12.\mathrm{E}.\mathrm{I_x}}{\mathrm{L}^3} = \frac{12.200000.127770000}{6000^3} = 1{,}42.10^3$$

$$\frac{6.\mathrm{E}.\mathrm{I_x}}{\mathrm{L}^2} = \frac{6.200000.127770000}{6000^2} = 4{,}26.10^6$$

$$\frac{4.\mathrm{E}.\mathrm{I_x}}{\mathrm{L}} = \frac{4.200000.127770000}{6000} = 1{,}70.10^{10}$$

$$\frac{2.\mathrm{E}.\mathrm{I_x}}{\mathrm{L}} = \frac{2.200000.127770000}{6000} = 8{,}52.10^9$$

$$[k]_1 = \begin{array}{c} \begin{array}{cccc} 1 & 2 & 3 & 4 \end{array} \\ \left[\begin{array}{cccc} 1{,}42.10^3 & 4{,}26.10^6 & -1{,}42.10^3 & 4{,}26.10^6 \\ 4{,}26.10^6 & 1{,}70.10^{10} & -4{,}26.10^6 & 8{,}52.10^9 \\ -1{,}42.10^3 & -4{,}26.10^6 & \mathbf{1,42.10^3} & \mathbf{-4,26.10^6} \\ 4{,}26.10^6 & 8{,}52.10^9 & \mathbf{-4,26.10^6} & \mathbf{1,70.10^{10}} \end{array}\right] \end{array} \begin{array}{c} 1 \\ 2 \\ 3 \\ 4 \end{array}$$

Elemento 2:

$$\frac{12.E.I_x}{L^3} = \frac{12.200000.127770000}{4000^3} = 4{,}79.10^3$$
$$\frac{6.E.I_x}{L^2} = \frac{6.200000.127770000}{4000^2} = 9{,}58.10^6$$
$$\frac{4.E.I_x}{L} = \frac{4.200000.127770000}{4000} = 2{,}56.10^{10}$$
$$\frac{2.E.I_x}{L} = \frac{2.200000.127770000}{4000} = 1{,}28.10^{10}$$

$$[k]_2 = \begin{array}{c} \\ \\ \\ \\ \end{array}\begin{array}{cccc} 3 & 4 & 5 & 6 \\ \end{array}$$

$$[k]_2 = \begin{bmatrix} \mathbf{4{,}79.10^3} & \mathbf{9{,}58.10^6} & -4{,}79.10^3 & 9{,}58.10^6 \\ \mathbf{9{,}58.10^6} & \mathbf{2{,}56.10^{10}} & -9{,}58.10^6 & 1{,}28.10^{10} \\ -4{,}79.10^3 & -9{,}58.10^6 & 4{,}79.10^3 & -9{,}58.10^6 \\ 9{,}58.10^6 & 1{,}28.10^{10} & -9{,}58.10^6 & 2{,}56.10^{10} \end{bmatrix} \begin{matrix} 3 \\ 4 \\ 5 \\ 6 \end{matrix}$$

3) Construção da matriz de rigidez do sistema.

$$[k]_s = [k]_1 + [k]_2$$

$$\begin{matrix} 1 & 2 & 3 & 4 & 5 & 6 \end{matrix}$$

$$[k]_s = \begin{bmatrix} 1{,}42.10^3 & 4{,}26.10^6 & -1{,}42.10^3 & 4{,}26.10^6 & 0 & 0 \\ 4{,}26.10^6 & 1{,}70.10^{10} & -4{,}26.10^6 & 8{,}52.10^9 & 0 & 0 \\ -1{,}42.10^3 & -4{,}26.10^6 & \mathbf{6{,}21.10^3} & \mathbf{5{,}32.10^6} & -4{,}79.10^3 & 9{,}58.10^6 \\ 4{,}26.10^6 & 8{,}52.10^9 & \mathbf{5{,}32.10^6} & \mathbf{4{,}26.10^{10}} & -9{,}58.10^6 & 1{,}28.10^{10} \\ 0 & 0 & -4{,}79.10^3 & -9{,}58.10^6 & 4{,}79.10^3 & -9{,}58.10^6 \\ 0 & 0 & 9{,}58.10^6 & 1{,}28.10^{10} & -9{,}58.10^6 & 2{,}56.10^{10} \end{bmatrix} \begin{matrix} 1 \\ 2 \\ 3 \\ 4 \\ 5 \\ 6 \end{matrix}$$

4) Carregamento nodal: determinado pela combinação linear das ações nos elementos.

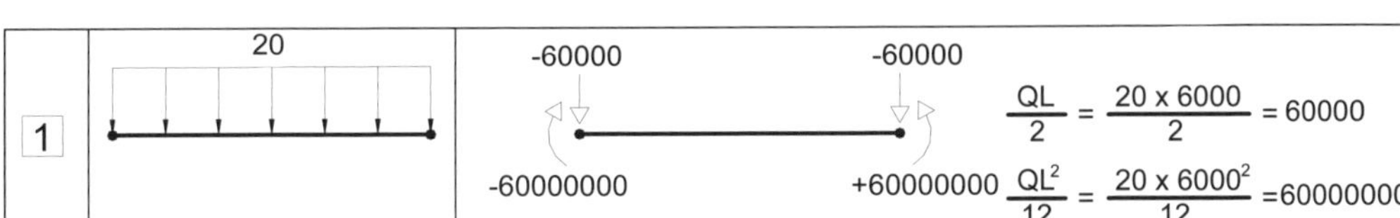

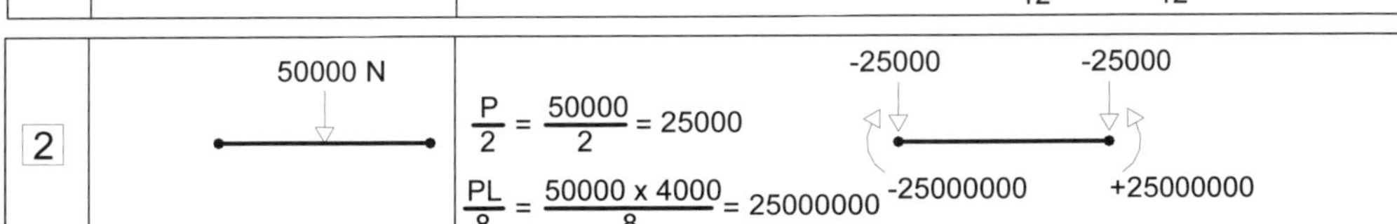

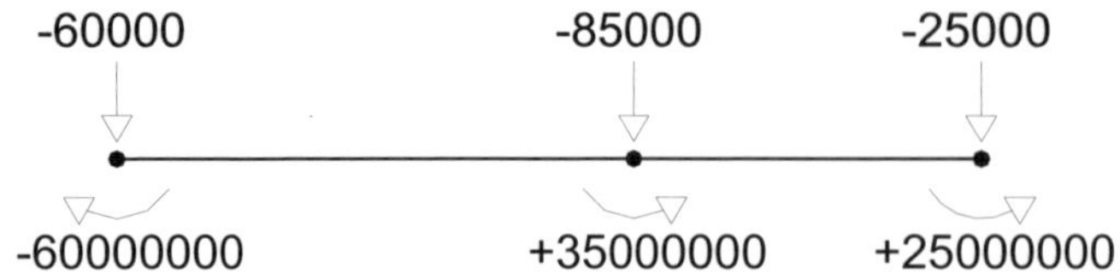

$$\{\boldsymbol{F0}\} = \begin{Bmatrix} -60000 \\ -60000000 \\ -85000 \\ +35000000 \\ -25000 \\ +25000000 \end{Bmatrix}$$

5) Estabelecer as condições de contorno das juntas: reações de apoio e deslocamentos a determinar.

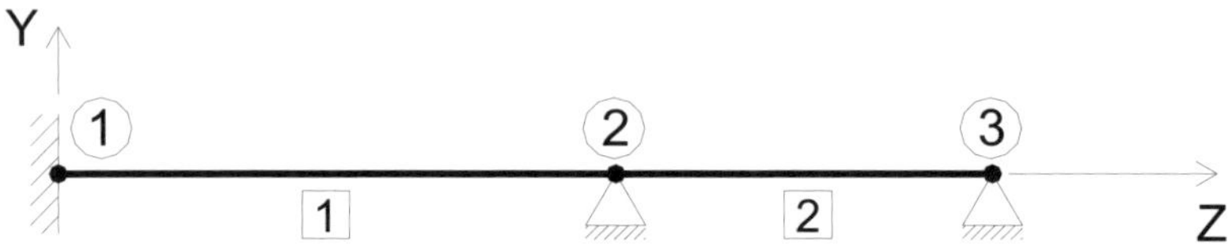

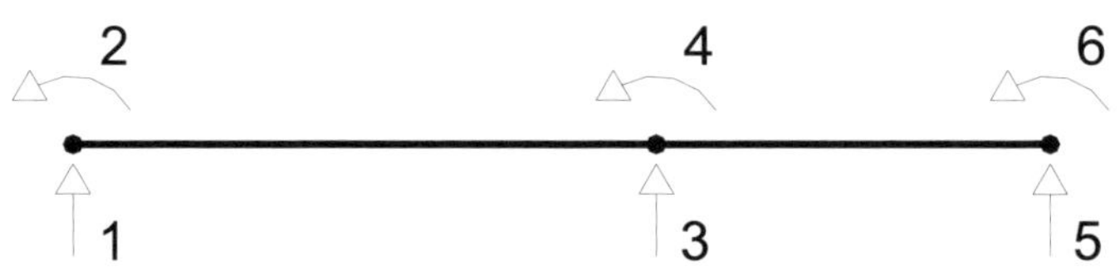

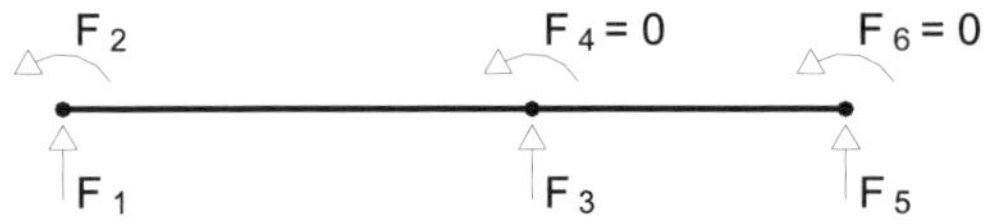

$$\{F\} = \begin{Bmatrix} F_1 \\ F_2 \\ F_3 \\ 0 \\ F_5 \\ 0 \end{Bmatrix}$$

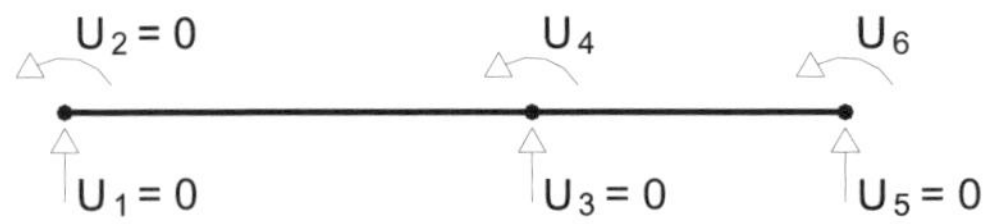

$$\{U\} = \begin{Bmatrix} 0 \\ 0 \\ 0 \\ U_4 \\ 0 \\ U_6 \end{Bmatrix}$$

6) Montagem do sistema linear.

$$\begin{array}{c} \\ 1 \\ 2 \\ 3 \\ 4 \\ 5 \\ 6 \end{array}
\begin{array}{c}
\begin{array}{cccccc} 1 & 2 & 3 & 4 & 5 & 6 \end{array} \\
\begin{bmatrix}
1{,}42.10^3 & 4{,}26.10^6 & -1{,}42.10^3 & 4{,}26.10^6 & 0 & 0 \\
4{,}26.10^6 & 1{,}70.10^{10} & -4{,}26.10^6 & 8{,}52.10^9 & 0 & 0 \\
-1{,}42.10^3 & -4{,}26.10^6 & \mathbf{6,21.10^3} & \mathbf{5,32.10^6} & -4{,}79.10^3 & 9{,}58.10^6 \\
4{,}26.10^6 & 8{,}52.10^9 & \mathbf{5,32.10^6} & \mathbf{4,26.10^{10}} & -9{,}58.10^6 & 1{,}28.10^{10} \\
0 & 0 & -4{,}79.10^3 & -9{,}58.10^6 & 4{,}79.10^3 & -9{,}58.10^6 \\
0 & 0 & 9{,}58.10^6 & 1{,}28.10^{10} & -9{,}58.10^6 & 2{,}56.10^{10}
\end{bmatrix}
\end{array}
\cdot \begin{Bmatrix} 0 \\ 0 \\ 0 \\ U_4 \\ 0 \\ U_6 \end{Bmatrix} = \begin{Bmatrix} F_1 - 60000 \\ F_2 - 60000000 \\ F_3 - 85000 \\ 0 + 35000000 \\ F_5 - 25000 \\ 0 + 25000000 \end{Bmatrix}$$

7) Determinação dos deslocamentos dos graus de liberdade.

Do sistema linear, é possível extrair um sistema linear reduzido contendo como incógnitas apenas os deslocamentos U.

$[k].\{U\} = \{F\}$

$$\begin{bmatrix} 4{,}26.10^{10} & 1{,}28.10^{10} \\ 1{,}28.10^{10} & 2{,}56.10^{10} \end{bmatrix} . \begin{Bmatrix} U_4 \\ U_6 \end{Bmatrix} = \begin{Bmatrix} 35000000 \\ 25000000 \end{Bmatrix}$$

A solução do sistema linear será obtida pela aplicação do método de Gauss-Jordan, em que a aplicação de operações elementares irá transformar a matriz k na matriz identidade, determinar os deslocamentos dos graus de liberdade U e transformar a matriz identidade na inversa de k.

$$\left[\begin{array}{cc|c} 4{,}26.10^{10} & 1{,}28.10^{10} & 35000000 \\ 1{,}28.10^{10} & 2{,}56.10^{10} & 25000000 \end{array}\right] \quad \begin{bmatrix} 1{,}00.10^{0} & 0.000000 \\ 0.000000 & 1{,}00.10^{0} \end{bmatrix}$$

$$\to L_1 = \left(\frac{1}{4{,}26.10^{10}}\right)$$
$$\to L_2 = L_2 + L_1(-1{,}28.10^{10})$$

$$\left[\begin{array}{cc|c} 1{,}00.10^{0} & 3{,}00.10^{-1} & 8{,}22.10^{-4} \\ 0.000000 & 2{,}18.10^{10} & 1{,}45.10^{7} \end{array}\right] \quad \begin{bmatrix} 2{,}35.10^{-11} & 0.000000 \\ -3{,}00.10^{-1} & 1{,}00.10^{0} \end{bmatrix}$$

$$\to L_2 = \left(\frac{1}{2{,}18.10^{10}}\right)$$
$$\to L_1 = L_1 + L_2(-3{,}00.10^{-1})$$

$$\left[\begin{array}{cc|c} 1{,}00.10^{0} & 0.000000 & 6{,}22.10^{-4} \\ 0.000000 & 1{,}00.10^{0} & 6{,}66.10^{-4} \end{array}\right] \quad \begin{bmatrix} 2{,}76.10^{-11} & -1{,}38.10^{-11} \\ -1{,}38.10^{-11} & 4{,}60.10^{-11} \end{bmatrix}$$

$U_4 = +\,6{,}22.10^{-4} = +\,0{,}000622$ rad ↺

$U_6 = +\,6{,}66.10^{-4} = +\,0{,}000666$ rad ↺

- *Deslocamento*

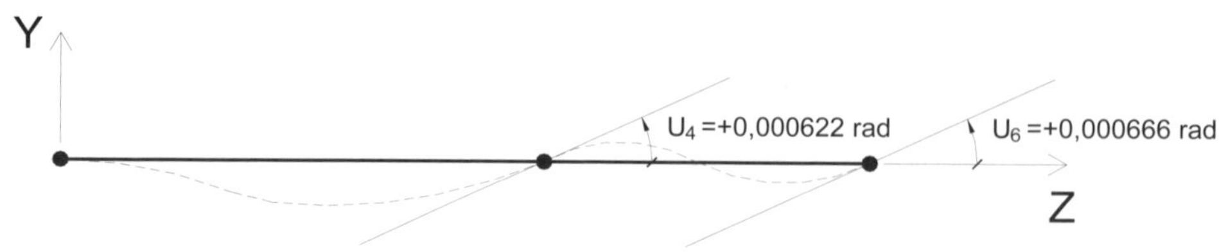

8) Determinação das forças de reação nos apoios.

Retornam-se os valores dos deslocamentos nodais ao sistema linear.

$$\begin{array}{c} \\ 1\\2\\3\\4\\5\\6 \end{array}\begin{array}{c}\begin{array}{cccccc} 1 & 2 & 3 & 4 & 5 & 6 \end{array}\\ \begin{bmatrix} 1{,}42.10^{3} & 4{,}26.10^{6} & -1{,}42.10^{3} & 4{,}26.10^{6} & 0 & 0 \\ 4{,}26.10^{6} & 1{,}70.10^{10} & -4{,}26.10^{6} & 8{,}52.10^{9} & 0 & 0 \\ -1{,}42.10^{3} & -4{,}26.10^{6} & 6{,}21.10^{3} & 5{,}32.10^{6} & -4{,}79.10^{3} & 9{,}58.10^{6} \\ 4{,}26.10^{6} & 8{,}52.10^{9} & 5{,}32.10^{6} & 4{,}26.10^{10} & -9{,}58.10^{6} & 1{,}28.10^{10} \\ 0 & 0 & -4{,}79.10^{3} & -9{,}58.10^{6} & 4{,}79.10^{3} & -9{,}58.10^{6} \\ 0 & 0 & 9{,}58.10^{6} & 1{,}28.10^{10} & -9{,}58.10^{6} & 2{,}56.10^{10} \end{bmatrix}\end{array} \cdot \begin{Bmatrix} 0 \\ 0 \\ 0 \\ +6{,}22.10^{-4} \\ 0 \\ +6{,}66.10^{-4} \end{Bmatrix} = \begin{Bmatrix} F_1 - 60000 \\ F_2 - 60000000 \\ F_3 - 85000 \\ 0 + 35000000 \\ F_5 - 25000 \\ 0 + 25000000 \end{Bmatrix}$$

$F_1 = +\,6{,}26.10^4 = +62600\ \text{N} \uparrow$

$F_2 = +\,6{,}53.10^7 = +65300000\ \text{N.mm} \circlearrowleft$

$F_3 = +\,9{,}47.10^4 = +94700\ \text{N} \uparrow$

$F_5 = +\,1{,}26.10^4 = +12600\ \text{N} \uparrow$

- *Reações de apoio*

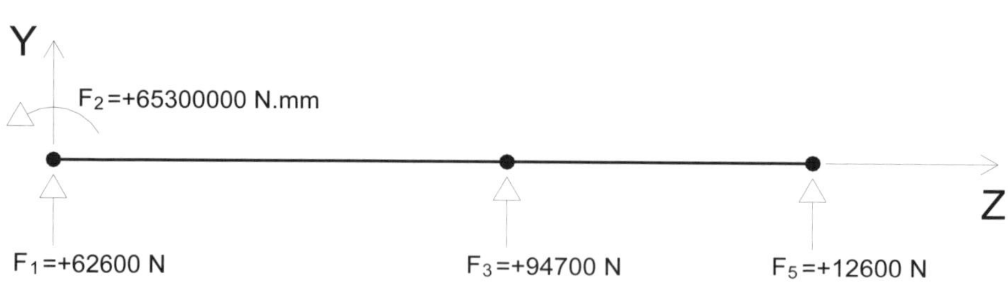

9) Determinação dos esforços nos elementos nas seções limites das juntas no sistema local.

Elemento 1:

$$\begin{Bmatrix} F_1 \\ F_2 \\ F_3 \\ F_4 \end{Bmatrix} = \begin{bmatrix} 1{,}42.10^3 & 4{,}26.10^6 & -1{,}42.10^3 & 4{,}26.10^6 \\ 4{,}26.10^6 & 1{,}70.10^{10} & -4{,}26.10^6 & 8{,}52.10^9 \\ -1{,}42.10^3 & -4{,}26.10^6 & 1{,}42.10^3 & -4{,}26.10^6 \\ 4{,}26.10^6 & 8{,}52.10^9 & -4{,}26.10^6 & 1{,}70.10^{10} \end{bmatrix} . \begin{Bmatrix} 0 \\ 0 \\ 0 \\ +6{,}22.10^{-4} \end{Bmatrix} - \begin{Bmatrix} -60000 \\ -60000000 \\ -60000 \\ +60000000 \end{Bmatrix}$$

$F_1 = (4{,}26.10^6).(+6{,}22.10^{-4}) - (-60000) = +62650\ \text{N} \uparrow$

$F_2 = (8{,}52.10^9).(+6{,}22.10^{-4}) - (-60000000) = +65299440\ \text{N.mm} \circlearrowleft$

$F_3 = (-4{,}26.10^6).(+6{,}22.10^{-4}) - (-60000) = +57350\ \text{N} \downarrow$

$F_4 = (1{,}70.10^{10}).(+6{,}22.10^{-4}) - (+60000000) = -49426000\ \text{N.mm} \circlearrowright$

Elemento 2:

$$\begin{Bmatrix} F_3 \\ F_4 \\ F_5 \\ F_6 \end{Bmatrix} = \begin{bmatrix} 4{,}79.10^3 & 9{,}58.10^6 & -4{,}79.10^3 & 9{,}58.10^6 \\ 9{,}58.10^6 & 2{,}56.10^{10} & -9{,}58.10^6 & 1{,}28.10^{10} \\ -4{,}79.10^3 & -9{,}58.10^6 & 4{,}79.10^3 & -9{,}58.10^6 \\ 9{,}58.10^6 & 1{,}28.10^{10} & -9{,}58.10^6 & 2{,}56.10^{10} \end{bmatrix} . \begin{Bmatrix} 0 \\ +6{,}22.10^{-4} \\ 0 \\ +6{,}66.10^{-4} \end{Bmatrix} - \begin{Bmatrix} -25000 \\ -25000000 \\ -25000 \\ +25000000 \end{Bmatrix}$$

$F_3 = (9{,}58.10^6).(+6{,}22.10^{-4}) + (9{,}58.10^6).(+6{,}66.10^{-4}) - (-25000) = +37339\ \text{N} \uparrow$

$F_4 = (2{,}56.10^{10}).(+6{,}22.10^{-4}) + (1{,}28.10^{10}).(+6{,}66.10^{-4}) - (-25000000) = +49448000\ \text{N.mm} \circlearrowleft$

$F_5 = (-9{,}58.10^6).(+6{,}22.10^{-4}) + (-9{,}58.10^6).(+6{,}66.10^{-4}) - (-25000) = +12661\ \text{N} \downarrow$

$F_6 = (1{,}28.10^{10}).(+6{,}22.10^{-4}) + (2{,}56.10^{10}).(+6{,}66.10^{-4}) - (+25000000) = (+11200)\ 0\ \text{N.mm}$

- *Diagrama de esforços cortantes:*

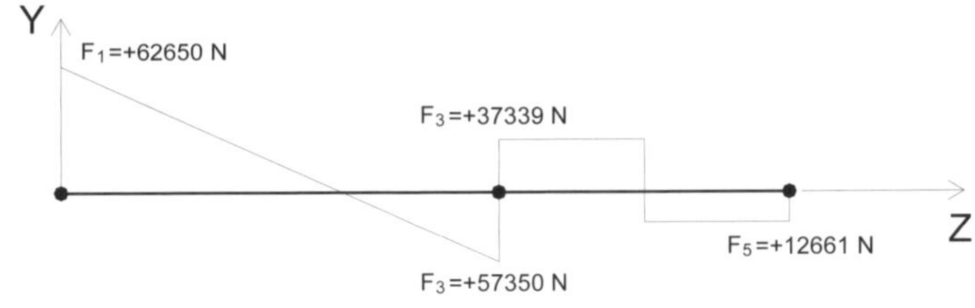

- *Diagrama de momentos fletores:*

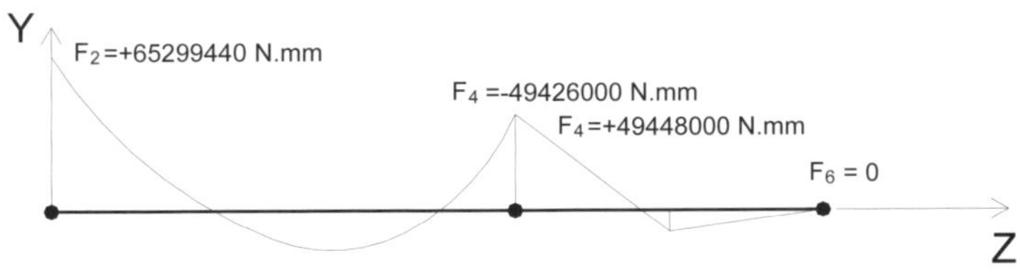

Note que, nas vigas contínuas e em uma mesma junta, os valores de momentos obtidos para o elemento que está à direita deve ser o mesmo para o elemento vizinho que fornecerá o momento à esquerda na mesma junta. Isto é imprescindível porque o nó deve permanecer equilibrado à rotação. Entretanto, em virtude das inúmeras operações matemáticas realizadas com números de ordem de grandezas diferentes, pode-se observar uma pequena diferença nos valores. No grau de liberdade F_4, em razão da junta ser uma rótula, o momento é nulo, contudo, chegou-se a um valor muito pequeno em comparação com a ordem de grandeza dos momentos fletores. Trata-se de um valor residual.

- *Código em Python para a solução computacional da estrutura:*

```
# carrega o anaStruct no Google Colag
! pip install anastruct

# Importa SystemElements do anastruct
from anastruct import SystemElements
ss = SystemElements()
# Atribui a todos os elementos o produto E.Ix
ss = SystemElements(EI=25554000000000)
# Adiciona os elementos entre juntas à ré e avante
ss.add_element(location=[[0, 0], [6000, 0]])
ss.add_element(location=[[6000, 0], [8000, 0]])
ss.add_element(location=[[8000, 0], [10000, 0]])
# Restrição nodal
ss.add_support_fixed(node_id=1)
ss.add_support_hinged(node_id=2)
ss.add_support_hinged(node_id=4)
# Cargas distribuídas
ss.q_load(element_id=1, q=-20)
# Cargas concentradas
ss.point_load(Fy=-50000, node_id=3)
# Resolve a Estrutura
ss.solve()
# Apresentação dos resultados
# Modelo estrutural
ss.show_structure()
# Reações de apoio
ss.show_reaction_force()
print(ss.get_node_displacements())
```

- *Modelo estrutural:*

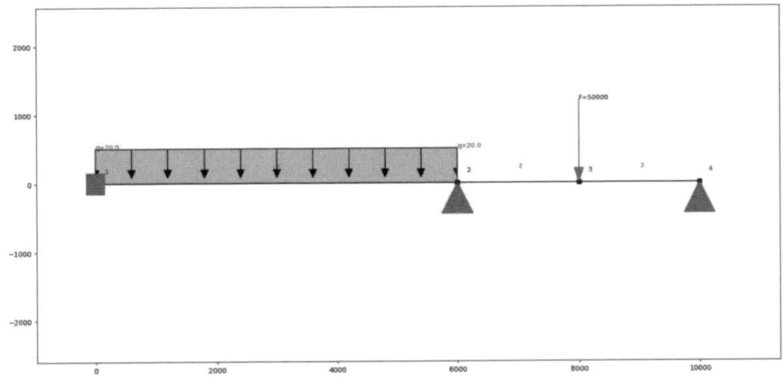

- *Reações de apoio:*

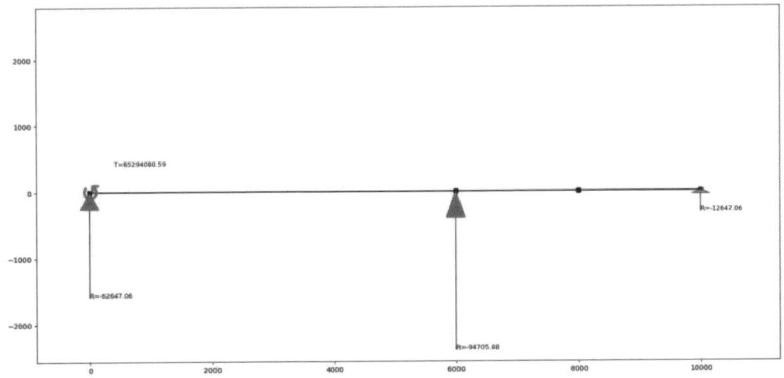

- *Diagrama de momentos fletores:*

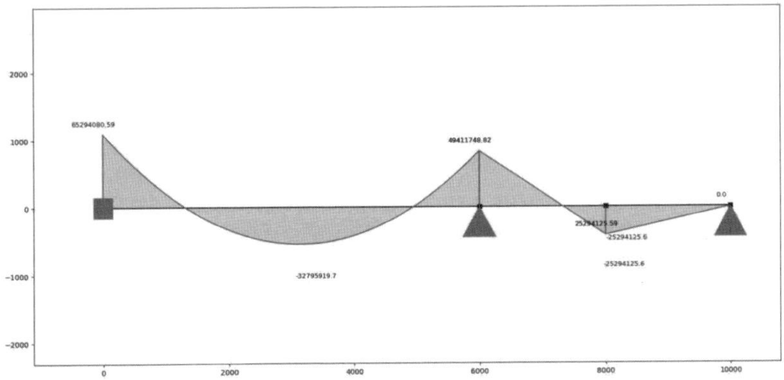

- *Diagrama de esforços cortantes:*

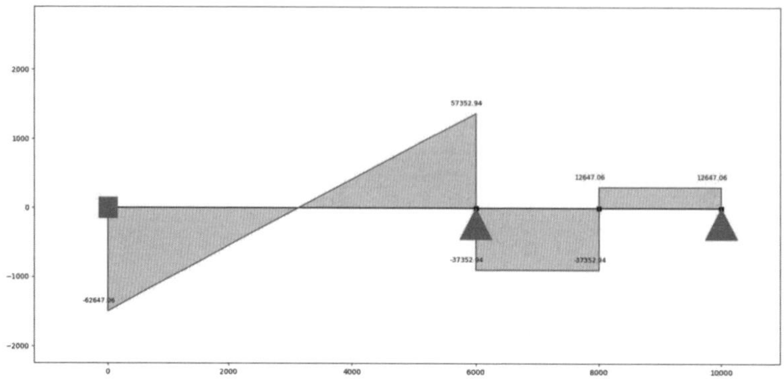

- *Deslocamentos:*

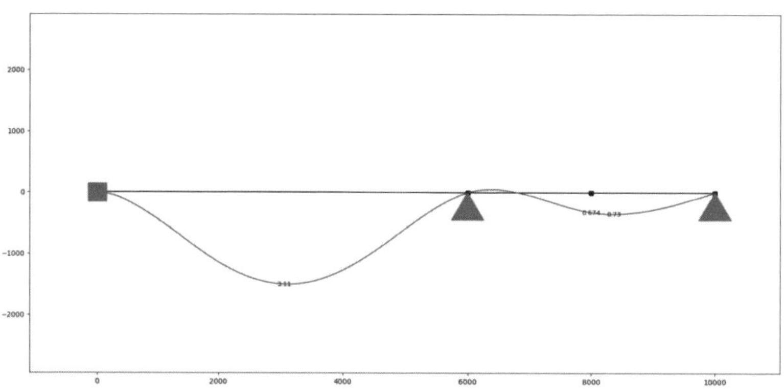


```
[(1, 0.0, -0.0, -0.0), (2, 0.0, -0.0, -0.0006215203789902355), (3, 0.0, -0.6752335385117519, 0.0003222701522497284), (4, 0.0, -0.0, -0.0006675602300086782)]
```

Resultados do código em Python para o vetor de deslocamentos das juntas {U} pelo “ss.solve()”

```
array([ 0.00000000e+00, 0.00000000e+00, 0.00000000e+00, 0.00000000e+00,
     0.00000000e+00, 6.21520379e-04, 0.00000000e+00, 6.75233539e-01,
     -3.22270152e-04, 0.00000000e+00, 0.00000000e+00, 6.67560230e-04])
```

Campus da Universidade Federal Fluminense: pórticos planos com vigas de inércia variável

Exemplo 2.3

Considere a viga apresentada pela Figura 2.16, que contém respectivas ações e vínculos. Determine: a) os deslocamentos nas juntas; b) as reações de apoio; c) os esforços internos nos elementos.

Dados: E = 200.000 MPa, I_x = 83.580.000 mm^4 (W360 x 32,9).

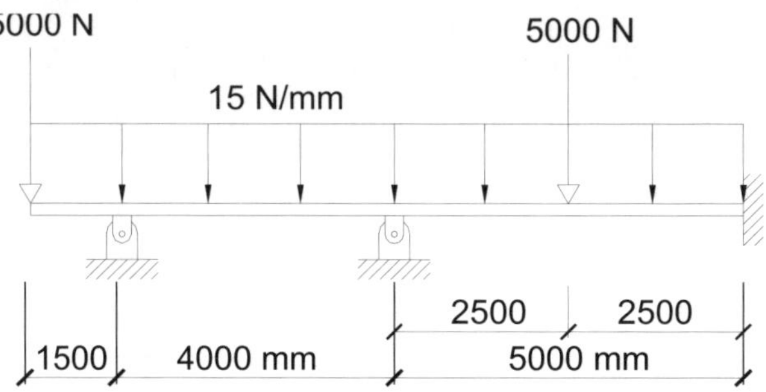

Figura 2.16 Estrutura de uma viga contínua

Resolução:

1) Idealização do modelo estrutural.

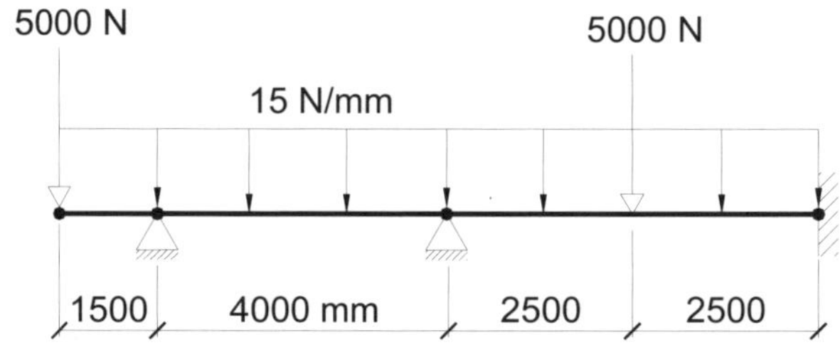

Referência, elementos, juntas e correspondentes graus de liberdade (DOF).

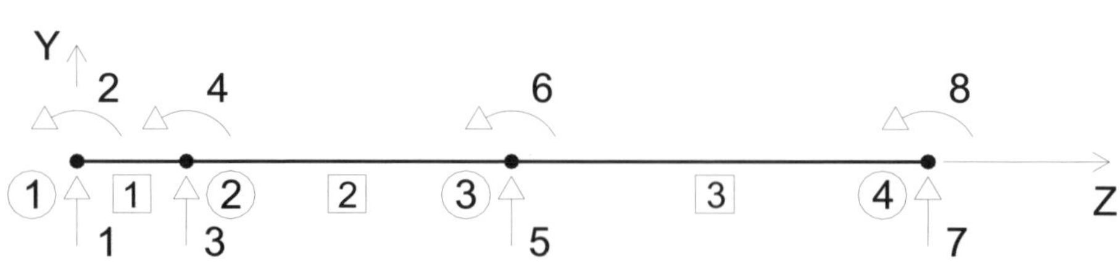

2) Construção das matrizes de rigidezes dos elementos.

$$[k]_e = \left[\begin{array}{cc|cc} \dfrac{12.E.I_x}{L^3} & \dfrac{6.E.I_x}{L^2} & -\dfrac{12.E.I_x}{L^3} & \dfrac{6.E.I_x}{L^2} \\ \dfrac{6.E.I_x}{L^2} & \dfrac{4.E.I_x}{L} & -\dfrac{6.E.I_x}{L^2} & \dfrac{2.E.I_x}{L} \\ \hline -\dfrac{12.E.I_x}{L^3} & -\dfrac{6.E.I_x}{L^2} & \dfrac{12.E.I_x}{L^3} & -\dfrac{6.E.I_x}{L^2} \\ \dfrac{6.E.I_x}{L^2} & \dfrac{2.E.I_x}{L} & -\dfrac{6.E.I_x}{L^2} & \dfrac{4.E.I_x}{L} \end{array}\right]$$

Elemento 1:

$$\frac{12.E.I_x}{L^3} = \frac{12.200000.83580000}{1500^3} = 5{,}94.10^4$$
$$\frac{6.E.I_x}{L^2} = \frac{6.200000.83580000}{1500^2} = 4{,}46.10^7$$
$$\frac{4.E.I_x}{L} = \frac{4.200000.83580000}{1500} = 4{,}46.10^{10}$$
$$\frac{2.E.I_x}{L} = \frac{2.200000.83580000}{1500} = 2{,}23.10^{10}$$

$$[k]_1 = \begin{array}{c} \begin{matrix} 1 & \quad 2 & \quad 3 & \quad 4 \end{matrix} \\ \begin{bmatrix} 5{,}94.10^4 & 4{,}46.10^7 & -5{,}94.10^4 & 4{,}46.10^7 \\ 4{,}46.10^7 & 4{,}46.10^{10} & -4{,}46.10^7 & 2{,}23.10^{10} \\ -5{,}94.10^4 & -4{,}46.10^7 & 5{,}94.10^4 & -4{,}46.10^7 \\ 4{,}46.10^7 & 2{,}23.10^{10} & -4{,}46.10^7 & 4{,}46.10^{10} \end{bmatrix} \end{array} \begin{matrix} 1 \\ 2 \\ 3 \\ 4 \end{matrix}$$

Elemento 2:

$$\frac{12.E.I_x}{L^3} = \frac{12.200000.83580000}{4000^3} = 3{,}13.10^3$$
$$\frac{6.E.I_x}{L^2} = \frac{6.200000.83580000}{4000^2} = 6{,}27.10^6$$
$$\frac{4.E.I_x}{L} = \frac{4.200000.83580000}{4000} = 1{,}67.10^{10}$$
$$\frac{2.E.I_x}{L} = \frac{2.200000.83580000}{4000} = 8{,}36.10^9$$

$$
\begin{array}{cc}
 & \begin{array}{cccc} 3 & 4 & 5 & 6 \end{array} \\
[k]_2 = & \begin{bmatrix} 3{,}13.10^3 & 6{,}27.10^6 & -3{,}13.10^3 & 6{,}27.10^6 \\ 6{,}27.10^6 & 1{,}67.10^{10} & -6{,}27.10^6 & 8{,}36.10^9 \\ -3{,}13.10^3 & -6{,}27.10^6 & 3{,}13.10^3 & -6{,}27.10^6 \\ 6{,}27.10^6 & 8{,}36.10^9 & -6{,}27.10^6 & 1{,}67.10^{10} \end{bmatrix} \begin{array}{c} 3 \\ 4 \\ 5 \\ 6 \end{array}
\end{array}
$$

<u>*Elemento 3:*</u>

$$\frac{12.E.I_x}{L^3} = \frac{12.200000.83580000}{5000^3} = 1{,}60.10^3$$
$$\frac{6.E.I_x}{L^2} = \frac{6.200000.83580000}{5000^2} = 4{,}01.10^6$$
$$\frac{4.E.I_x}{L} = \frac{4.200000.83580000}{5000} = 1{,}34.10^{10}$$
$$\frac{2.E.I_x}{L} = \frac{2.200000.83580000}{5000} = 6{,}69.10^9$$

$$
\begin{array}{cc}
 & \begin{array}{cccc} 5 & 6 & 7 & 8 \end{array} \\
[k]_3 = & \begin{bmatrix} 1{,}60.10^3 & 4{,}01.10^6 & -1{,}60.10^3 & 4{,}01.10^6 \\ 4{,}01.10^6 & 1{,}34.10^{10} & -4{,}01.10^6 & 6{,}69.10^9 \\ -1{,}60.10^3 & -4{,}01.10^6 & 1{,}60.10^3 & -4{,}01.10^6 \\ 4{,}01.10^6 & 6{,}69.10^9 & -4{,}01.10^6 & 1{,}34.10^{10} \end{bmatrix} \begin{array}{c} 5 \\ 6 \\ 7 \\ 8 \end{array}
\end{array}
$$

3) Construção da matriz de rigidez do sistema.

$$[k]_s = [k]_1 + [k]_2 + [k]_3$$

$$
\begin{array}{cc}
 & \begin{array}{cccccccc} 1 & 2 & 3 & 4 & 5 & 6 & 7 & 8 \end{array} \\
[k]_s = & \begin{bmatrix}
5{,}94.10^4 & 4{,}46.10^7 & -5{,}94.10^4 & 4{,}46.10^7 & 0 & 0 & 0 & 0 \\
4{,}46.10^7 & 4{,}46.10^{10} & -4{,}46.10^7 & 2{,}23.10^{10} & 0 & 0 & 0 & 0 \\
-5{,}94.10^4 & -4{,}46.10^7 & 6{,}25.10^4 & -3{,}83.10^7 & -3{,}13.10^3 & 6{,}27.10^6 & 0 & 0 \\
4{,}46.10^7 & 2{,}23.10^{10} & -3{,}83.10^7 & 6{,}13.10^{10} & -6{,}27.10^6 & 8{,}36.10^9 & 0 & 0 \\
0 & 0 & -3{,}13.10^3 & -6{,}27.10^6 & 4{,}74.10^3 & -2{,}26.10^6 & -1{,}60.10^3 & 4{,}01.10^6 \\
0 & 0 & 6{,}27.10^6 & 8{,}36.10^9 & -2{,}26.10^6 & 3{,}01.10^{10} & -4{,}01.10^6 & 6{,}69.10^9 \\
0 & 0 & 0 & 0 & -1{,}60.10^3 & -4{,}01.10^6 & 1{,}60.10^3 & -4{,}01.10^6 \\
0 & 0 & 0 & 0 & 4{,}01.10^6 & 6{,}69.10^9 & -4{,}01.10^6 & 1{,}34.10^{10}
\end{bmatrix} \begin{array}{c} 1 \\ 2 \\ 3 \\ 4 \\ 5 \\ 6 \\ 7 \\ 8 \end{array}
\end{array}
$$

4) Carregamento nodal: determinado pela combinação linear das ações nos elementos.

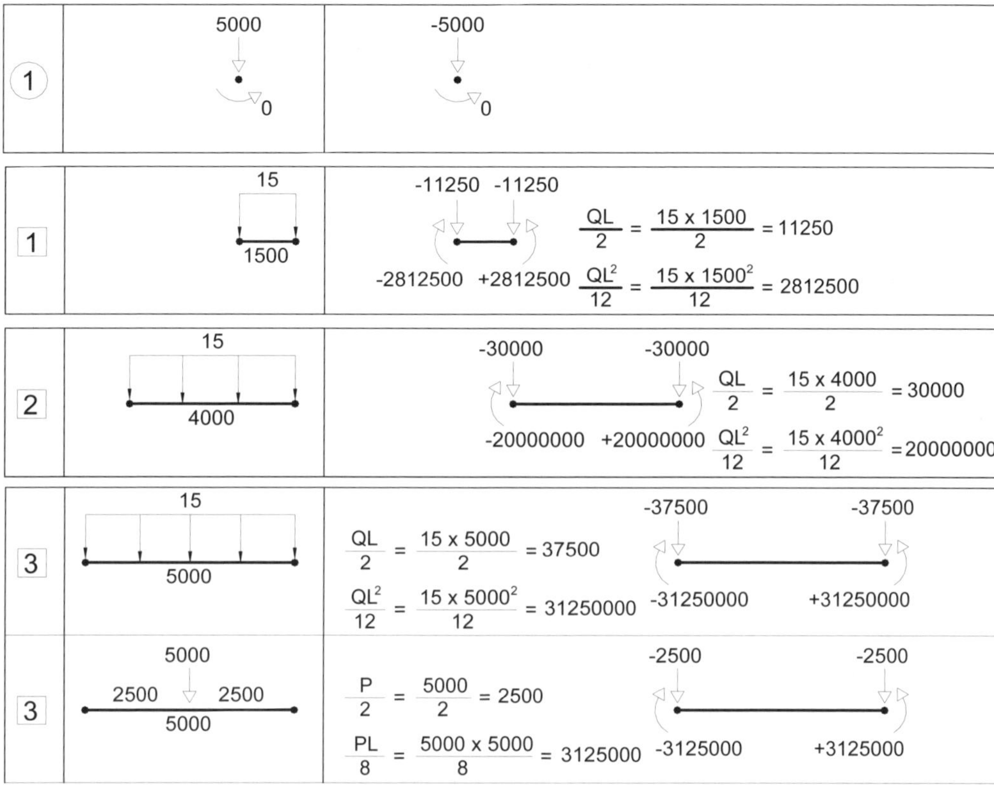

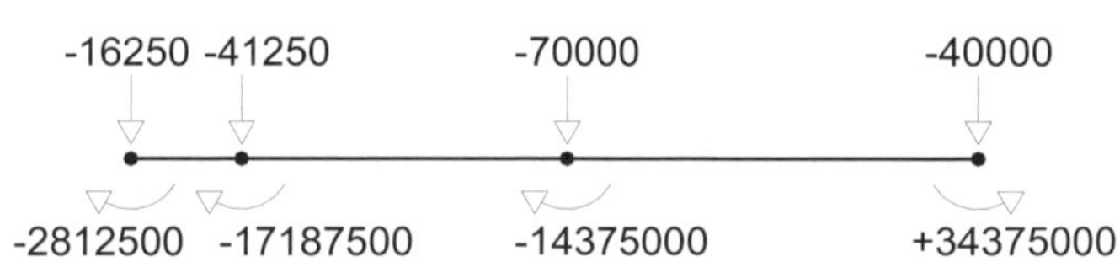

$$\{F0\} = \begin{Bmatrix} -16250 \\ -2812500 \\ -41250 \\ -17187500 \\ -70000 \\ -14375000 \\ -40000 \\ +34375000 \end{Bmatrix}$$

5) Estabelecer as condições de contorno das juntas: reações de apoio e deslocamentos a determinar.

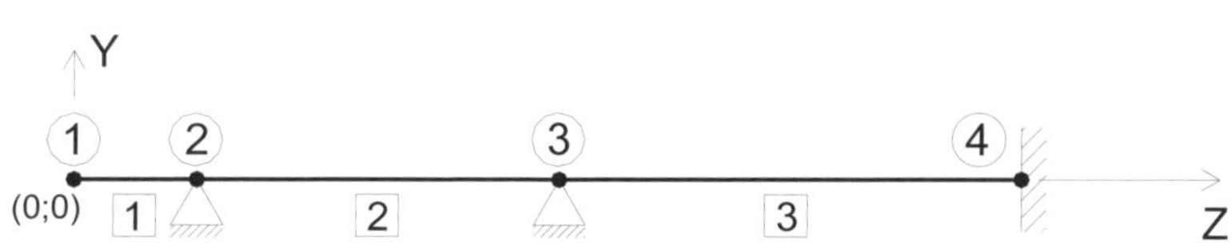

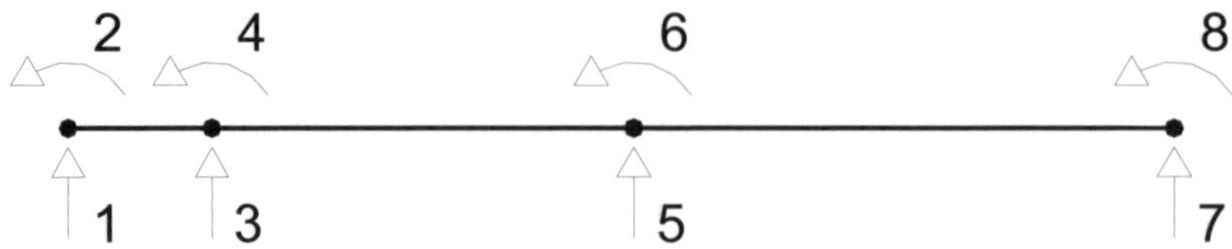

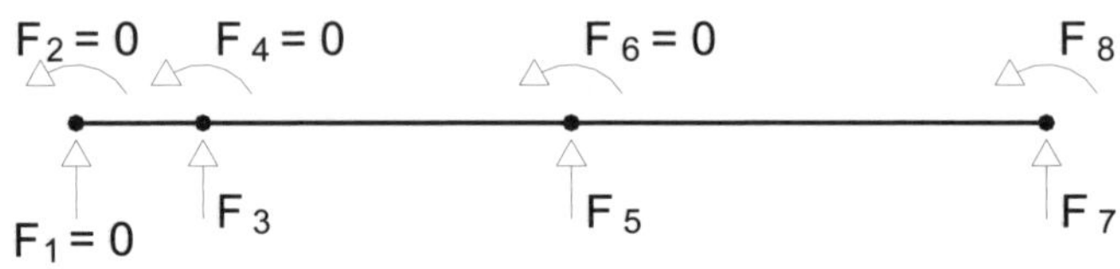

$$\{F\} = \begin{Bmatrix} 0 \\ 0 \\ F_3 \\ 0 \\ F_5 \\ 0 \\ F_7 \\ F_8 \end{Bmatrix}$$

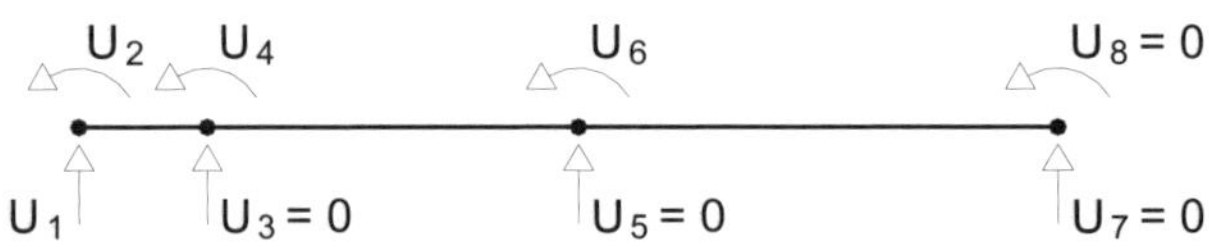

$$\{U\} = \begin{Bmatrix} U_1 \\ U_2 \\ 0 \\ U_4 \\ 0 \\ U_6 \\ 0 \\ 0 \end{Bmatrix}$$

6) Montagem do sistema linear.

$$\begin{array}{c} \\ 1 \\ 2 \\ 3 \\ 4 \\ 5 \\ 6 \\ 7 \\ 8 \end{array}
\begin{array}{c}
\begin{array}{cccccccc} 1 & 2 & 3 & 4 & 5 & 6 & 7 & 8 \end{array} \\
\begin{bmatrix}
5{,}94.10^4 & 4{,}46.10^7 & -5{,}94.10^4 & 4{,}46.10^7 & 0 & 0 & 0 & 0 \\
4{,}46.10^7 & 4{,}46.10^{10} & -4{,}46.10^7 & 2{,}23.10^{10} & 0 & 0 & 0 & 0 \\
-5{,}94.10^4 & -4{,}46.10^7 & 6{,}25.10^4 & -3{,}83.10^7 & -3{,}13.10^3 & 6{,}27.10^6 & 0 & 0 \\
4{,}46.10^7 & 2{,}23.10^{10} & -3{,}83.10^7 & 6{,}13.10^{10} & -6{,}27.10^6 & 8{,}36.10^9 & 0 & 0 \\
0 & 0 & -3{,}13.10^3 & -6{,}27.10^6 & 4{,}74.10^3 & -2{,}26.10^6 & -1{,}60.10^3 & 4{,}01.10^6 \\
0 & 0 & 6{,}27.10^6 & 8{,}36.10^9 & -2{,}26.10^6 & 3{,}01.10^{10} & -4{,}01.10^6 & 6{,}69.10^9 \\
0 & 0 & 0 & 0 & -1{,}60.10^3 & -4{,}01.10^6 & 1{,}60.10^3 & -4{,}01.10^6 \\
0 & 0 & 0 & 0 & 4{,}01.10^6 & 6{,}69.10^9 & -4{,}01.10^6 & 1{,}34.10^{10}
\end{bmatrix}
\end{array}
\cdot \begin{Bmatrix} U_1 \\ U_2 \\ 0 \\ U_4 \\ 0 \\ U_6 \\ 0 \\ 0 \end{Bmatrix}$$

$$= \begin{Bmatrix} 0 - 16250 \\ 0 - 2812500 \\ F_3 - 41250 \\ 0 - 17187500 \\ F_5 - 70000 \\ 0 - 14375000 \\ F_7 - 40000 \\ F_8 + 34375000 \end{Bmatrix}$$

$$
\begin{array}{c}
\\ 1 \\ 2 \\ 3 \\ 4 \\ 5 \\ 6 \\ 7 \\ 8
\end{array}
\begin{array}{cccccccc}
1 & 2 & 3 & 4 & 5 & 6 & 7 & 8 \\
\mathbf{5,94.10^4} & \mathbf{4,46.10^7} & \cancel{-5,94.10^4} & \mathbf{4,46.10^7} & \cancel{0} & \mathbf{0} & \cancel{0} & \cancel{0} \\
\mathbf{4,46.10^7} & \mathbf{4,46.10^{10}} & \cancel{-4,46.10^7} & \mathbf{2,23.10^{10}} & \cancel{0} & \mathbf{0} & \cancel{0} & \cancel{0} \\
\cancel{-5,94.10^4} & \cancel{-4,46.10^7} & \cancel{6,25.10^4} & \cancel{-3,83.10^7} & \cancel{-3,13.10^3} & \cancel{6,27.10^6} & \cancel{0} & \cancel{0} \\
\mathbf{4,46.10^7} & \mathbf{2,23.10^{10}} & \cancel{-3,83.10^7} & \mathbf{6,13.10^{10}} & \cancel{-6,27.10^6} & \mathbf{8,36.10^9} & \cancel{0} & \cancel{0} \\
\cancel{0} & \cancel{0} & \cancel{-3,13.10^3} & \cancel{-6,27.10^6} & \cancel{4,74.10^3} & \cancel{-2,26.10^6} & \cancel{-1,60.10^3} & \cancel{4,01.10^6} \\
\mathbf{0} & \mathbf{0} & \cancel{6,27.10^6} & \mathbf{8,36.10^9} & \cancel{-2,26.10^6} & \mathbf{3,01.10^{10}} & \cancel{-4,01.10^6} & \cancel{6,69.10^9} \\
\cancel{0} & \cancel{0} & \cancel{0} & \cancel{0} & \cancel{-1,60.10^3} & \cancel{-4,01.10^6} & \cancel{1,60.10^3} & \cancel{-4,01.10^6} \\
\cancel{0} & \cancel{0} & \cancel{0} & \cancel{0} & \cancel{4,01.10^6} & \cancel{6,69.10^9} & \cancel{-4,01.10^6} & \cancel{1,34.10^{10}}
\end{array}
\cdot
\begin{Bmatrix} U_1 \\ U_2 \\ \cancel{0} \\ U_4 \\ \cancel{0} \\ U_6 \\ \cancel{0} \\ \cancel{0} \end{Bmatrix}
= \begin{Bmatrix} -16250 \\ -2812500 \\ \cancel{F_3 - 41250} \\ -17187500 \\ \cancel{F_5 - 70000} \\ -14375000 \\ \cancel{F_7 - 40000} \\ \cancel{F_8 + 34375000} \end{Bmatrix}
$$

7) Determinação dos deslocamentos dos graus de liberdade.

Do sistema linear, é possível extrair um sistema linear reduzido contendo como incógnitas apenas os deslocamentos.

$$[k].\{U\} = \{F\}$$

$$
\begin{bmatrix}
5,94.10^4 & 4,46.10^7 & 4,46.10^7 & 0 \\
4,46.10^7 & 4,46.10^{10} & 2,23.10^{10} & 0 \\
4,46.10^7 & 2,23.10^{10} & 6,13.10^{10} & 8,36.10^9 \\
0 & 0 & 8,36.10^9 & 3,01.10^{10}
\end{bmatrix}
.
\begin{Bmatrix} U_1 \\ U_2 \\ U_4 \\ U_6 \end{Bmatrix}
=
\begin{Bmatrix} -16250 \\ -2812500 \\ -17187500 \\ -14375000 \end{Bmatrix}
$$

A solução do sistema linear, com a determinação dos deslocamentos U, é obtida pela multiplicação da matriz inversa de k pelo vetor F.

$$\{U\} = [k]^{-1}.\{F\}$$

A solução do sistema linear e a inversão da matriz k podem ser realizadas por meio de operações elementares que transformem a matriz k na matriz identidade.

$$\left[\begin{matrix} 5{,}94.10^4 & 4{,}46.10^7 & 4{,}46.10^7 & 0 \\ 4{,}46.10^7 & 4{,}46.10^{10} & 2{,}23.10^{10} & 0 \\ 4{,}46.10^7 & 2{,}23.10^{10} & 6{,}13.10^{10} & 8{,}36.10^9 \\ 0 & 0 & 8{,}36.10^9 & 3{,}01.10^{10} \end{matrix}\middle| \begin{matrix} -1{,}62.10^4 \\ -2{,}81.10^6 \\ -1{,}72.10^7 \\ -1{,}44.10^7 \end{matrix}\right]$$

$$\begin{bmatrix} 1{,}00.10^0 & 0.000000 & 0.000000 & 0.000000 \\ 0.000000 & 1{,}00.10^0 & 0.000000 & 0.000000 \\ 0.000000 & 0.000000 & 1{,}00.10^0 & 0.000000 \\ 0.000000 & 0.000000 & 0.000000 & 1{,}00.10^0 \end{bmatrix}$$

$\rightarrow L_1 = \left(\dfrac{1}{5{,}94.10^4}\right)$

$\rightarrow L_2 = L_2 + L_1(-4{,}46.10^7)$

$\rightarrow L_3 = L_3 + L_1(-4{,}46.10^7)$

$\rightarrow L_4 = L_4$

$$\left[\begin{matrix} 1{,}00.10^0 & 7{,}51.10^2 & 7{,}51.10^2 & 0 \\ 0.000000 & 1{,}11.10^{10} & -1{,}12.10^{10} & 0 \\ 0.000000 & -1{,}12.10^{10} & 2{,}78.10^{10} & 8{,}36.10^9 \\ 0.000000 & 0 & 8{,}36.10^9 & 3{,}01.10^{10} \end{matrix}\middle| \begin{matrix} -2{,}73.10^{-1} \\ 9{,}34.10^6 \\ -5{,}04.10^6 \\ -1{,}44.10^7 \end{matrix}\right]$$

$$\begin{bmatrix} 1{,}68.10^{-5} & 0.000000 & 0.000000 & 0.000000 \\ -7{,}51.10^2 & 1{,}00.10^0 & 0.000000 & 0.000000 \\ -7{,}51.10^2 & 0.000000 & 1{,}00.10^0 & 0.000000 \\ 0.000000 & 0.000000 & 0.000000 & 1{,}00.10^0 \end{bmatrix}$$

$\rightarrow L_2 = \left(\dfrac{1}{1{,}11.10^{10}}\right)$

$\rightarrow L_1 = L_1 + L_2(-7{,}51.10^2)$

$\rightarrow L_3 = L_3 + L_2(1{,}12.10^{10})$

$\rightarrow L_4 = L_4$

$$\left[\begin{matrix} 1{,}00.10^0 & 0.000000 & 1{,}51.10^3 & 0 \\ 0.000000 & 1{,}00.10^0 & -1{,}01.10^0 & 0 \\ 0.000000 & 0.000000 & 1{,}65.10^{10} & 8{,}36.10^9 \\ 0.000000 & 0.000000 & 8{,}36.10^9 & 3{,}01.10^{10} \end{matrix}\middle| \begin{matrix} \mp 9{,}04.10^{-1} \\ 8{,}41.10^{-4} \\ 4{,}37.10^6 \\ -1{,}44.10^7 \end{matrix}\right]$$

$$\begin{bmatrix} 6{,}76.10^{-5} & -6{,}76.10^{-8} & 0.000000 & 0.000000 \\ -6{,}76.10^{-8} & 9{,}00.10^{-11} & 0.000000 & 0.000000 \\ -1{,}51.10^3 & 1{,}01.10^0 & 1{,}00.10^0 & 0.000000 \\ 0.000000 & 0.000000 & 0.000000 & 1{,}00.10^0 \end{bmatrix}$$

$\rightarrow L_3 = \left(\dfrac{1}{1{,}65.10^{10}}\right)$

$\rightarrow L_1 = L_1 + L_3(-1{,}51.10^3)$

$\rightarrow L_2 = L_2 + L_3(1{,}01.10^0)$

$\rightarrow L_4 = L_4 + L_3(-8{,}36.10^9)$

$$\left[\begin{array}{cccc|c} 1{,}00.10^{0} & 0.000000 & 0.000000 & 7{,}61.10^{2} & -1{,}30.10^{0} \\ 0.000000 & 1{,}00.10^{0} & 0.000000 & 5{,}09.10^{-1} & 1{,}11.10^{-3} \\ 0.000000 & 0.000000 & 1{,}00.10^{0} & 5{,}05.10^{-1} & 2{,}64.10^{-4} \\ 0.000000 & 0.000000 & 0.000000 & 2{,}59.10^{10} & -1{,}66.10^{7} \end{array}\right]$$

$$\begin{bmatrix} 2{,}05.10^{-4} & -1{,}59.10^{-7} & -9{,}10.10^{-8} & 0.000000 \\ -1{,}59.10^{-7} & 1{,}51.10^{-10} & 6{,}08.10^{-11} & 0.000000 \\ -9{,}10.10^{-8} & 6{,}08.10^{-11} & 6{,}04.10^{-11} & 0.000000 \\ 7{,}61.10^{2} & -5{,}09.10^{-1} & -5{,}05.10^{-1} & 1{,}00.10^{0} \end{bmatrix}$$

$$\rightarrow L_4 = \left(\frac{1}{2{,}59.10^{10}}\right)$$
$$\rightarrow L_1 = L_1 + L_4(-7{,}61.10^{2})$$
$$\rightarrow L_2 = L_2 + L_4(-5{,}09.10^{-1})$$
$$\rightarrow L_3 = L_3 + L_4(-5{,}05.10^{-1})$$

$$\left[\begin{array}{cccc|c} 1{,}00.10^{0} & 0.000000 & 0.000000 & 0.000000 & -1{,}79.10^{0} \\ 0.000000 & 1{,}00.10^{0} & 0.000000 & 0.000000 & 1{,}43.10^{-3} \\ 0.000000 & 0.000000 & 1{,}00.10^{0} & 0.000000 & 5{,}88.10^{-4} \\ 0.000000 & 0.000000 & 0.000000 & 1{,}00.10^{0} & -6{,}42.10^{-4} \end{array}\right]$$

$$\begin{bmatrix} 2{,}27.10^{-4} & -1{,}74.10^{-7} & -1{,}06.10^{-7} & 2{,}94.10^{-8} \\ -1{,}74.10^{-7} & 1{,}61.10^{-10} & 7{,}08.10^{-11} & -1{,}97.10^{-11} \\ -1{,}06.10^{-7} & 7{,}08.10^{-11} & 7{,}03.10^{-11} & -1{,}95.10^{-11} \\ 2{,}94.10^{-8} & -1{,}97.10^{-11} & -1{,}95.10^{-11} & 3{,}86.10^{11} \end{bmatrix}$$

$U_1 = -\,1{,}79.10^{0} = -1{,}79\ mm\ \downarrow$

$U_2 = +\,1{,}43.10^{-3} = +\,0{,}001430\ rad\ \circlearrowleft$

$U_4 = +\,5{,}88.10^{-4} = +\,0{,}000588\ rad\ \circlearrowleft$

$U_6 = -\,6{,}42.10^{-4} = -\,0{,}000642\ rad\ \circlearrowright$

- *Deslocamento:*

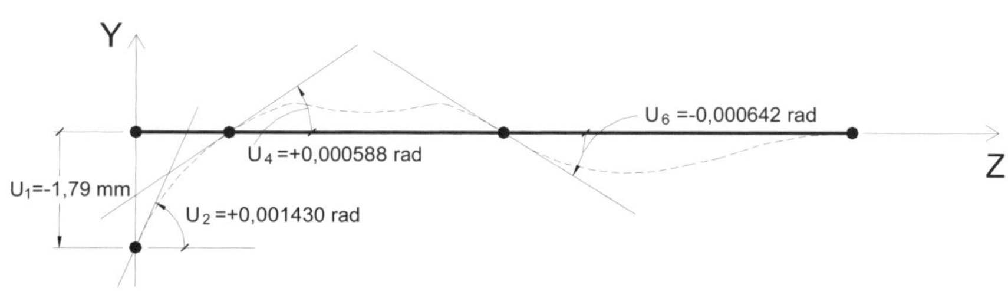

8) Determinação das forças de reação nos apoios.

Retornam-se os valores dos deslocamentos nodais ao sistema linear.

$$\begin{array}{c} \\ 1\\2\\3\\4\\5\\6\\7\\8 \end{array}\begin{array}{c} \begin{array}{cccccccc} 1 & 2 & 3 & 4 & 5 & 6 & 7 & 8 \end{array} \\ \begin{bmatrix} 5{,}94.10^4 & 4{,}46.10^7 & -5{,}94.10^4 & 4{,}46.10^7 & 0 & 0 & 0 & 0 \\ 4{,}46.10^7 & 4{,}46.10^{10} & -4{,}46.10^7 & 2{,}23.10^{10} & 0 & 0 & 0 & 0 \\ -5{,}94.10^4 & -4{,}46.10^7 & 6{,}25.10^4 & -3{,}83.10^7 & -3{,}13.10^3 & 6{,}27.10^6 & 0 & 0 \\ 4{,}46.10^7 & 2{,}23.10^{10} & -3{,}83.10^7 & 6{,}13.10^{10} & -6{,}27.10^6 & 8{,}36.10^9 & 0 & 0 \\ 0 & 0 & -3{,}13.10^3 & -6{,}27.10^6 & 4{,}74.10^3 & -2{,}26.10^6 & -1{,}60.10^3 & 4{,}01.10^6 \\ 0 & 0 & 6{,}27.10^6 & 8{,}36.10^9 & -2{,}26.10^6 & 3{,}01.10^{10} & -4{,}01.10^6 & 6{,}69.10^9 \\ 0 & 0 & 0 & 0 & -1{,}60.10^3 & -4{,}01.10^6 & 1{,}60.10^3 & -4{,}01.10^6 \\ 0 & 0 & 0 & 0 & 4{,}01.10^6 & 6{,}69.10^9 & -4{,}01.10^6 & 1{,}34.10^{10} \end{bmatrix} \end{array} \begin{Bmatrix} -1{,}79.10^0 \\ 1{,}43.10^{-3} \\ 0 \\ 5{,}88.10^{-4} \\ 0 \\ -6{,}42.10^{-4} \\ 0 \\ 0 \end{Bmatrix} =$$

$$\begin{Bmatrix} -16250 \\ -2812500 \\ F_3 - 41250 \\ -17187500 \\ F_5 - 70000 \\ -14375000 \\ F_7 - 40000 \\ F_8 + 34375000 \end{Bmatrix}$$

$F_3 = (-5{,}94.10^4).(-1{,}79.10^0) + (-4{,}46.10^7).(1{,}43.10^{-3}) + (-3{,}83.10^7).(5{,}88.10^{-4}) +$
$(6{,}27.10^6).(-6{,}42.10^{-4}) + 41250$
$F_3 = +57252\ N \uparrow$

$F_5 = (-5{,}94.10^4).(-1{,}79.10^0) + (-4{,}46.10^7).(1{,}43.10^{-3}) + (-3{,}83.10^7).(5{,}88.10^{-4}) +$
$(6{,}27.10^6).(-6{,}42.10^{-4}) + 41250$
$F_5 = +67764\ N \uparrow$

$F_7 = (-5{,}94.10^4).(-1{,}79.10^0) + (-4{,}46.10^7).(1{,}43.10^{-3}) + (-3{,}83.10^7).(5{,}88.10^{-4}) +$
$(6{,}27.10^6).(-6{,}42.10^{-4}) + 41250$
$F_7 = +42574\ N \uparrow$

$F_8 = (-5{,}94.10^4).(-1{,}79.10^0) + (-4{,}46.10^7).(1{,}43.10^{-3}) + (-3{,}83.10^7).(5{,}88.10^{-4}) +$
$(6{,}27.10^6).(-6{,}42.10^{-4}) + 41250$
$F_8 = -38669980\ N.mm \circlearrowright$

- *Reações de apoio:*

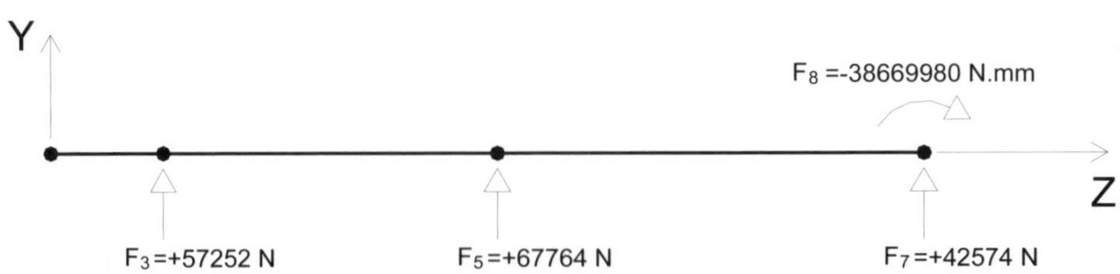

9) Determinação dos esforços nos elementos nas seções limites das juntas no sistema local.

Elemento 1:

$$\begin{Bmatrix} F_1 \\ F_2 \\ F_3 \\ F_4 \end{Bmatrix} = \begin{bmatrix} 5{,}94.\,10^4 & 4{,}46.\,10^7 & -5{,}94.\,10^4 & 4{,}46.\,10^7 \\ 4{,}46.\,10^7 & 4{,}46.\,10^{10} & -4{,}46.\,10^7 & 2{,}23.\,10^{10} \\ -5{,}94.\,10^4 & -4{,}46.\,10^7 & 5{,}94.\,10^4 & -4{,}46.\,10^7 \\ 4{,}46.\,10^7 & 2{,}23.\,10^{10} & -4{,}46.\,10^7 & 4{,}46.\,10^{10} \end{bmatrix} . \begin{Bmatrix} -1{,}79.\,10^0 \\ 1{,}43.\,10^{-3} \\ 0 \\ 5{,}88.\,10^{-4} \end{Bmatrix} - \begin{Bmatrix} -11250 \\ -2812500 \\ -11250 \\ +2812500 \end{Bmatrix}$$

$F_1 = (5{,}94.\,10^4).\,(-1{,}79.\,10^0) + (\,4{,}46.\,10^7).\,(+\,1{,}43.\,10^{-3}) +$
$(\,4{,}46.\,10^7).\,(+\,5{,}88.\,10^{-4}) - (-11250)$
$F_1 = -5073\ \text{N} \downarrow$

$F_2 = (4{,}46.\,10^7).\,(-1{,}79.\,10^0) + (\,4{,}46.\,10^{10}).\,(+\,1{,}43.\,10^{-3}) +$
$(\,2{,}23.\,10^{10}).\,(+\,5{,}88.\,10^{-4}) - (-2812500)$
$F_2 = (-\,131100)\ 0\ N.mm$

$F_3 = (-5{,}94.\,10^4).\,(-1{,}79.\,10^0) + (\,-4{,}46.\,10^7).\,(+\,1{,}43.\,10^{-3}) +$
$(\,-4{,}46.\,10^7).\,(+\,5{,}88.\,10^{-4}) - (-11250)$
$F_3 = +\,27573\ N \uparrow$

$F_4 = (4{,}46.\,10^7).\,(-1{,}79.\,10^0) + (\,2{,}23.\,10^{10}).\,(+\,1{,}43.\,10^{-3}) +$
$(\,4{,}46.\,10^{10}).\,(+\,5{,}88.\,10^{-4}) - (+2812500)$
$F_4 = -\,24532700\ \text{N.mm}$ ↻

Elemento 2:

$$\begin{Bmatrix} F_3 \\ F_4 \\ F_5 \\ F_6 \end{Bmatrix} = \begin{bmatrix} 3{,}13.\,10^3 & 6{,}27.\,10^6 & -3{,}13.\,10^3 & 6{,}27.\,10^6 \\ 6{,}27.\,10^6 & 1{,}67.\,10^{10} & -6{,}27.\,10^6 & 8{,}36.\,10^9 \\ -3{,}13.\,10^3 & -6{,}27.\,10^6 & 3{,}13.\,10^3 & -6{,}27.\,10^6 \\ 6{,}27.\,10^6 & 8{,}36.\,10^9 & -6{,}27.\,10^6 & 1{,}67.\,10^{10} \end{bmatrix} . \begin{Bmatrix} 0 \\ 5{,}88.\,10^{-4} \\ 0 \\ -6{,}42.\,10^{-4} \end{Bmatrix} - \begin{Bmatrix} -30000 \\ -20000000 \\ -30000 \\ +20000000 \end{Bmatrix}$$

$F_3 = (\,6{,}27.\,10^6).\,(5{,}88.\,10^{-4}) + (\,6{,}27.\,10^6).\,(-6{,}42.\,10^{-4}) - (-30000) = +\,29661\ \text{N} \uparrow$

$F_4 = (\,1{,}67.\,10^{10}).\,(5{,}88.\,10^{-4}) + (\,8{,}36.\,10^9).\,(-6{,}42.\,10^{-4}) - (-20000000) =$
$+\,24452480\ \text{N.mm}$ ↺

$F_5 = (-6{,}27.\,10^6).\,(5{,}88.\,10^{-4}) + (\,-6{,}27.\,10^6).\,(-6{,}42.\,10^{-4}) - (-30000) = +\,30339\ \text{N} \downarrow$

$F_6 = (\,8{,}36.\,10^9).\,(5{,}88.\,10^{-4}) + (\,1{,}67.\,10^{10}).\,(-6{,}42.\,10^{-4}) - (+20000000) =$
$-\,25805720\ \text{N.mm}$ ↻

<u>*Elemento 3:*</u>

$$\begin{Bmatrix} F_5 \\ F_6 \\ F_7 \\ F_8 \end{Bmatrix} = \begin{bmatrix} 1{,}60.10^3 & 4{,}01.10^6 & -1{,}60.10^3 & 4{,}01.10^6 \\ 4{,}01.10^6 & 1{,}34.10^{10} & -4{,}01.10^6 & 6{,}69.10^9 \\ -1{,}60.10^3 & -4{,}01.10^6 & 1{,}60.10^3 & -4{,}01.10^6 \\ 4{,}01.10^6 & 6{,}69.10^9 & -4{,}01.10^6 & 1{,}34.10^{10} \end{bmatrix} . \begin{Bmatrix} 0 \\ -6{,}42.10^{-4} \\ 0 \\ 0 \end{Bmatrix} - \begin{Bmatrix} -40000 \\ -34375000 \\ -40000 \\ +34375000 \end{Bmatrix}$$

$$F_5 = (4{,}01.10^6).(-6{,}42.10^{-4}) - (-40000) = +\,37426\ \text{N} \uparrow$$

$$F_6 = (1{,}34.10^{10}).(-6{,}42.10^{-4}) - (-34375000) = +\,25772200\ \text{N.mm} \circlearrowleft$$

$$F_7 = (-4{,}01.10^6).(-6{,}42.10^{-4}) - (-40000) = +\,42574\ \text{N} \downarrow$$

$$F_8 = (6{,}69.10^9).(-6{,}42.10^{-4}) - (+34375000) = -\,38669980\ \text{N.mm} \circlearrowright$$

- *Diagrama de esforços cortantes:*

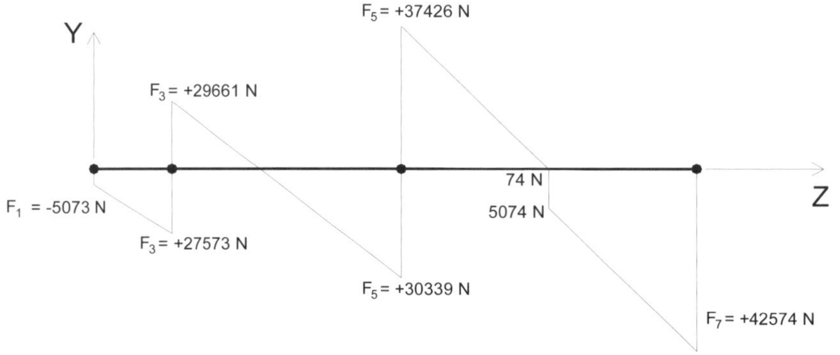

- *Diagrama de momentos fletores:*

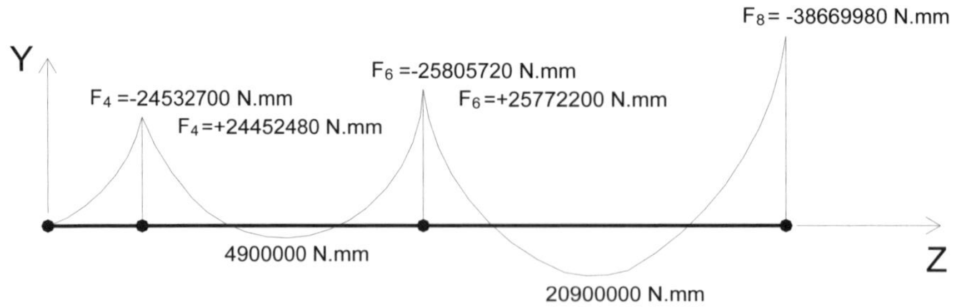

- *Código em Python para a solução computacional da estrutura.*

```
# carrega o anaStruct no Google Colag
! pip install anastruct

# Importa SystemElements do anastruct
from anastruct import SystemElements
ss = SystemElements()
# Atribui a todos os elementos o produto E.Ix
ss = SystemElements(EI=16716000000000)
# Adiciona os elementos entre juntas à ré e avante
ss.add_element(location=[[0, 0], [1500, 0]])
ss.add_element(location=[[1500, 0], [5500, 0]])
ss.add_element(location=[[5500, 0], [8000, 0]])
ss.add_element(location=[[8000, 0], [10500, 0]])
# Restrição nodal
ss.add_support_hinged(node_id=2)
ss.add_support_hinged(node_id=3)
ss.add_support_fixed(node_id=5)
# Cargas distribuídas
ss.q_load(element_id=1, q=-15)
ss.q_load(element_id=2, q=-15)
ss.q_load(element_id=3, q=-15)
ss.q_load(element_id=4, q=-15)
# Cargas concentradas
ss.point_load(Fy=-5000, node_id=1)
ss.point_load(Fy=-5000, node_id=4)
# Resolve a Estrutura
ss.solve()
# Apresentação dos resultados
# Modelo estrutural
ss.show_structure()
# Reações de apoio
ss.show_reaction_force()
# Diagrama de esforços normais
ss.show_axial_force()
# Diagrama de esforços cortantes
ss.show_shear_force()
# Diagrama dos momentos fletores
ss.show_bending_moment()
# Deslocamento
ss.show_displacement()
print(ss.get_node_displacements())
```

- *Modelo estrutural:*

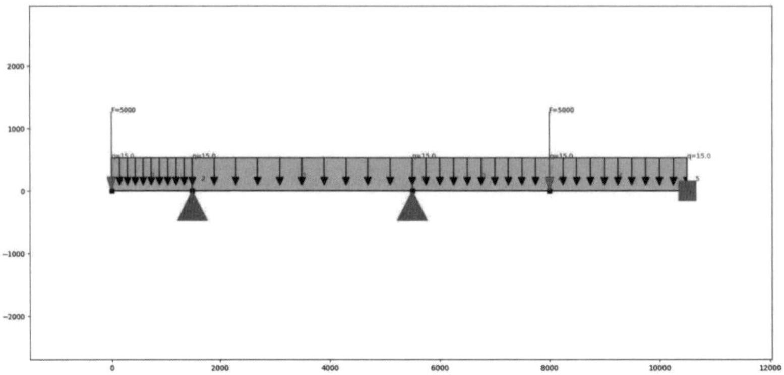

- *Reações de apoio:*

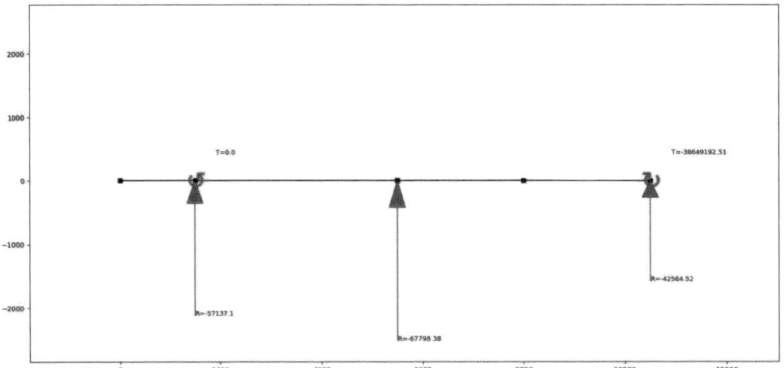

- *Diagrama de momentos fletores:*

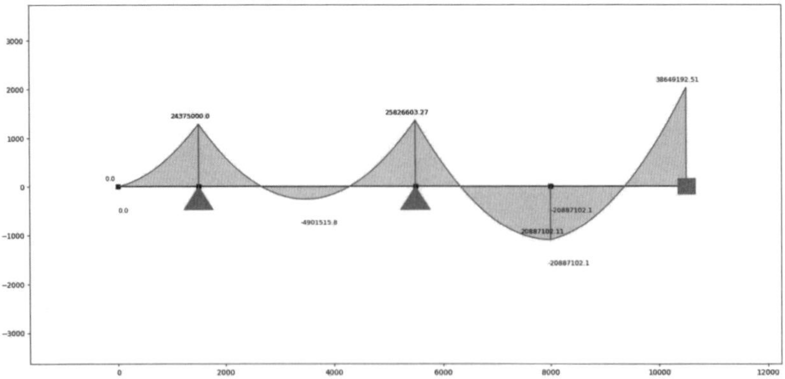

- *Diagrama de esforços cortantes:*

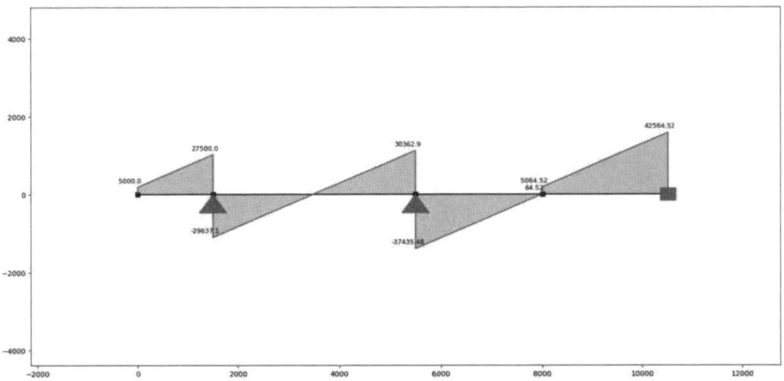

- *Deslocamento:*

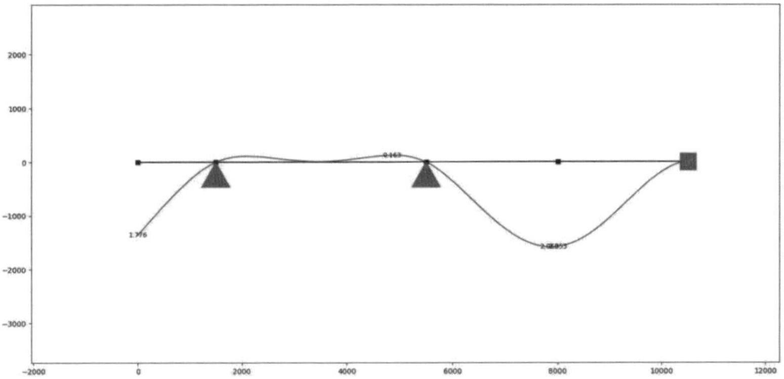


```
[(1, -6.888638245203862e-14, -1.7763712821960767, -0.0014226045479468802), (2, 0.0, -0.0, -0.0005813445509754791), (3, 0.0, -0.0, 0.0006392373192284167), (4, -1.9135106236677393e-13, -2.054780014714777, -0.00015980932980710425), (5, 0.0, -0.0, -0.0)]
```

Resultados do código em Python para o vetor de deslocamentos das juntas {U} pelo "ss.solve()"

```
array([-6.88863825e-14, 1.77637128e+00, 1.42260455e-03, 0.00000000e+00,
      0.00000000e+00, 5.81344551e-04, 0.00000000e+00, 0.00000000e+00,
     -6.39237319e-04, -1.91351062e-13, 2.05478001e+00, 1.59809330e-04,
      0.00000000e+00, 0.00000000e+00, 0.00000000e+00])
```

Votorantim Metais, atualmente Acelor Mittal. Resende – RJ

Cobertura do Exemplo 3.2. Pórticos compostos por pilares pré-moldados e cobertura em aço rotulada nas juntas de ligação. O uso do tirante mitiga as reações na junta de encontro com o pilar de concreto

Auditório da Fundação Oswaldo Aranha. Pórticos compostos por elementos treliçados. Vão livre de 25 metros.

3. PÓRTICOS

3.1 MATRIZ DE RIGIDEZ PARA O ELEMENTO DE PÓRTICO COM SEIS GRAUS DE LIBERDADE

3.1.1 No sistema local pela superposição dos efeitos de elementos de barras e de vigas

Os componentes de pórticos são elementos estruturais lineares interligados por juntas rígidas ou flexíveis. Podem ser dispostos em direção variada em relação à linha horizontal em qualquer ângulo, estando passíveis a ações que provoquem, de maneira isolada ou simultânea, na junta ou no elemento, rotações ou translações tangenciais e/ou normais. A cobertura de todos estes efeitos fica viabilizada pela superposição da rigidez atribuída aos elementos de barra e de viga, apresentada na Figura 3.1.

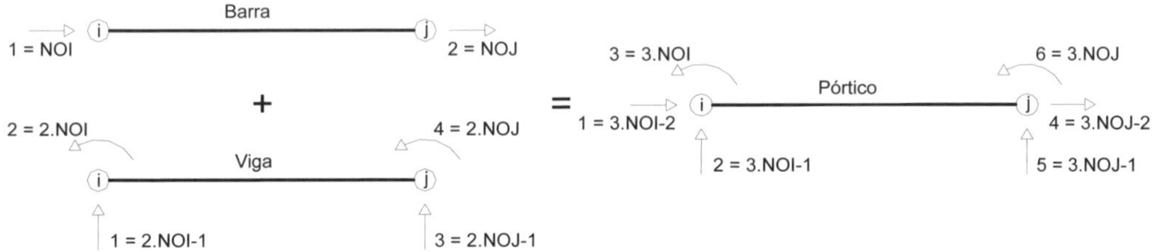

Figura 3.1 Composição do elemento de pórtico

Somando a rigidez atribuída aos DOF dos elementos de barras e de viga, isto é, compondo as equações (1.14) ou (1.49) com a equação (2.20), chega-se à matriz de rigidez para o elemento de pórtico, equação (3.1).

$$
\begin{array}{ccc|ccc}
 & \text{NOI} & & & \text{NOJ} & \\
3i-2 & 3i-1 & 3i & 3j-2 & 3j-1 & 3j
\end{array}
$$

$$
[K_e] = \left[\begin{array}{ccc|ccc}
\frac{E.A}{L} & 0 & 0 & -\frac{E.A}{L} & 0 & 0 \\
0 & \frac{12.E.I_x}{L^3} & \frac{6.E.I_x}{L^2} & 0 & -\frac{12.E.I_x}{L^3} & \frac{6.E.I_x}{L^2} \\
0 & \frac{6.E.I_x}{L^2} & \frac{4.E.I_x}{L} & 0 & -\frac{6.E.I_x}{L^2} & \frac{2.E.I_x}{L} \\
\hline
-\frac{E.A}{L} & 0 & 0 & \frac{E.A}{L} & 0 & 0 \\
0 & -\frac{12.E.I_x}{L^3} & -\frac{6.E.I_x}{L^2} & 0 & \frac{12.E.I_x}{L^3} & -\frac{6.E.I_x}{L^2} \\
0 & \frac{6.E.I_x}{L^2} & \frac{2.E.I_x}{L} & 0 & -\frac{6.E.I_x}{L^2} & \frac{4.E.I_x}{L}
\end{array}\right]
\begin{array}{l}
3i-2 \\ 3i-1 \quad NOI \\ 3i \\ \hline 3j-2 \\ 3j-1 \quad NOJ \\ 3j
\end{array}
\qquad (3.1)
$$

3.1.2 Transformação de sistema de coordenada para o elemento de pórtico em duas dimensões

Analogamente à transformação do elemento de barra, a matriz de rotação para o elemento de pórtico plano pode ser determinada considerando-se, sobre as juntas, os efeitos de translação definidos para o elemento de barra no plano acrescido da rotação em torno dos nós avante e à ré.

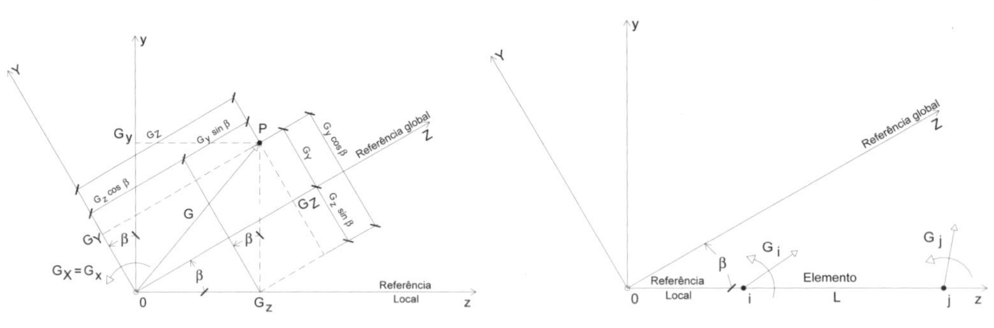

Figura 3.2 Transformação de sistemas para o elemento de pórtico

A equação matricial (1.52) acrescida dos efeitos de rotações das juntas é escrita pela equação (3.2).

$$\begin{Bmatrix} G_{Zi} \\ G_{Yi} \\ G_{Xi} \\ G_{Zj} \\ G_{Yj} \\ G_{Xj} \end{Bmatrix} = \begin{bmatrix} \cos\beta & \sin\beta & 0 & 0 & 0 & 0 \\ -\sin\beta & \cos\beta & 0 & 0 & 0 & 0 \\ 0 & 0 & 1 & 0 & 0 & 0 \\ 0 & 0 & 0 & \cos\beta & \sin\beta & 0 \\ 0 & 0 & 0 & -\sin\beta & \cos\beta & 0 \\ 0 & 0 & 0 & 0 & 0 & 1 \end{bmatrix} \begin{Bmatrix} G_{zi} \\ G_{yi} \\ G_{xi} \\ G_{zj} \\ G_{yj} \\ G_{xj} \end{Bmatrix} \tag{3.2}$$

A partir de então, define-se a matriz de rotação [R] para o elemento de pórtico com seis graus de liberdade, apresentada pela equação (3.3), tomando β como o ângulo formado entre os eixos dos sistemas local e global.

$$R_{ij} = [R] = \begin{bmatrix} \cos\beta & \sin\beta & 0 & 0 & 0 & 0 \\ -\sin\beta & \cos\beta & 0 & 0 & 0 & 0 \\ 0 & 0 & 1 & 0 & 0 & 0 \\ 0 & 0 & 0 & \cos\beta & \sin\beta & 0 \\ 0 & 0 & 0 & -\sin\beta & \cos\beta & 0 \\ 0 & 0 & 0 & 0 & 0 & 1 \end{bmatrix} \tag{3.3}$$

3.1.3 Matriz de rigidez para o elemento de pórtico no sistema global

Obtém-se a matriz de rigidez para o elemento de pórtico plano no sistema global aplicando a transformação linear mediante a multiplicação das matrizes de rigidez do elemento nos sistemas local e global pela matriz de transformação [R].

$$[k_{eg}][R] = [k_e][R]$$

$$[k_{eg}] = [R]^{-1}[k_e][R]$$

A matriz de transformação é ortogonal $[R]^{-1} = [R]^T$.

$$[k_{eg}] = [R]^T[k_e][R] \tag{3.4}$$

Por meio da operação da equação (3.4), considerando os parâmetros: $c = \cos\beta$, $s = \sin\beta, a = \frac{E.A}{L}, b = \frac{E.I_x}{L^3}$, chega-se à matriz de rigidez no sistema global, conforme equação (3.5).

$$[\mathrm{k}_{eg}] = \begin{bmatrix} ac^2 + 12bs^2 & (a-12b)cs & -6bLs & -ac^2 - 12bs^2 & -(a-12b)cs & -6bLs \\ (a-12b)cs & as^2 + 12bc^2 & 6bLc & -(a-12b)cs & -as^2 - 12bc^2 & 6bLc \\ -6bLs & 6bLc & 4bL^2 & 6bLs & -6bLc & 2bL^2 \\ -ac^2 - 12bs^2 & -(a-12b)cs & 6bLs & ac^2 + 12bs^2 & (a-12b)cs & 6bLs \\ -(a-12b)cs & -as^2 - 12bc^2 & -6bLc & (a-12b)cs & as^2 + 12bc^2 & -6bLc \\ -6bLs & 6bLc & 2bL^2 & 6bLs & -6bLc & 4bL^2 \end{bmatrix} \quad (3.5)$$

Pode-se verificar que é uma matriz simétrica.

Estrutura em concreto armado, dimensionada e analisada como reticulado composto por pilares, vigas e lajes. Edifício Vista Bela

Exemplo 3.1

Seja o pórtico apresentado pela Figura 3.3(a) composto por perfis de aço devidamente projetados para suportar a cobertura. Considere: 1) ações – carregamento apenas vertical provocado pelas terças que descarregam sobre o pórtico, sendo o central de 15 kN e os das extremidades 7,5 kN; 2) vínculos – articulados de segundo gênero presentes em ambas as extremidades do pórtico. Determine: a) os deslocamentos nas juntas; b) as reações de apoio; c) os esforços internos nos elementos.

Dados: E = 200.000 MPa; A = 11,22 cm^2; I_x = 390,76 cm^4 (perfil 2Ue150x60x20x2,00), β = 13,85°.

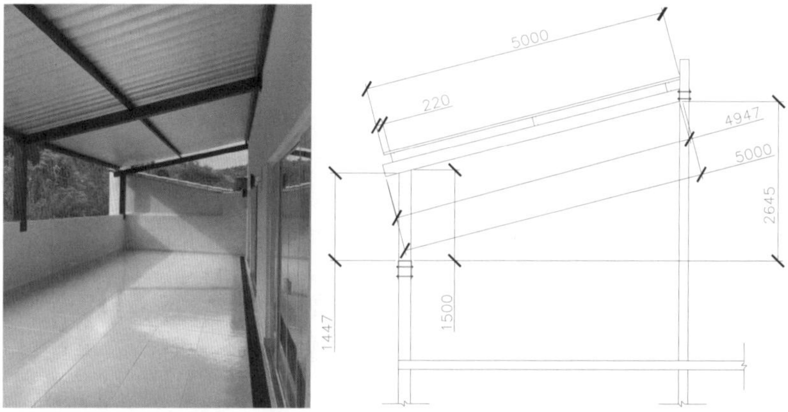

Figura 3.3(a) Estrutura do pórtico: foto e seção de projeto

Resolução:

1) Idealização do modelo estrutural.

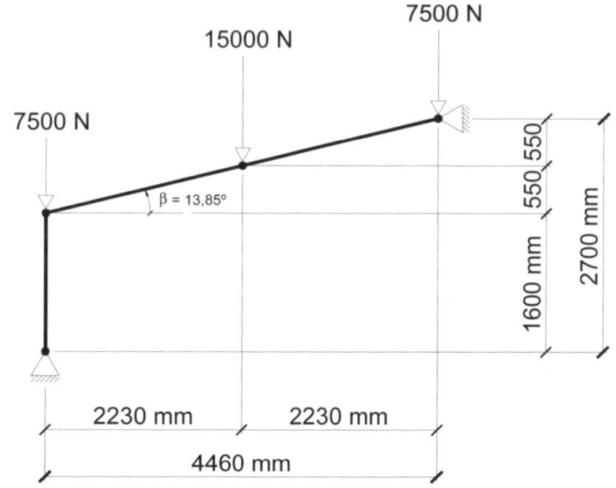

Referência, elementos, juntas e correspondentes graus de liberdade (DOF).

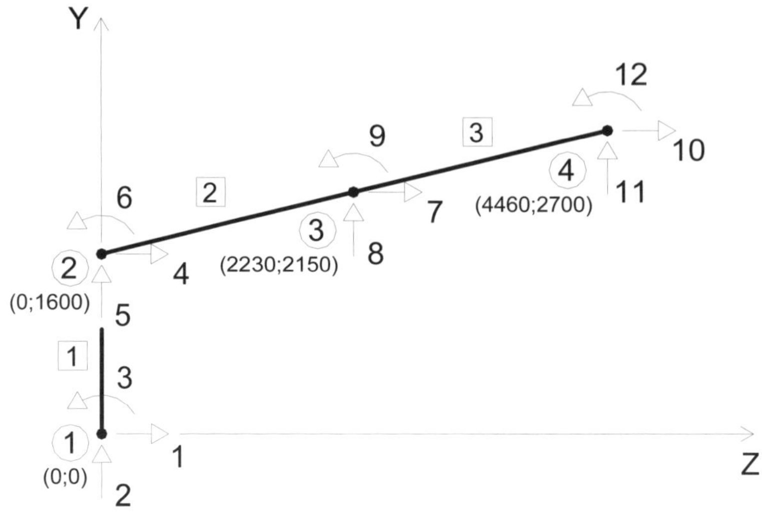

Arquivo de entrada de dados.

---------------- Dados da Geometria -------------------------------------

NNós	NElementos	Tolerância	Itermax
4	3	1.E-10	1000

---------- Coordenadas dos nós da estrutura -------------------------

Nó	Z(mm)	Y(mm)
1	0.	0.
2	0.	1600.
3	2230.	2150.
4	4460.	2700.

------------- Definição dos elementos -----------------------------------

Elemento	Nó i	Nó j	E(MPa)	A(mm^2)	Ix(mm^4)
1	1	2	200000.	1122	3907600.
2	2	3	200000.	1122.	3907600.
3	3	4	200000.	1122.	3907600.

---------- Carregamento nodal equivalente ---------------------------

DOF	F0(N)
1	0.
2	0.
3	0.
4	0.
5	7500.
6	0.
7	0.
8	15000.
9	0.

```
10              0.
11              7500.
12              0.
------ DOFs - Graus de liberdade com restrição -------
(Externa ao movimento - reações de apoio a determinar)
NDOFREST
4
DOF        Restrição (0=livre;1=restrito)
1               1
2               1
3               0
4               0
5               0
6               0
7               0
8               0
9               0
10              1
11              1
12              0
```

2) Carregamento nodal.

```
------------------------------------------------------------------------------------------
Carregamento nodal
F0 [N e N.mm]
      1              2              3              4              5
      6              7              8              9              10
     11             12
.000000E+00    .000000E+00    .000000E+00    .000000E+00    .750000E+04
.000000E+00    .000000E+00    .150000E+05    .000000E+00    .000000E+00
.750000E+04    .000000E+00
------------------------------------------------------------------------------------------
```

3) Construção das matrizes de rigidezes dos elementos.

```
------------------------------------------------------------------------------------------
                              Elemento 1
   Nó i          Nó j          cos B          sen B
    1              2           .0000         1.0000
  L[mm]         E[MPa]       L[mm²]      EA/L[N/mm]      EIx/L^3[N/mm]
 1600.00      200000.00      1122.00      140250.00          190.80
              Ke [N/mm]
```

1	2	3	4	5	6
.229E+04	.000E+00	-.183E+07	-.229E+04	.000E+00	-.183E+07
.000E+00	.140E+06	.000E+00	.000E+00	-.140E+06	.000E+00
-.183E+07	.000E+00	.195E+10	.183E+07	.000E+00	.977E+09
-.229E+04	.000E+00	.183E+07	.229E+04	.000E+00	.183E+07
.000E+00	-.140E+06	.000E+00	.000E+00	.140E+06	.000E+00
-.183E+07	.000E+00	.977E+09	.183E+07	.000E+00	.195E+10

Elemento 2

Nó i	Nó j	cos B	sen B	
2	3	.9709	.2395	
L[mm]	E[MPa]	L[mm2]	EA/L[N/mm]	EIx/L^3[N/mm]
2296.82	200000.00	1122.00	97700.13	64.50

Ke [N/mm]

4	5	6	7	8	9
.921E+05	.225E+05	-.213E+06	-.921E+05	-.225E+05	-.213E+06
.225E+05	.633E+04	.863E+06	-.225E+05	-.633E+04	.863E+06
-.213E+06	.863E+06	.136E+10	.213E+06	-.863E+06	.681E+09
-.921E+05	-.225E+05	.213E+06	.921E+05	.225E+05	.213E+06
-.225E+05	-.633E+04	-.863E+06	.225E+05	.633E+04	-.863E+06
-.213E+06	.863E+06	.681E+09	.213E+06	-.863E+06	.136E+10

Elemento 3

Nó i	Nó j	cos B	sen B	
3	4	.9709	.2395	
L[mm]	E[MPa]	L[mm2]	EA/L[N/mm]	EIx/L^3[N/mm]
2296.82	200000.00	1122.00	97700.13	64.50

Ke [N/mm]

7	8	9	10	11	12
.921E+05	.225E+05	-.213E+06	-.921E+05	-.225E+05	-.213E+06
.225E+05	.633E+04	.863E+06	-.225E+05	-.633E+04	.863E+06
-.213E+06	.863E+06	.136E+10	.213E+06	-.863E+06	.681E+09
-.921E+05	-.225E+05	.213E+06	.921E+05	.225E+05	.213E+06
-.225E+05	-.633E+04	-.863E+06	.225E+05	.633E+04	-.863E+06
-.213E+06	.863E+06	.681E+09	.213E+06	-.863E+06	.136E+10

---

4) Matriz de rigidez do sistema estrutural.

```
----------------------------------------------------------------------------------------------------
Matriz de rigidez
  K [N/mm e N.mm/rad]
        1              2              3              4              5
        6              7              8              9             10
       11             12
  .228961E+04    .000000E+00   -.183169E+07   -.228961E+04    .000000E+00
 -.183169E+07    .000000E+00    .000000E+00    .000000E+00    .000000E+00
  .000000E+00    .000000E+00    .000000E+00    .140250E+06    .000000E+00
  .000000E+00   -.140250E+06    .000000E+00    .000000E+00    .000000E+00
  .000000E+00    .000000E+00    .000000E+00    .000000E+00   -.183169E+07
  .000000E+00    .195380E+10    .183169E+07    .000000E+00    .976900E+09
  .000000E+00    .000000E+00    .000000E+00    .000000E+00    .000000E+00
  .000000E+00   -.228961E+04    .000000E+00    .183169E+07    .944318E+05
  .225348E+05    .161884E+07   -.921422E+05   -.225348E+05   -.212849E+06
  .000000E+00    .000000E+00    .000000E+00    .000000E+00   -.140250E+06
  .000000E+00    .225348E+05    .146582E+06    .863005E+06   -.225348E+05
 -.633190E+04    .863005E+06    .000000E+00    .000000E+00    .000000E+00
 -.183169E+07    .000000E+00    .976900E+09    .161884E+07    .863005E+06
  .331484E+10    .212849E+06   -.863005E+06    .680522E+09    .000000E+00
  .000000E+00    .000000E+00    .000000E+00    .000000E+00    .000000E+00
 -.921422E+05   -.225348E+05    .212849E+06    .184284E+06    .450695E+05
  .000000E+00   -.921422E+05   -.225348E+05   -.212849E+06    .000000E+00
  .000000E+00    .000000E+00   -.225348E+05   -.633190E+04   -.863005E+06
  .450695E+05    .126638E+05    .000000E+00   -.225348E+05   -.633190E+04
  .863005E+06    .000000E+00    .000000E+00    .000000E+00   -.212849E+06
  .863005E+06    .680522E+09    .000000E+00    .000000E+00    .272209E+10
  .212849E+06   -.863005E+06    .680522E+09    .000000E+00    .000000E+00
  .000000E+00    .000000E+00    .000000E+00    .000000E+00   -.921422E+05
 -.225348E+05    .212849E+06    .921422E+05    .225348E+05    .212849E+06
  .000000E+00    .000000E+00    .000000E+00    .000000E+00    .000000E+00
  .000000E+00   -.225348E+05   -.633190E+04   -.863005E+06    .225348E+05
  .633190E+04   -.863005E+06    .000000E+00    .000000E+00    .000000E+00
  .000000E+00    .000000E+00    .000000E+00   -.212849E+06    .863005E+06
  .680522E+09    .212849E+06   -.863005E+06    .136104E+10
```

5) Deslocamentos nodais.

```
------------------------------------------------------------------------------------------
Resultados dos deslocamentos nodais
U [mm e rad]
        1              2              3              4              5
        6              7              8              9             10
       11             12
 .000000E+00    .000000E+00    .305076E-02    .168544E+00   -.131905E+00
-.641754E-02    .534012E+01   -.214528E+02   -.222865E-02    .000000E+00
 .000000E+00    .155521E-01
------------------------------------------------------------------------------------------
```

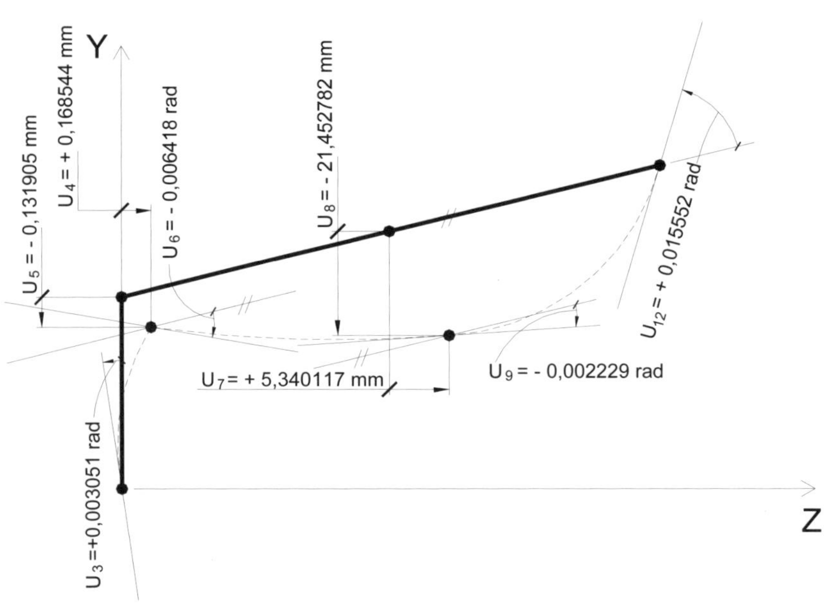

6) Reações de apoio.

```
------------------------------------------------------------------------------------------
Resultados das reações de apoio
F [N e N.mm]
        1              2              3              4              5
        6              7              8              9             10
       11             12
 .578099E+04    .184997E+05   -.496488E-05   -.758541E-07   -.678847E-08
 .169689E-04   -.902897E-06    .126129E-07    .993535E-05   -.578099E+04
 .115003E+05    .000000E+00
------------------------------------------------------------------------------------------
```

Solução do sistema linear pelo método de Gauss-Seidel

Iterações	Erro(%)	Toler(%)
446	.95526043E-10	.10000000E-09

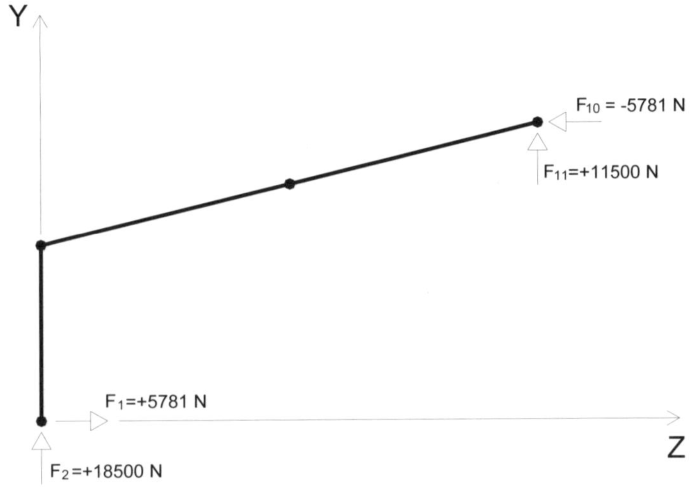

7) *Resumo dos resultados obtidos.*

Resultados obtidos para os deslocamentos nodais e reações de apoio

---

Graus de liberdade DOF	Deslocamentos U[mm ou rad]	Reações de apoio F[N ou N.mm]
1	.000000	5780.99
2	.000000	18499.70
3	.003051	.00
4	.168544	.00
5	-.131905	.00
6	-.006418	.00
7	5.340117	.00
8	-21.452782	.00
9	-.002229	.00
10	.000000	-5780.99
11	.000000	11500.30
12	.015552	.00

8) Esforços internos nos elementos.

Esforços nodais nos elementos - sistema local de coordenadas

Nr ELEM	DOF(1) Nz(NOI)	DOF(2) Vy(NOI)	DOF(3) Mx(NOI)	DOF(4) Nz(NOJ)	DOF(5) Vy(NOJ)	DOF(6) Mx(NOJ)
1	18500.	-5781.	0.	-18500.	5781.	-9249578.
2	8247.	9295.	9249578.	-8247.	-9295.	12100211.
3	4655.	-5268.	-12100211.	-4655.	5268.	0.

- *Diagrama de esforços normais:*

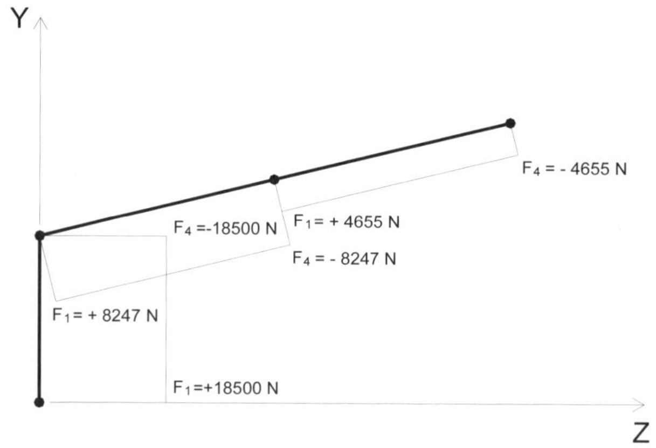

- *Diagrama de esforços cortantes:*

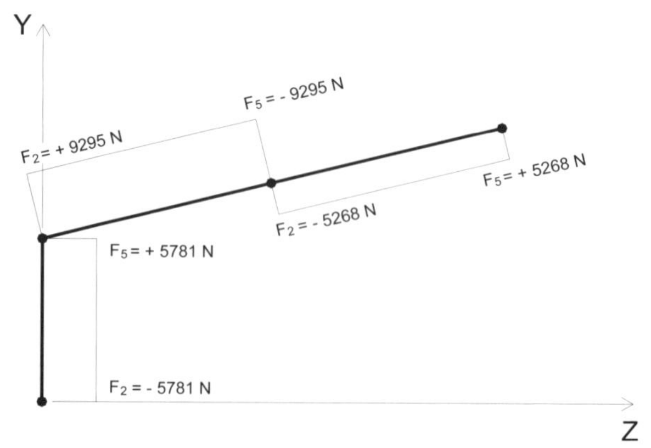

- *Diagrama de momentos fletores:*

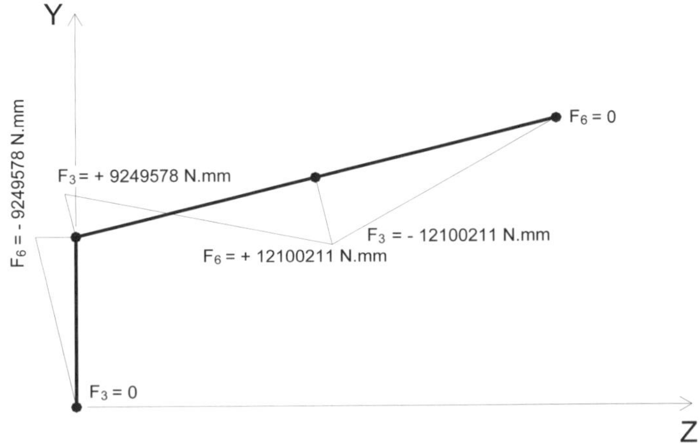

A Figura 3.3(b) apresenta o modelo construído em escala reduzida e em bambu com a finalidade de entendimento e visualização qualitativa das deformações.

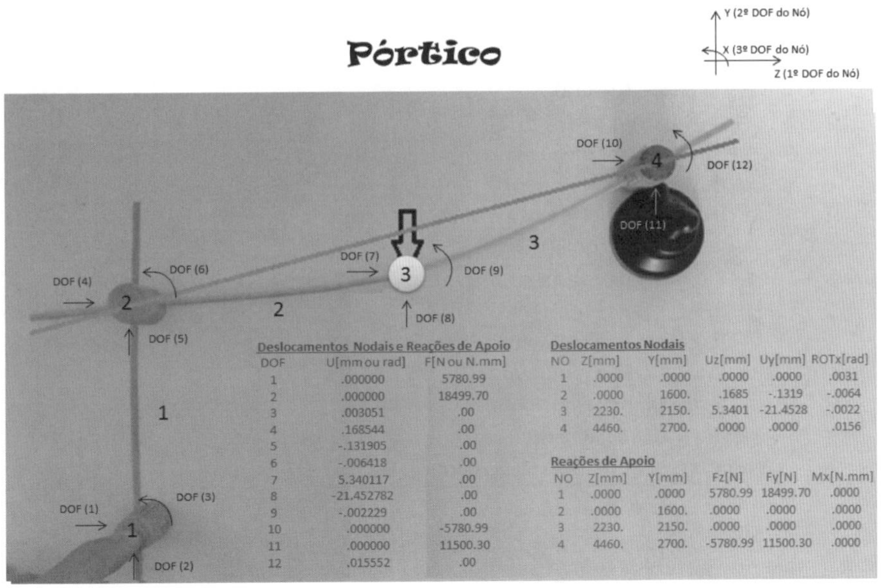

Figura 3.3(b) Modelo reduzido do pórtico construído em bambu

- *Código em Python para a solução computacional da estrutura*

```
# carrega o anaStruct no Google Colag
! pip install anastruct

# Importa SystemElements do anastruct
from anastruct import SystemElements
ss = SystemElements()
# Atribui a todos os elementos os produtos E.Ix e E.A
ss = SystemElements(EI=781520000000,EA=224400000)
# Adiciona os elementos entre juntas à ré e avante
ss.add_element(location=[[0, 0], [0, 1600]])
ss.add_element(location=[[0, 1600], [2230, 2150]])
ss.add_element(location=[[2230, 2150], [4460, 2700]])
# Restrição nodal
ss.add_support_hinged(node_id=1)
ss.add_support_hinged(node_id=4)
# Cargas concentradas
ss.point_load(Fy=-7500, node_id=2)
ss.point_load(Fy=-15000, node_id=3)
ss.point_load(Fy=-7500, node_id=4)
# Resolve a Estrutura
ss.solve()
# Apresentação dos resultados
# Modelo estrutural
ss.show_structure()
# Reações de apoio
ss.show_reaction_force()
# Diagrama de esforços normais
ss.show_axial_force()
# Diagrama de esforços cortantes
ss.show_shear_force()
# Diagrama dos momentos fletores
ss.show_bending_moment()
# Deslocamento
ss.show_displacement()
print(ss.get_node_displacements())
```

- *Modelo estrutural:*

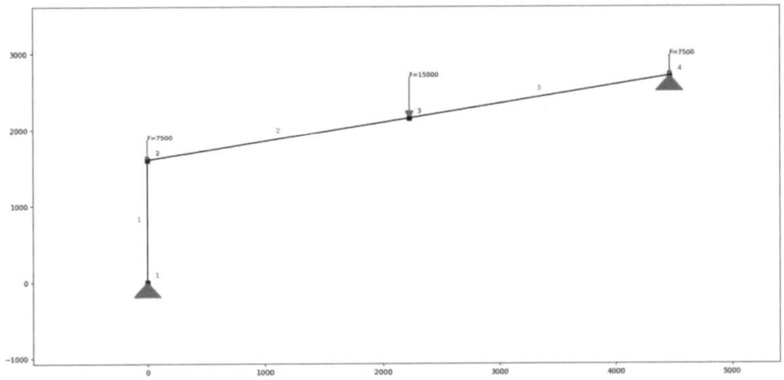

- *Reações de apoio:*

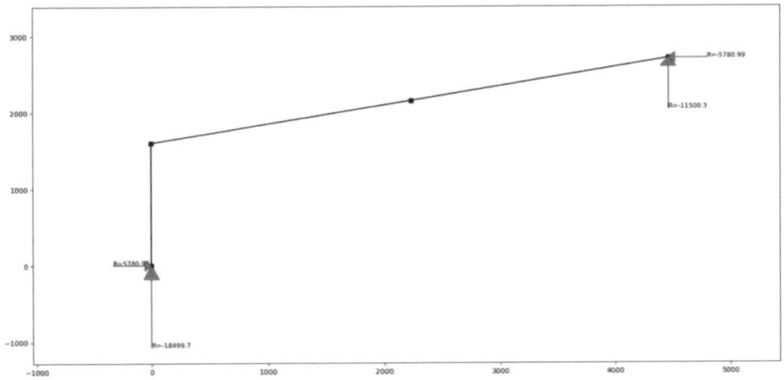

- *Diagrama de esforços normais:*

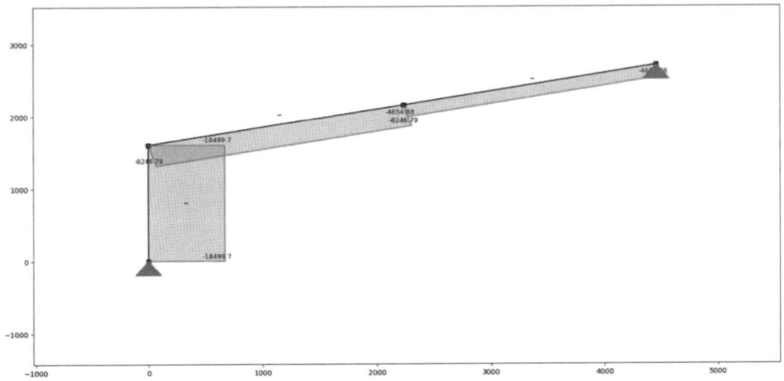

- *Diagrama de momentos fletores:*

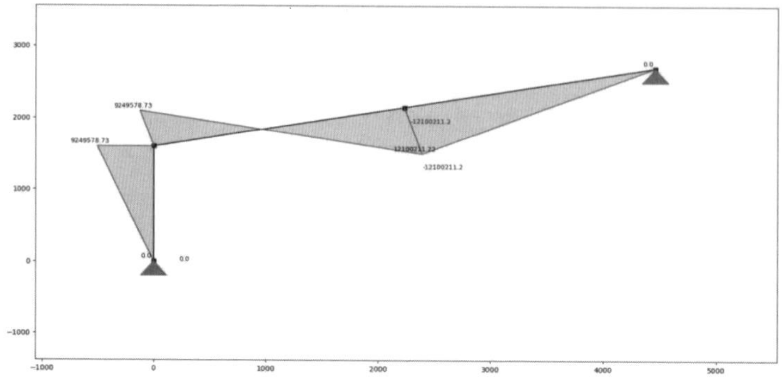

- *Diagrama de esforços cortantes:*

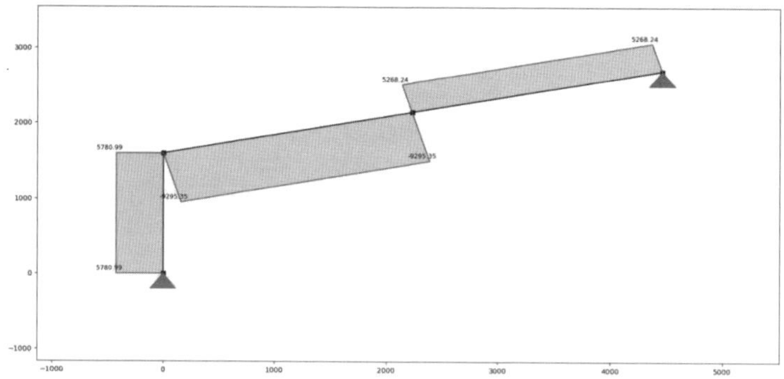

- *Deslocamento:*

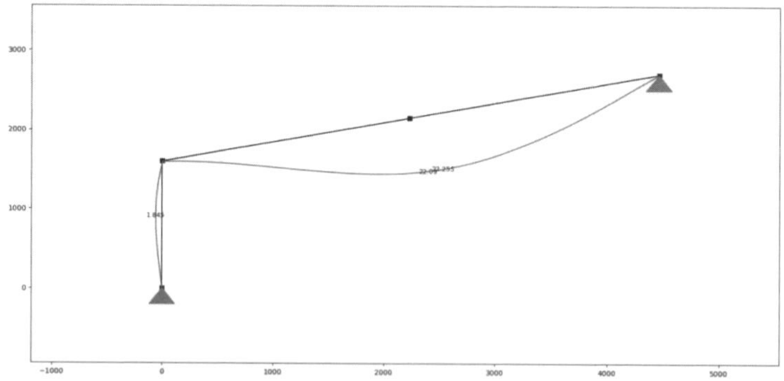

```
[(1, 0.0, -0.0, -0.0030507590608007114), (2, 0.16854357060101258, -0.13190517219225037, 0.006417537316478321),
(3, 5.340117760928259, -21.452784503541373, 0.002228648326279393), (4, 0.0, -0.0, -0.015552121987695521)]
```

Resultados do código em Python para o vetor de deslocamentos das juntas {U} pelo “ss.solve()”

```
array([ 0.00000000e+00, 0.00000000e+00, 3.05075906e-03, 1.68543571e-01,
    1.31905172e-01, -6.41753732e-03, 5.34011776e+00, 2.14527845e+01,
   -2.22864833e-03, 0.00000000e+00, 0.00000000e+00, 1.55521220e-02])
```

Exemplo 3.2

O pórtico apresentado pela Figura 3.4 é composto por perfis laminados. Considere: 1) ações – carregamento distribuído apenas na direção vertical de 10 kN/m provocado pelas terças que descarregam sobre o pórtico (carregamento em coordenado global – direção Y); 2) vínculos – articulados de segundo gênero presentes em ambas as extremidades do pórtico. Determine: a) os deslocamentos nas juntas; b) as reações de apoio; c) os esforços internos nos elementos.

Dados: E = 200.000 MPa, A = 130,3 cm^2, I_x = 77.003 cm^4 (perfil W610x101,0), β = 10,48°.

Figura 3.4 Estrutura do pórtico: foto e seção de projeto

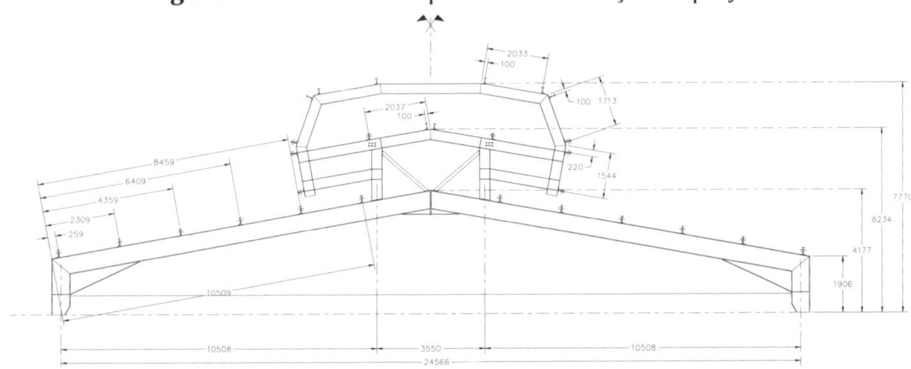

Resolução:

1) Idealização do modelo estrutural

Preliminarmente foram desconsiderados os efeitos oriundos dos acréscimos de rigidez provocados pelas mísulas, os quais podem ser posteriormente simulados mediante a criação de elementos nessa região.

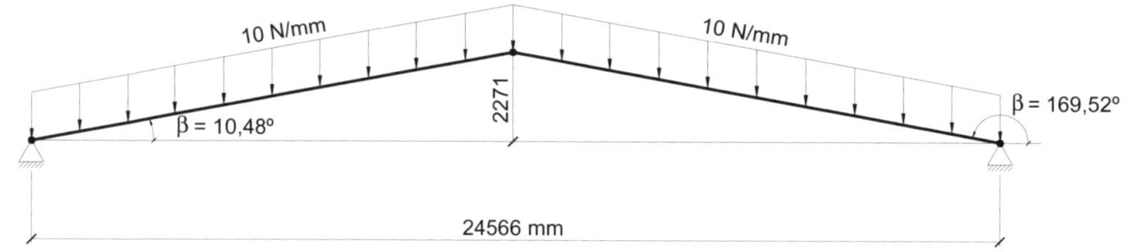

Referência, elementos, juntas e correspondentes graus de liberdade (DOF).

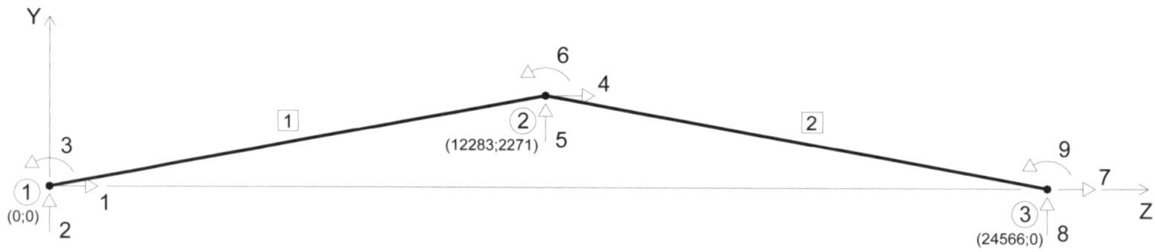

2) Carregamento nodal.

1	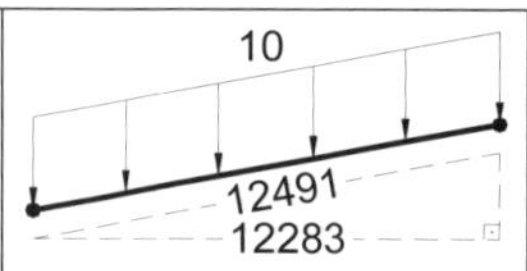	$Q = Q_Y = \frac{10 \times 12491}{12283} = 10,1693$ $\quad$ $Q_Z = 0$
1	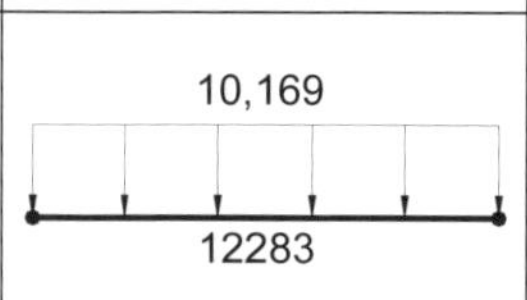	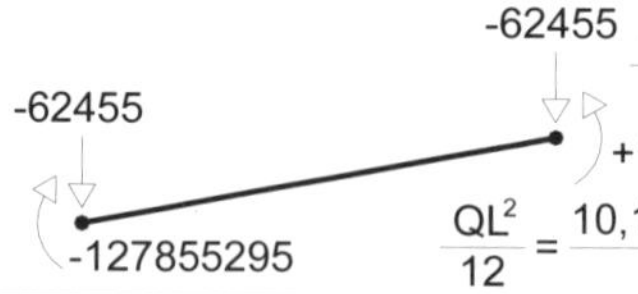 $\frac{QL}{2} = \frac{10,1693 \times 12283}{2} = 62455$ $\frac{QL^2}{12} = \frac{10,1693 \times 12283^2}{12} = 127855295$

2	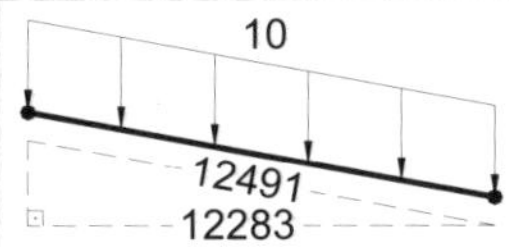	$Q = Q_Y = \frac{10 \times 12491}{12283} = 10{,}1693 \qquad Q_Z = 0$
2	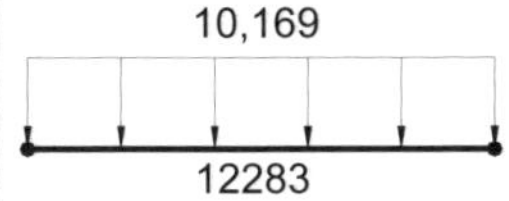	$\frac{QL}{2} = \frac{10{,}1693 \times 12283}{2} = 62455$ $\frac{QL^2}{12} = \frac{10{,}1693 \times 12283^2}{12} = 127855295$ 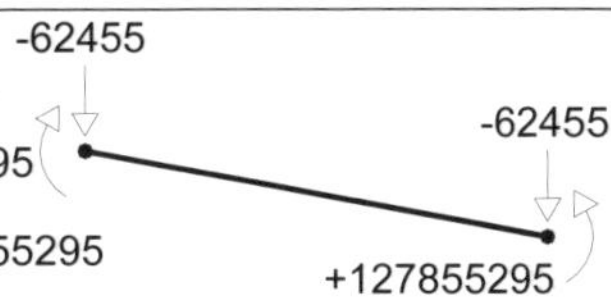

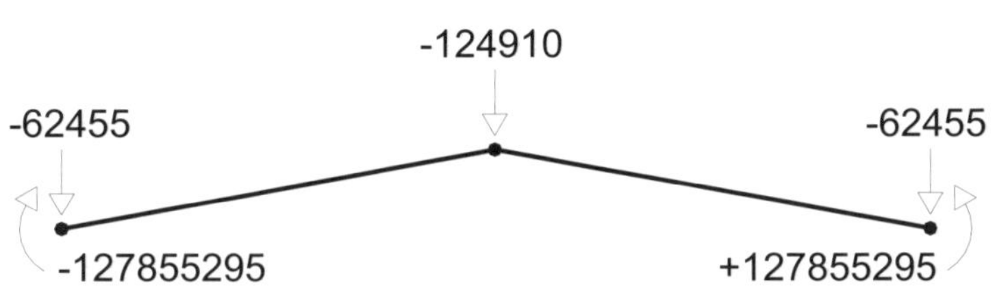

$$\{F0\} = \begin{Bmatrix} 0 \\ -62455 \\ -127855295 \\ 0 \\ -124910 \\ 0 \\ 0 \\ -62455 \\ +127855295 \end{Bmatrix}$$

```
------------------------------------------------------------------------------------
Carregamento nodal
F0 [N e N.mm]
       1              2              3              4              5
       6              7              8              9
.000000E+00    .624550E+05    .127855E+09    .000000E+00    .124910E+06
.000000E+00    .000000E+00    .624550E+05    -.127855E+09
------------------------------------------------------------------------------------
```

Arquivo de entrada de dados.

```
-------------------- Dados da geometria -----------------------
NNós     Nelementos          Tolerância          Itermax
  3          2                  1.E-16             10000
---------- Coordenadas dos nós da estrutura ------------------
Nó                Z(mm)          Y(mm)
1                   0.             0.
2                12283.          2271.
3                24566.             0.
------------- Definição dos elementos -------------------------
Elemento    Nó i    Nó j    E(MPa)    A(mm²)    Ix(mm⁴)
1             1       2     200000.   13030.    770030000.
2             3       2     200000.   13030.    770030000.
---------- Carregamento nodal equivalente --------------------
DOF          F0(N)
1              0.
2          62455.
```

```
3              127855295.
4                      0.
5                 124910.
6                      0.
7                      0.
8                  62455.
9             -127855295.
------ DOFs - Graus de liberdade com restrição -------
(Externa ao movimento - reações de apoio à determinar)
NDOFREST
4
DOF            Restrição (0=livre;1=restrito)
1                       1
2                       1
3                       0
4                       0
5                       0
6                       0
7                       1
8                       1
9                       0
-------------------------------------------------------------------------
```

3) Construção das matrizes de rigidezes dos elementos.

```
---------------------------------------------------------------------------------------------
                              Elemento 1
   Nó i          Nó j          cos B          sen B
    1             2            .9833          .1818
  L[mm]         E[MPa]       L[mm²]       EA/L[N/mm]      EIx/L^3[N/mm]
 12491.18      200000.00     13030.00      208627.24           79.02
                Ke [N/mm]
    1             2            3             4             5            6
 .202E+06   .371E+05   -.108E+07   -.202E+06   -.371E+05   -.108E+07
 .371E+05   .781E+04    .582E+07   -.371E+05   -.781E+04    .582E+07
-.108E+07   .582E+07    .493E+11    .108E+07   -.582E+07    .247E+11
-.202E+06  -.371E+05    .108E+07    .202E+06    .371E+05    .108E+07
-.371E+05  -.781E+04   -.582E+07    .371E+05    .781E+04   -.582E+07
-.108E+07   .582E+07    .247E+11    .108E+07   -.582E+07    .493E+11
---------------------------------------------------------------------------------------------
```

```
---------------------------------------------------------------------------------------------
                         Elemento  2
      Nó i          Nó j           cos B           sen B
        3             2            -.9833           .1818
     L[mm]        E[MPa]        L[mm2]       EA/L[N/mm]      EIx/L^3[N/mm]
    12491.18     200000.00     13030.00       208627.24          79.02
                     Ke [N/mm]
        7            8            9            4            5            6
    .202E+06   -.371E+05   -.108E+07   -.202E+06    .371E+05   -.108E+07
   -.371E+05    .781E+04   -.582E+07    .371E+05   -.781E+04   -.582E+07
   -.108E+07   -.582E+07    .493E+11    .108E+07    .582E+07    .247E+11
   -.202E+06    .371E+05    .108E+07    .202E+06   -.371E+05    .108E+07
    .371E+05   -.781E+04    .582E+07   -.371E+05    .781E+04    .582E+07
   -.108E+07   -.582E+07    .247E+11    .108E+07    .582E+07    .493E+11
---------------------------------------------------------------------------------------------
```

4) Matrizes de rigidezes do sistema.

```
---------------------------------------------------------------------------------------------
  Matriz de rigidez
   K [N/mm e N.mm/rad]

          1              2              3              4              5
          6              7              8              9
   .201763E+06    .371285E+05   -.107670E+07   -.201763E+06   -.371285E+05
  -.107670E+07    .000000E+00    .000000E+00    .000000E+00    .371285E+05
   .781290E+04    .582349E+07   -.371285E+05   -.781290E+04    .582349E+07
   .000000E+00    .000000E+00    .000000E+00   -.107670E+07    .582349E+07
   .493167E+11    .107670E+07   -.582349E+07    .246584E+11    .000000E+00
   .000000E+00    .000000E+00   -.201763E+06   -.371285E+05    .107670E+07
   .403525E+06    .000000E+00    .215341E+07   -.201763E+06    .371285E+05
   .107670E+07   -.371285E+05   -.781290E+04   -.582349E+07    .000000E+00
   .156258E+05    .000000E+00    .371285E+05   -.781290E+04    .582349E+07
  -.107670E+07    .582349E+07    .246584E+11    .215341E+07    .000000E+00
   .986335E+11   -.107670E+07   -.582349E+07    .246584E+11    .000000E+00
   .000000E+00    .000000E+00   -.201763E+06    .371285E+05   -.107670E+07
   .201763E+06   -.371285E+05   -.107670E+07    .000000E+00    .000000E+00
   .000000E+00    .371285E+05   -.781290E+04   -.582349E+07   -.371285E+05
   .781290E+04   -.582349E+07    .000000E+00    .000000E+00    .000000E+00
   .107670E+07    .582349E+07    .246584E+11   -.107670E+07   -.582349E+07
   .493167E+11
---------------------------------------------------------------------------------------------
```

5) Deslocamentos nodais.

```
-----------------------------------------------------------------------------------------------
Resultados do deslocamentos nodais
U [mm e rad]
      1              2              3              4              5
      6              7              8              9
 .000000E+00    .000000E+00   -.387778E-02    .247816E-21   -.108842E+02
 .101385E-26    .000000E+00    .000000E+00    .387778E-02
-----------------------------------------------------------------------------------------------
```

6) Reações de apoio.

```
-----------------------------------------------------------------------------------------------
Resultados das reações de apoio
F [N e N.mm]
      1              2              3              4              5
      6              7              8              9
 .408290E+06    .124910E+06    .298023E-07    .000000E+00    .145519E-10
 .000000E+00   -.408290E+06    .124910E+06   -.298023E-07
-----------------------------------------------------------------------------------------------
Solução do sistema linear pelo método de Gauss-Seidel
Iterações        Erro(%)           Toler(%)
   28         .00000000E+00     .10000000E-15
-----------------------------------------------------------------------------------------------
## Uso exclusivamente didático ##
Desenvolvido por Prof. D. Sc. Horacio G. D. Junior
-----------------------------------------------------------------------------------------------
```

7) Resumo dos resultados obtidos.

```
-----------------------------------------------------------------------------------------------
Resultados obtidos para os deslocamentos nodais e reações de apoio
-----------------------------------------------------------------------------------------------
Graus de liberdade          Deslocamentos          Reações de apoio
       DOF                  U[mm ou rad]            F[N ou N.mm]
        1                      .000000                408289.60
        2                      .000000                124910.00
        3                     -.003878                      .00
        4                      .000000                      .00
        5                   -10.884210                      .00
        6                      .000000                      .00
        7                      .000000               -408289.60
```

```
        8                    .000000                 124910.00
        9                    .003878                       .00
------------------------------------------------------------------------
```

8) Esforços internos nos elementos.

```
------------------------------------------------------------------------
 Esforços nodais nos elementos - sistema local de coordenadas
------------------------------------------------------------------------

 Nr      DOF(1)    DOF(2)     DOF(3)      DOF(4)     DOF(5)      DOF(6)
 ELEM    Nz(NOI)   Vy(NOI)    Mx(NOI)     Nz(NOJ)    Vy(NOJ)     Mx(NOJ)

 1       424190.   -48599.         0.     -401490.    74231.  -160090914.
 2       401490.    74231.  160090914.    -424190.   -48599.           0.
------------------------------------------------------------------------
```

- *Código em Python para a solução computacional da estrutura.*

```
# carrega o anaStruct no Google Colag
! pip install anastruct


# Importa SystemElements do anastruct
from anastruct import SystemElements
# Atribui SystemElements
ss = SystemElements(EA=200000*13030,EI=200000*770030000)
# Adiciona os elementos entre juntas à ré e avante
# e Atribui aos elementos o produto E.A
ss.add_element(location=[[0, 0], [12283, 2271]])
ss.add_element(location=[[12283, 2271], [24566, 0]])
# Restrição nodal
ss.add_support_hinged(node_id=1)
ss.add_support_hinged(node_id=3)
# Cargas Distribuídas
ss.q_load(element_id=1, q=-10,rotation=90)
ss.q_load(element_id=2, q=-10,rotation=90)
# Resolve a Estrutura
ss.solve()
# Apresentação dos resultados
# Modelo estrutural
ss.show_structure()
# Reações de apoio
ss.show_reaction_force()

# Diagrama de esforços normais
```

```
ss.show_axial_force()
# Diagrama de esforços cortantes
ss.show_shear_force()
# Diagrama de momentos fletores
ss.show_bending_moment()
# Deslocamento
ss.show_displacement()
print(ss.get_node_displacements())
```

- *Modelo estrutural.*

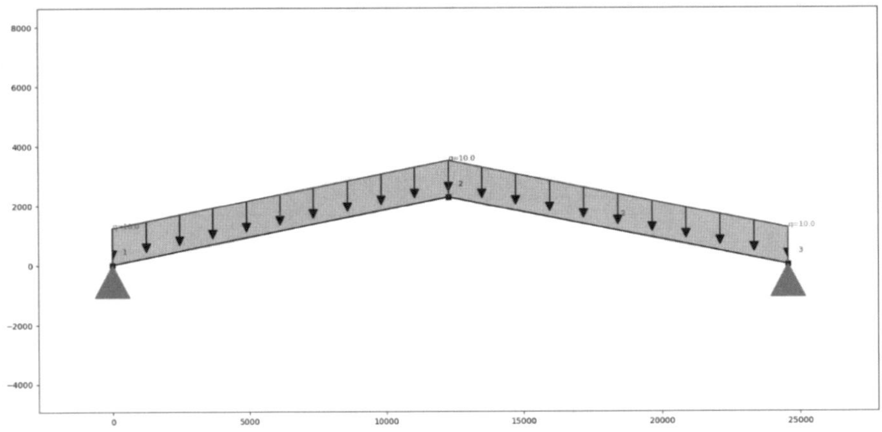

- *Reações de apoio.*

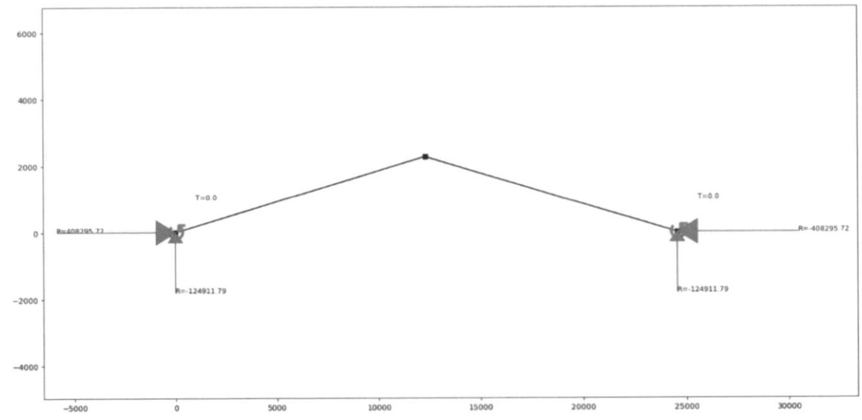

- *Diagrama de esforços normais.*

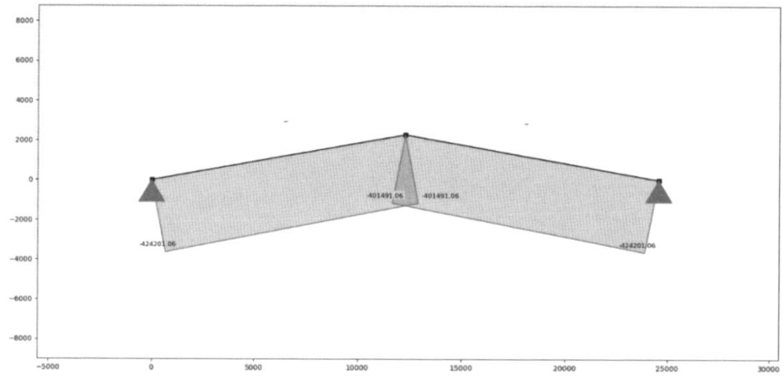

- *Diagrama de momentos fletores.*

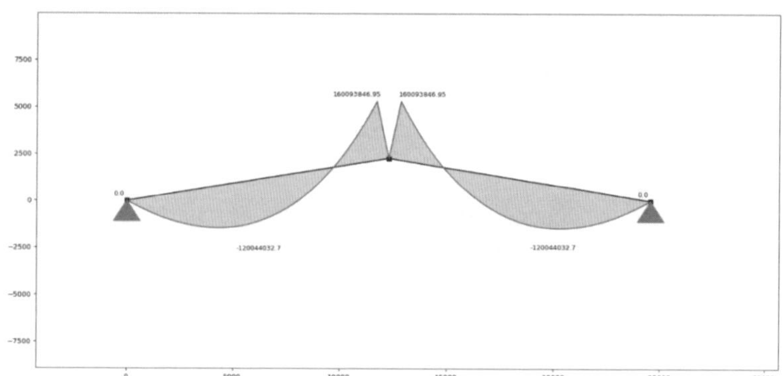

- *Diagrama de esforços cortantes.*

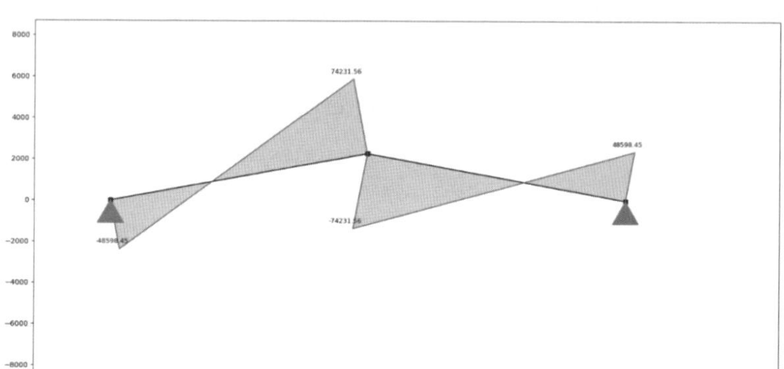

- *Deslocamento.*

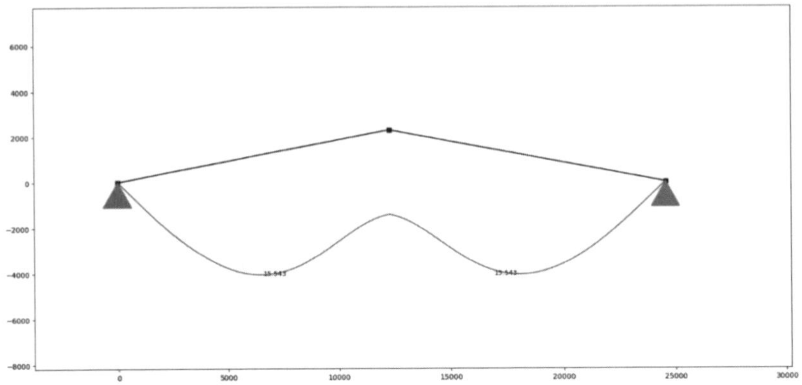

```
[(1, 0.0, -0.0, 0.0038778442304441495), (2, -6.9198126322712215e-15, -10.884373111557407, -7.121110759136837e-19),
(3, 0.0, -0.0, -0.0038778442304441517)]
```

Resultados do código em Python para o vetor de deslocamentos das juntas {U} pelo "ss.solve()"

```
array([ 0.00000000e+00, 0.00000000e+00, -3.87784423e-03, -6.91981263e-15,
    1.08843731e+01, 7.12111076e-19, 0.00000000e+00, 0.00000000e+00,
    3.87784423e-03])
```

Exemplo 3.3

O pórtico apresentado pela Figura 3.5 é composto por perfis laminados. Considere: 1) ações – carregamento distribuído na direção vertical de 10 kN/m apenas sobre o elemento horizontal do pórtico; 2) vínculos – nas extremidades do pórtico, com a esquerda rotulada e a direita engastada. Determine, por meio de um código em Python: a) os deslocamentos nas juntas; b) as reações de apoio; c) os esforços internos nos elementos.

Dados: E = 200.000 MPa, A = 50,3 cm^2, I_x = 12.777 cm^4.

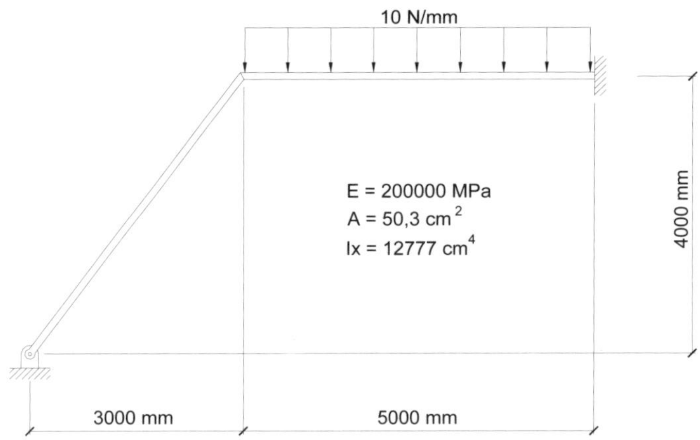

Figura 3.5 Estrutura analisada

Resolução:

- *Código em Python para a solução computacional da estrutura.*

```
# carrega o anaStruct no Google Colag
! pip install anastruct

# Importa SystemElements do anastruct
from anastruct import SystemElements
# Atribui SystemElements
ss = SystemElements(EA=200000*5030,EI=200000*127770000)
# Adiciona os elementos entre juntas à ré e avante
# e Atribui aos elementos o produto E.A
ss.add_element(location=[[0, 0], [3000, 4000]])
ss.add_element(location=[[3000, 4000], [8000, 4000]])
# Restrição nodal
ss.add_support_hinged(node_id=1)
ss.add_support_fixed(node_id=3)
# Cargas Distribuída
ss.q_load(element_id=2, q=-10)
# Resolve a Estrutura
ss.solve()
# Apresentação dos resultados
# Modelo estrutural
ss.show_structure()
# Reações de apoio
ss.show_reaction_force()
# Diagrama de esforços normais
ss.show_axial_force()
# Diagrama de esforços cortantes
ss.show_shear_force()
print(ss.get_node_displacements())
```

- *Modelo estrutural.*

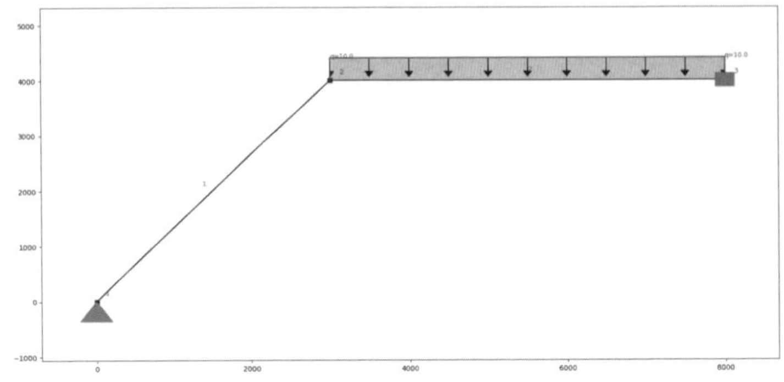

- *Reações de apoio.*

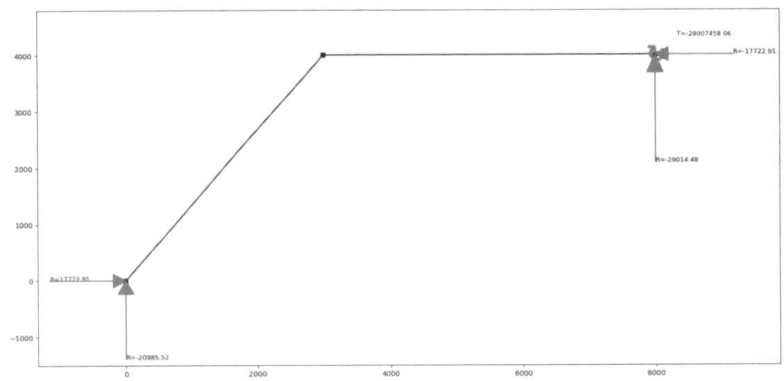

- *Diagrama de esforços normais.*

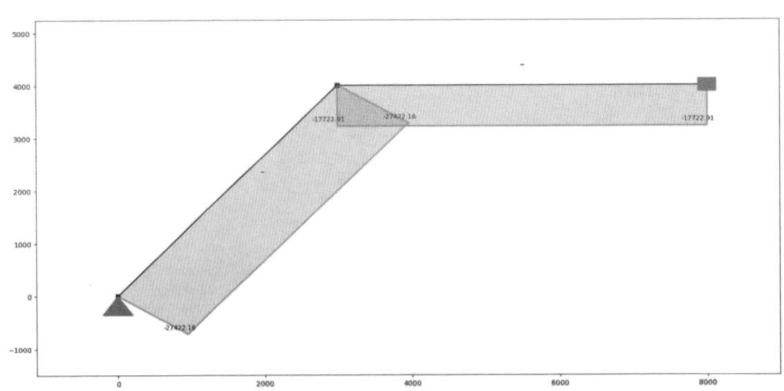

- *Diagrama de momentos fletores.*

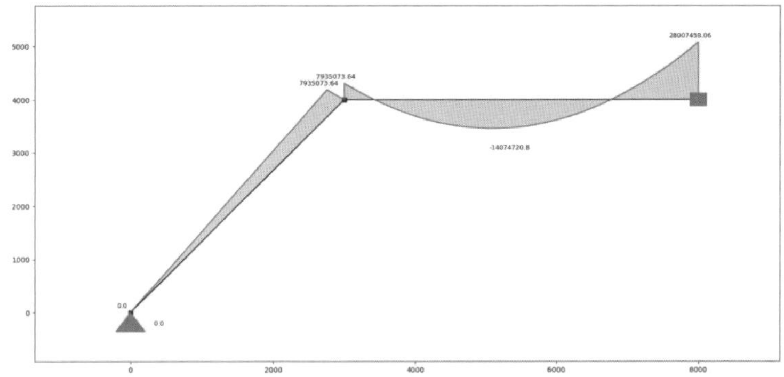

- *Diagrama de esforços cortantes.*

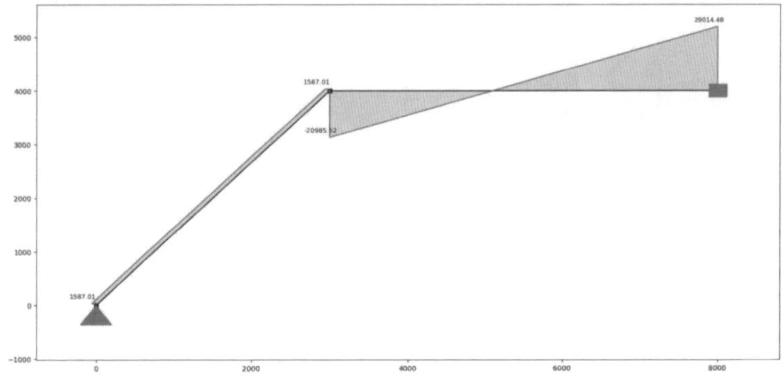

- *Deslocamento.*

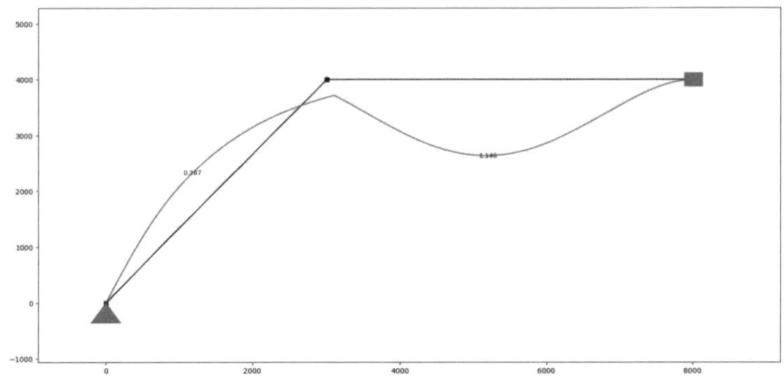

[(1, 0.0, -0.0, -0.00021630268300918724), (2, 0.08808603750295269, -0.23643086100064606, 0.0005600017739800242), (3, 0.0, -0.0, -0.0)]

Resultados do código em Python para o vetor de deslocamentos das juntas {U} pelo "ss.solve()"

```
array([ 0.00000000e+00, 0.00000000e+00, 2.16302683e-04, 8.80860375e-02,
        2.36430861e-01, -5.60001774e-04, 0.00000000e+00, 0.00000000e+00,
        0.00000000e+00])
```

(1) (2) (3)

Edifício comercial Shopping 33 – Torre IV. Estrutura reticulada. (1) Edifício comercial na rua 18 – Vila Santa Cecília Volta Redonda – RJ. Vigas compostas por perfil de aço e laje de concreto: vigas mistas. (2) Edifício Oitis uso misto: comercial e residencial. (3)

4. DEFLEXÃO EM ELEMENTOS LINEARES

4.1. TEORIA DAS PEQUENAS DEFORMAÇÕES

O modelo de deflexão apresentado baseia-se na teoria de vigas proposta por Claude Louis Marie Henri Navier (1785-1836), conhecida simplesmente por teoria de vigas de Navier. É amplamente aplicada para previsão de deformações em projetos de vigas e eixos. Baseia-se nas seguintes hipóteses: 1) que as seções transversais permanecem planas mesmo após a deformação, proposta originariamente atribuída a Jakob Bernoulli, ilustrada pelas Figuras 4.1 (a) e (b), as quais apresentam o estado indeformado e deformado de um elemento de espuma submetido à flexão; 2) que são desprezíveis os efeitos das deformações tangenciais provocadas pelos esforços cortantes.

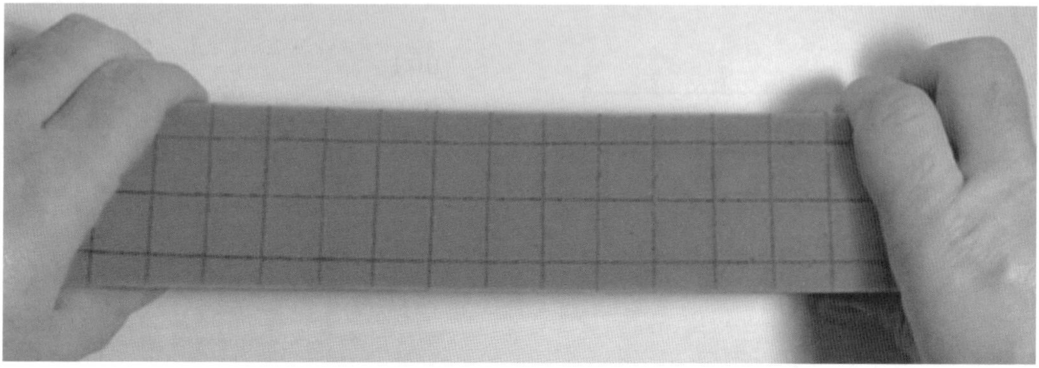

(a)

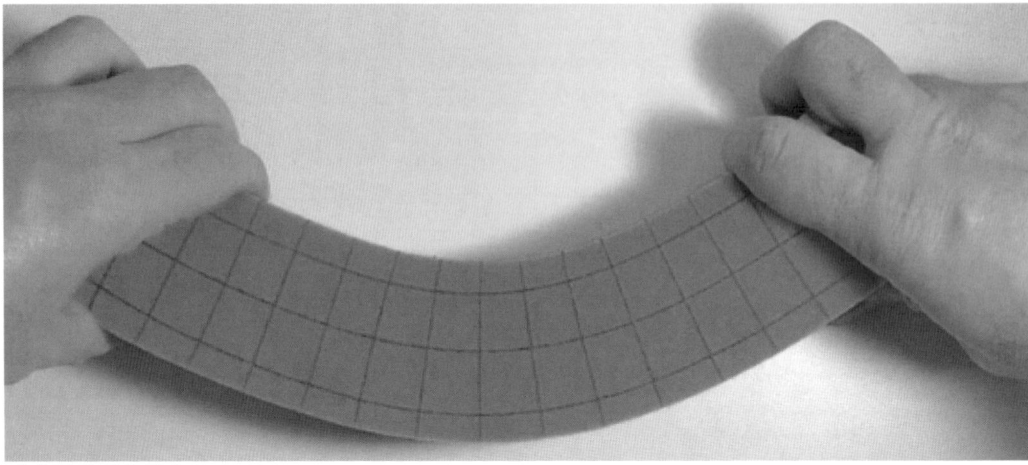

(b)

Figura 4.1 Elemento de espuma submetido à simples flexão

Entretanto, convém esclarecer que este modelo é aplicável apenas em pequenas deformações.

Seja o elemento de viga indeformado, posicionado no sistema de referências, apresentado pela Figura 4.2, passível de ações transversais Q. Sob o efeito dessas ações, deforma-se, obtendo em um ponto P qualquer, de coordenada z, um deslocamento transversal v(z) e uma rotação θ(z).

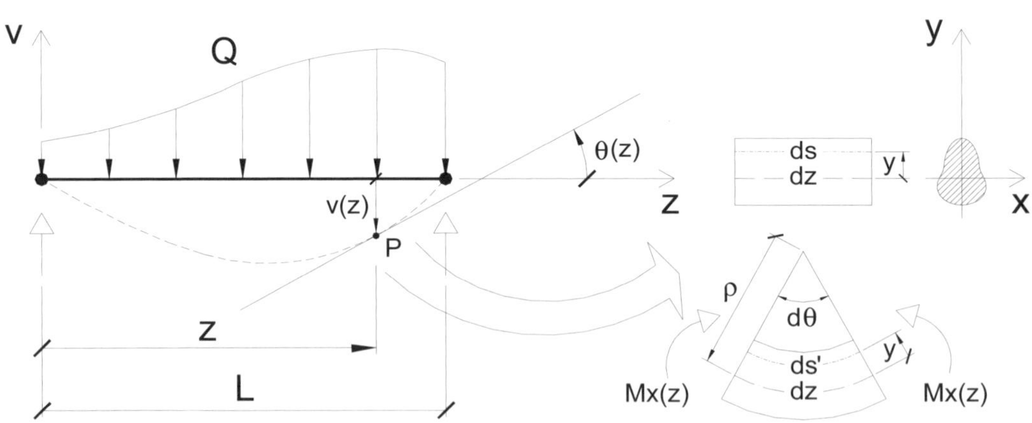

Figura 4.2 Elemento submetido à simples flexão

A fibra *ds* posicionada a uma distância *y* da linha neutra da seção transversal, de um segmento infinitesimal *dz* desse elemento depois de deformado, terá pelo efeito do momento Mx(z) um comprimento *ds'*. A deformação unitária ε é determinada pela equação (4.1) em termos do comprimento da fibra deformada e indeformada.

$$\varepsilon = \frac{ds' - ds}{ds} \tag{4.1}$$

Posto que o comprimento da fibra na linha neutra é mantido mesmo após a deformação:

$$ds = dz \tag{4.2}$$

pode-se determinar esse mesmo comprimento em função do raio ρ e da rotação infinitesimal d θ.

$$dz = \rho.d\theta \tag{4.3}$$

Analogamente a fibra deformada terá o comprimento determinado.

$$ds' = (\rho - y).d\theta \tag{4.4}$$

Substituindo as equações (4.2), (4.3) e (4.4) na equação (4.1), é possível determinar a curvatura em termos da deformação unitária em uma fibra qualquer, conhecida a distância y até a linha neutra.

$$\varepsilon = \frac{(\rho - y).d\theta - dz}{ds}$$

$$\varepsilon = \frac{(\rho - y).d\theta - ds}{ds}$$

$$\varepsilon = \frac{(\rho - y).d\theta - \rho.d\theta}{\rho.d\theta}$$

$$\varepsilon = \frac{(\rho - y) - \rho}{\rho}$$

$$\frac{1}{\rho} = -\frac{\varepsilon}{y} \tag{4.5}$$

No regime elástico, sendo válida a lei de Hooke, onde σ é a tensão e E o módulo de elasticidade.

$$\sigma = E.\varepsilon \tag{4.6}$$

Determina-se a tensão de flexão em uma fibra na posição y, provocada por um momento $M_x(z)$, conhecido o momento de inércia I_x.

$$\sigma = \frac{-M_x.}{I_x} y \tag{4.7}$$

Substituindo as equações (4.7) e (4.6) na equação (4.5), chega-se à equação da curvatura em termos do momento fletor, do módulo de elasticidade e do momento de inércia.

$$\frac{1}{\rho} = -\frac{\frac{\sigma}{E}}{-\frac{I_x.\sigma}{M_x}}$$

$$\frac{1}{\rho} = \frac{\sigma}{E}\frac{M_x}{I_x.\sigma}$$

$$\frac{1}{\rho} = \frac{M_x}{E.I_x} \tag{4.8}$$

Em coordenadas cartesianas, define-se a equação da curvatura.

$$\frac{1}{\rho} = \frac{\frac{d^2v}{dz^2}}{\left[1-\left(\frac{dv}{dz}\right)^2\right]^{\frac{3}{2}}} \tag{4.9}$$

O elemento terá pequena deformação em todo o domínio de z. Portanto, a derivada $\frac{dv}{dz}$ será considerada nula, sendo simplificada a equação (4.9) mediante a supressão da parcela do denominador.

$$\frac{1}{\rho} = \frac{d^2v}{dz^2} \tag{4.10}$$

Define-se como a equação diferencial da linha elástica para pequenas deformações a expressão (4.11).

$$\frac{1}{\rho} = \frac{d^2v}{dz^2} = \frac{M_x}{E.I_x} \tag{4.11}$$

Da mesma maneira, a equação diferencial da rotação da linha elástica (4.12) pode ser definida para pequenos ângulos quando o arco é considerado igual à tangente.

$$\theta = \tan\,\theta = \frac{dv}{dz} \tag{4.12}$$

A Figura 4.3 apresenta a convenção dos sinais dos momentos fletores de um elemento em virtude da curvatura provocada neste.

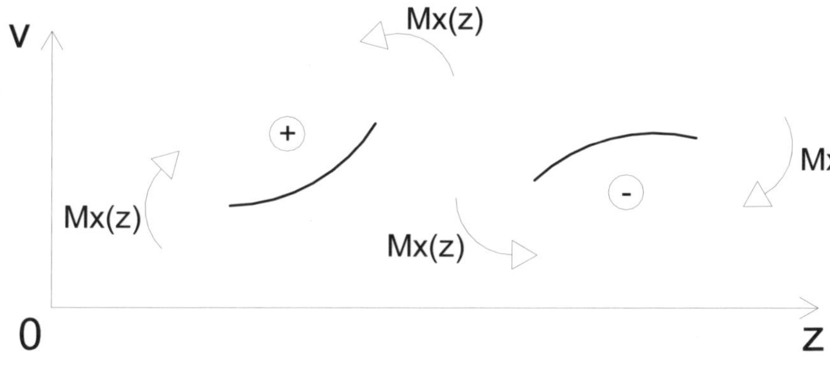

Figura 4.3 Convenção dos sinais do momento fletor em virtude da curvatura do elemento

Exemplo 4.1

Determine a equação da linha elástica, da rotação e os valores máximos para a viga em balanço de comprimento l submetida a uma carga concentrada P, conforme a Figura 4.4.

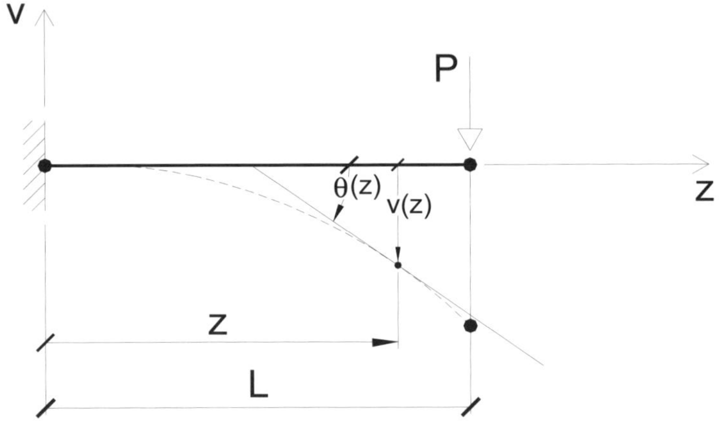

Figura 4.4 Viga em balanço submetida a uma carga concentrada

Resolução:

1) Equação do momento fletor determinada para uma seção à distância z da origem.

$$M_x(z) = -P(l - z), \qquad 0 \leq z \leq L$$

2) Aplicação da equação diferencial da linha elástica (4.11).

$$E.I_x \frac{d^2v}{dz^2} = M_x(z)$$

$$E.I_x \frac{d^2v}{dz^2} = -P(l - z)$$

$$E.I_x \frac{d^2v}{dz^2} = -Pl + Pz$$

3) Integrando continuadamente, tem-se a equação da rotação e da linha elástica.

$$E.I_x \frac{dv}{dz} = E.I_x\theta(z) = -Plz + \frac{P}{2}z^2 + C_1$$

$$E.I_x.v = -\frac{Pl}{2}z^2 + \frac{P}{6}z^3 + C_1.z + C_2$$

4) Condições de contorno para rotação e deformação.

$$\theta(0) = \frac{dv}{dz} = 0$$

Retornando à equação da rotação.

$$C_1 = 0$$
$$v(0) = 0$$

Retornando à equação da deformação.

$$C_2 = 0$$

Substituindo o valor de C_1, chega-se à equação da rotação.

$$\theta(z) = \frac{1}{E.I_x}\left(\frac{P}{2}z^2 - Plz\right)$$

5) Substituindo o valor de C_2, chega-se à equação da linha elástica.

$$v(z) = \frac{1}{E.I_x}\left(\frac{P}{6}z^3 - \frac{Pl}{2}z^2\right)$$

6) O valor máximo da rotação ocorre em $z = l$.

$$\theta(l) = \frac{1}{E.I_x}\left(\frac{P}{2}l^2 - Pl.l\right)$$

$$\theta(l) = -\frac{Pl^2}{2.E.I_x}$$

O sinal negativo indica que a rotação ocorre no sentido anti-horário do eixo z.

7) O valor máximo da deformação ocorre em $z = l$.

$$v(l) = \frac{1}{E.I_x}\left(\frac{P}{6}l^3 - \frac{Pl}{2}l^2\right)$$

$$v(l) = \frac{1}{E.I_x}\left(\frac{P}{6}l^3 - \frac{3P}{6}l^3\right)$$

$$v(l) = -\frac{Pl^3}{3.E.I_x}$$

O sinal negativo indica que a deformação ocorre para baixo, ou seja, no sentido oposto ao do eixo v.

Exemplo 4.2

Considerando o Exemplo E4.2, determine valores da rotação e da deformação máxima para a viga em balanço apresentada pela Figura 4.5.

Dados: E = 200.000 MPa, I_x = 213.700.000 mm^4 (W460 x 52).

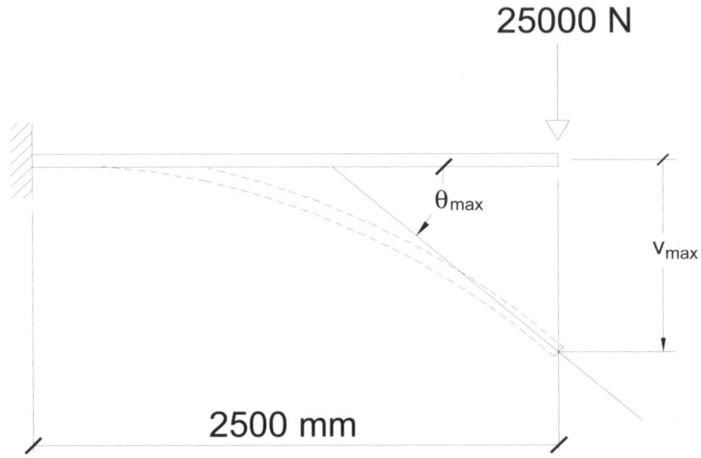

Figura 4.5 Viga em balanço engastada submetida à carga concentrada

Resolução:

1) Rotação máxima na extremidade do balanço.

$$\theta_{max} = -\frac{Pl^2}{2.E.I_x} = -\frac{25000.2500^2}{2.200000.213700000}$$

$$\theta_{max} = -0{,}00183\, rad \curvearrowright \therefore \theta_{max} = -0{,}105^0 \curvearrowright$$

2) Deformação máxima na extremidade do balanço.

$$v_{\max} = -\frac{Pl^3}{3.E.I_x} = -\frac{25000.2500^3}{3.200000.213700000}$$

$$v_{\max} = -4{,}57 \text{ mm} \downarrow$$

Exemplo 4.3

Determine a equação da linha elástica, da rotação e os valores máximos para a viga biapoiada de comprimento l submetida a uma carga distribuída Q, conforme a Figura 4.6.

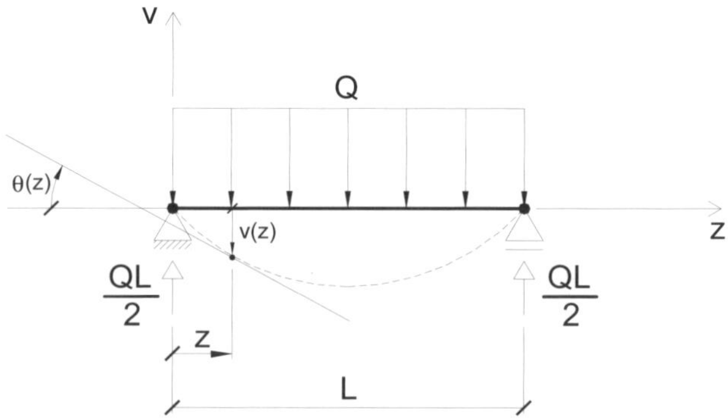

Figura 4.6 Viga biapoiada submetida a uma carga distribuída

Resolução:

1) Reações de apoio: trata-se de um carregamento simétrico, sendo o efeito do carregamento Q ao longo do comprimento L igualmente distribuído entre os apoios. Assim, as reações de apoio são iguais a $\frac{QL}{2}$ *em ambos os apoios.*

2) Equação do momento fletor determinada para uma seção à distância z da origem.

$$M_x(z) = \frac{QL}{2}z - \frac{Q}{2}z^2, \qquad 0 \leq z \leq L$$

3) Aplicação da equação diferencial da linha elástica (4.11).

$$E.I_x\frac{d^2v}{dz^2} = M_x(z)$$

$$E.I_x\frac{d^2v}{dz^2} = \frac{QL}{2}z - \frac{Q}{2}z^2$$

4) Integrando continuadamente, tem-se a equação da rotação e linha elástica.

$$E.I_x\frac{dv}{dz} = E.I_x\theta(z) = \frac{Ql}{4}z^2 - \frac{Q}{6}z^3 + C_1$$

$$E.I_x.v = \frac{Ql}{12}z^3 - \frac{Q}{24}z^4 + C_1.z + C_2$$

5) Por simetria, é conhecida a rotação no centro do vão.

$$\theta\left(\frac{l}{2}\right) = \frac{dv}{dz} = 0$$

Retornando à equação da rotação.

$$0 = \frac{Ql}{4}\left(\frac{l}{2}\right)^2 - \frac{Q}{6}\left(\frac{l}{2}\right)^3 + C_1$$

$$C_1 = \frac{Ql^3}{48} - \frac{Ql^3}{16}$$

$$C_1 = -\frac{Ql^3}{24}$$

A deformação no apoio é nula.

$$v(0) = 0$$

Retornando à equação da deformação:

$$C_2 = 0$$

6) Substituindo o valor de C_1, chega-se à equação da rotação.

$$\theta(z) = \frac{1}{E.I_x}\left(\frac{Ql}{4}z^2 - \frac{Q}{6}z^3 - \frac{Ql^3}{24}\right)$$

7) Substituindo os valores encontrados de C_1 e C_2, chega-se à equação da linha elástica.

$$v(z) = \frac{1}{E.I_x}\left(\frac{Ql}{12}z^3 - \frac{Q}{24}z^4 - \frac{Ql^3}{24}z\right)$$

8) Os valores máximos absolutos das rotações ocorrem nos apoios em que $z = 0$ e $z = l$.

$$\theta(0) = \frac{1}{E.I_x}\left(-\frac{Ql^3}{24}\right)$$

$$\theta(0) = -\frac{Ql^3}{24.E.I_x}$$

$$\theta(l) = +\frac{Ql^3}{24.E.I_x}$$

O sinal negativo indica que a rotação ocorre no sentido horário a partir do eixo z, e o sinal positivo no sentido anti-horário.

9) O valor máximo da deformação ocorre quando $\frac{dv}{dz} = 0$*, ou seja, no centro do vão, na ordenada* $z = \frac{l}{2}$.

$$v\left(\frac{l}{2}\right) = \frac{1}{E.I_x}\left[\frac{Ql}{12}\left(\frac{l}{2}\right)^3 - \frac{Q}{24}\left(\frac{l}{2}\right)^4 - \frac{Ql^3}{24}\left(\frac{l}{2}\right)\right]$$

$$v\left(\frac{l}{2}\right) = \frac{1}{E.I_x}\left(\frac{Ql^4}{96} - \frac{Ql^4}{384} - \frac{Ql^4}{48}\right)$$

$$v\left(\frac{l}{2}\right) = -\frac{5.Ql^4}{384.E.I_x}$$

O sinal negativo indica que a deformação ocorre para baixo, no sentido oposto ao do eixo v.

Exemplo 4.4

Considerando o Exemplo 4.3, determine valores da rotação e da deformação máxima para a viga biapoiada apresentada pela Figura 4.7.

Dados: E = 200.000 MPa, I_x = 213.700.000 mm⁴ (W460 x 52).

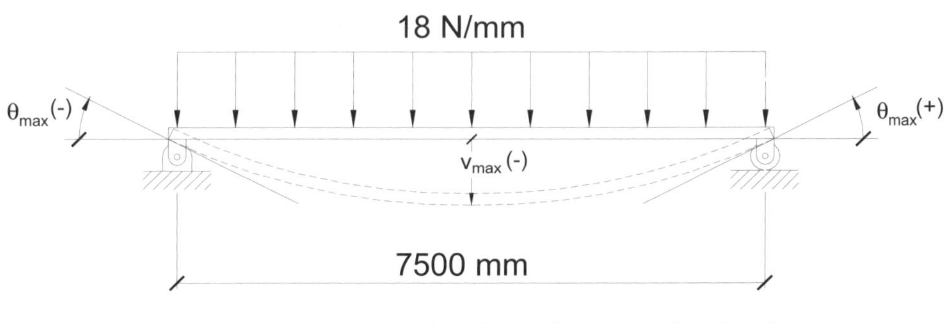

Figura 4.7 Viga biapoiada submetida à carga distribuída

Resolução:

1) Rotação máxima nos apoios.

$$\theta_{max} = \pm\frac{Ql^3}{24.E.I_x} = \pm\frac{18.7500^3}{24.200000.213700000}$$

$$\theta_{max} = \pm\, 0{,}00740\, rad \qquad \therefore \qquad \theta_{max} = \pm\, 0{,}424^0$$

2) Deformação máxima no centro do vão.

$$v_{\max} = -\frac{5.Ql^4}{384.E.I_x} = -\frac{5.18.7500^4}{384.200000.213700000}$$

$$v_{\max} = -\,17{,}35\ \text{mm} \downarrow$$

Exemplo 4.5

Determine a equação da linha elástica, da rotação e os valores máximos para a viga biapoiada de comprimento l submetida a uma carga linearmente distribuída, de zero nos apoios, até Q no centro do vão, conforme a Figura 4.8 que segue.

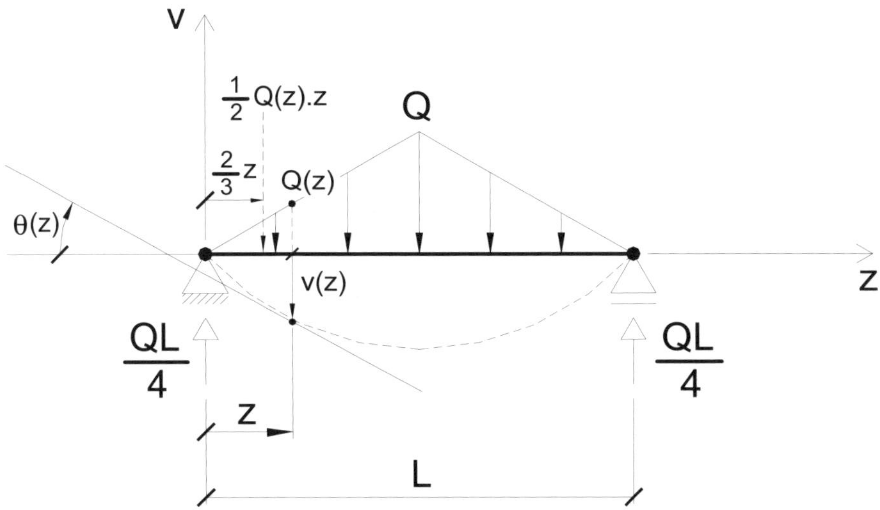

Figura 4.8 Viga biapoiada submetida a uma carga linearmente distribuída

Resolução:

1) Trata-se de um carregamento simétrico, cujo efeito linear ao longo do comprimento é igualmente distribuído entre os apoios. Assim, as reações de apoio são iguais a $\frac{QL}{4}$ *para ambos os apoios.*

2) Equações da carga e do momento fletor determinadas para uma seção à distância z da origem. A função do carregamento é descontínua em $\frac{L}{2}$, centro do vão. Assim, definem-se os domínios das funções da carga e do momento fletor que são contínuas apenas entre os apoios e o centro do vão. Nesse caso, será tomado o segmento entre o apoio da origem e o centro do vão. Aplicando a semelhança de triângulo, chega-se à equação do carregamento.

$$\frac{Q(z)}{z} = \frac{Q}{\frac{l}{2}}$$

$$Q(z) = \frac{2Qz}{l}, \qquad 0 \leq z \leq \frac{L}{2}$$

Definida a função de carregamento, é determinada a equação dos momentos fletores.

$$M_x(z) = \frac{Ql}{4}z - \frac{1}{2}.Q(z).z.\frac{1}{3}z, \qquad 0 \leq z \leq \frac{L}{2}$$

Substitui-se a função de carregamento na equação dos momentos fletores.

$$M_x(z) = \frac{Ql}{4}z - \frac{1}{2}.\frac{2Qz}{l}.z.\frac{1}{3}z$$

Chega-se à função dos momentos fletores em termos dos parâmetros.

$$M_x(z) = \frac{Ql}{4}z - \frac{Q}{3l}z^3, \qquad 0 \leq z \leq \frac{L}{2}$$

3) Aplicação da equação diferencial da linha elástica (4.11).

$$E.I_x\frac{d^2v}{dz^2} = M_x(z)$$

$$E.I_x\frac{d^2v}{dz^2} = \frac{Ql}{4}z - \frac{Q}{3l}z^3$$

4) Integrando continuadamente, tem-se a equação da rotação e da linha elástica.

$$E.I_x\frac{dv}{dz} = E.I_x\theta(z) = \frac{Ql}{8}z^2 - \frac{Q}{12l}z^4 + C_1$$

$$E.I_x.v = \frac{Ql}{24}z^3 - \frac{Q}{60l}z^5 + C_1.z + C_2$$

5) Por simetria, é conhecida a rotação no centro do vão.

$$\theta\left(\frac{l}{2}\right) = \frac{dv}{dz} = 0$$

Retornando à equação da rotação.

$$0 = \frac{Ql}{8}\left(\frac{l}{2}\right)^2 - \frac{Q}{12l}\left(\frac{l}{2}\right)^4 + C_1$$

$$C_1 = \frac{Ql^3}{192} - \frac{Ql^3}{32}$$

$$C_1 = -\frac{5Ql^3}{192}$$

A deformação no apoio é nula.

$$v(0) = 0$$

Retornando à equação da deformação.

$$C_2 = 0$$

6) Substituindo o valor de C_1, chega-se à equação da rotação.

$$\theta(z) = \frac{1}{E.I_x}\left(\frac{Ql}{8}z^2 - \frac{Q}{12l}z^4 - \frac{5Ql^3}{192}\right)$$

7) Substituindo os valores encontrados de C_1 e C_2, chega-se à equação da linha elástica.

$$v(z) = \frac{1}{E.I_x}\left(\frac{Ql}{24}z^3 - \frac{Q}{60l}z^5 - \frac{5Ql^3}{192}.z\right)$$

8) Os valores máximos absolutos das rotações ocorrem nos apoios em que $z = 0$ e $z = l$.

$$\theta(0) = \frac{1}{E.I_x}\left(-\frac{5Ql^3}{192}\right)$$

$$\theta(0) = -\frac{5Ql^3}{192.E.I_x}$$

$$\theta(l) = +\frac{5Ql^3}{192.E.I_x}$$

O sinal negativo indica que a rotação ocorre no sentido horário a partir do eixo z, e o sinal positivo no sentido anti-horário.

9) O valor máximo da deformação ocorre quando $\frac{dv}{dz} = 0$, ou seja, no centro do vão, na ordenada $z = \frac{l}{2}$.

$$v\left(\frac{l}{2}\right) = \frac{1}{E.I_x}\left[\frac{Ql}{24}\left(\frac{l}{2}\right)^3 - \frac{Q}{60l}\left(\frac{l}{2}\right)^5 - \frac{5Ql^3}{192}\left(\frac{l}{2}\right)\right]$$

$$v\left(\frac{l}{2}\right) = \frac{1}{E.I_x}\left(\frac{Ql^4}{192} - \frac{Ql^4}{1920} - \frac{5Ql^4}{384}\right)$$

$$v\left(\frac{l}{2}\right) = -\frac{Ql^4}{120.E.I_x}$$

O sinal negativo indica que a deformação ocorre para baixo, no sentido oposto ao do eixo v.

Exemplo 4.6

Determine a equação da linha elástica, da rotação e os valores máximos para a viga biapoiada de comprimento l submetida a uma carga concentrada P, posicionada à distância $\frac{l}{3}$ do primeiro apoio, conforme a Figura 4.9.

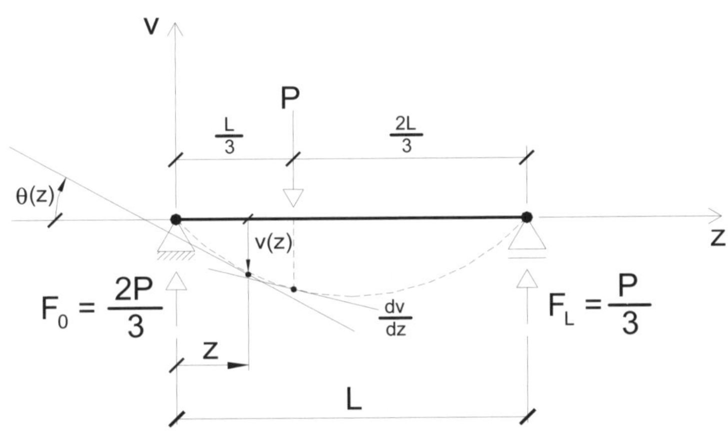

Figura 4.9 Viga biapoiada submetida a uma carga concentrada a um terço do apoio

Resolução:

1) Reações de apoio determinadas pelo momento resultante nulo no apoio da origem e da força resultante vertical igual a zero.

$$l = 0\,, \qquad \sum M_0 = 0$$

$$F_L.l - P\frac{l}{3} = 0 \qquad \therefore \qquad F_L = \frac{P}{3}$$

$$\sum F_V = 0$$

$$F_0 + \frac{P}{3} - P = 0 \quad \therefore \quad F_L = \frac{2P}{3}$$

2) Equações dos momentos fletores. Conforme pode ser observado, em virtude da carga concentrada, haverá descontinuidade na função dos momentos fletores no ponto de aplicação. Assim, a função terá dois domínios: um do apoio da origem até o ponto de aplicação da carga $z = \frac{L}{2}$*, e outro do ponto de aplicação da carga até o segundo apoio* $z = L$*.*

$$M_x(z) = \frac{2P}{3} z \,, \qquad 0 \leq z \leq \frac{L}{3}$$

$$M_x(z) = \frac{P}{3}(L - z), \qquad \frac{L}{3} \leq z \leq L$$

3) Aplicação da equação diferencial da linha elástica (4.11).

$$E.I_x \frac{d^2v}{dz^2} = M_x(z)$$

$$E.I_x \frac{d^2v}{dz^2} = \frac{2P}{3} z \,, \quad 0 \leq z \leq \frac{L}{3}$$

$$E.I_x \frac{d^2v}{dz^2} = \frac{P}{3}(L - z) \,, \quad \frac{L}{3} \leq z \leq L$$

4) Integrando continuadamente, tem-se a equação da rotação e da linha elástica.

$$E.I_x \frac{dv}{dz} = E.I_x \theta(z) = \frac{P}{3} z^2 + C_1 \,, \quad 0 \leq z \leq \frac{L}{3}$$

$$E.I_x . v = \frac{P}{9} z^3 + C_1 . z + C_2$$

$$E.I_x \frac{dv}{dz} = E.I_x \theta(z) = \frac{PL}{3} z - \frac{P}{6} z^2 + C_3 \,, \quad \frac{L}{3} \leq z \leq L$$

$$E.I_x . v = \frac{PL}{6} z^2 - \frac{P}{18} z^3 + C_3 . z + C_4$$

5) A deformação no apoio é nula.

$$v(0) = 0$$

$$v(L) = 0$$

Retornando à equação da deformação.

$$C_2 = 0$$
$$0 = \frac{PL}{6}L^2 - \frac{P}{18}L^3 + C_3.L + C_4$$
$$0 = \frac{P}{6}L^3 - \frac{P}{18}L^3 + C_3.L + C_4 \qquad \text{(I)}$$

A rotação da linha elástica no ponto de aplicação da carga, $\theta\left(\frac{l}{3}\right)$, é mesma para ambos os domínios.

$$\frac{P}{3}z^2 + C_1 = \frac{PL}{3}z - \frac{P}{6}z^2 + C_3$$
$$\frac{P}{3}\left(\frac{l}{3}\right)^2 + C_1 = \frac{PL}{3}\left(\frac{l}{3}\right) - \frac{P}{6}\left(\frac{l}{3}\right)^2 + C_3$$
$$\frac{P}{27}L^2 + C_1 = \frac{P}{9}L^2 - \frac{P}{54}L^2 + C_3 \qquad \text{(II)}$$

A deformação no ponto de aplicação da carga, $v\left(\frac{l}{3}\right)$, também é igual para ambos os domínios.

$$\frac{P}{9}z^3 + C_1.z = \frac{PL}{6}z^2 - \frac{P}{18}z^3 + C_3.z + C_4$$
$$\frac{P}{9}\left(\frac{l}{3}\right)^3 + C_1.\left(\frac{l}{3}\right) = \frac{PL}{6}\left(\frac{l}{3}\right)^2 - \frac{P}{18}\left(\frac{l}{3}\right)^3 + C_3.\left(\frac{l}{3}\right) + C_4$$
$$\frac{P}{243}L^3 + C_1.\left(\frac{l}{3}\right) = \frac{P}{54}L^3 - \frac{P}{486}L^3 + C_3.\left(\frac{l}{3}\right) + C_4 \qquad \text{(III)}$$

Dividindo a equação (III) por $\left(-\frac{l}{3}\right)$ e somando com a equação (II).

$$\frac{P}{27}L^2 - \frac{P}{81}L^2 = \frac{P}{9}L^2 - \frac{P}{54}L^2 - \frac{P}{18}L^2 + \frac{P}{162}L^2 + \frac{C_4}{\left(-\frac{l}{3}\right)}$$
$$\frac{C_4}{\left(\frac{l}{3}\right)} = -\frac{P}{27}L^2 + \frac{P}{81}L^2 + \frac{P}{9}L^2 - \frac{P}{54}L^2 - \frac{P}{18}L^2 + \frac{P}{162}L^2$$
$$C_4 = +\frac{P}{54}L^2.\left(\frac{l}{3}\right)$$
$$C_4 = +\frac{P}{162}L^3$$

6) Retorna-se o valor de C_4 na equação (I) e substituindo o valor C_3 na equação (II), chega-se à equação da rotação.

$$C_3 = -\frac{P}{6}L^2 + \frac{P}{18}L^2 - \frac{P}{162}L^2$$
$$C_3 = -\frac{19P}{162}L^2$$
$$C_1 = \frac{P}{9}L^2 - \frac{P}{54}L^2 - \frac{19P}{162}L^2 - \frac{P}{27}L^2$$
$$C_1 = -\frac{10P}{162}L^2$$
$$\theta(z) = \frac{1}{E.I_x}\left(\frac{P}{3}z^2 - \frac{10P}{162}L^2\right), \qquad 0 \le z \le \frac{L}{3}$$
$$\theta(z) = \frac{1}{E.I_x}\left(\frac{PL}{3}z - \frac{P}{6}z^2 - \frac{19P}{162}L^2\right), \qquad \frac{L}{3} \le z \le L$$

7) Substituindo os valores das constantes de integração, chega-se à equação da linha elástica.

$$v(z) = \frac{1}{E.I_x}\left(\frac{P}{9}z^3 - \frac{10P}{162}L^2 . z\right), \qquad 0 \le z \le \frac{L}{3}$$
$$v(z) = \frac{1}{E.I_x}\left(\frac{PL}{6}z^2 - \frac{P}{18}z^3 - \frac{19P}{162}L^2 . z + \frac{P}{162}L^3\right), \qquad \frac{L}{3} \le z \le L$$

8) A deformação máxima é observada na ordenada z do intervalo $\frac{L}{3} \le z \le L$ em que a rotação é nula, $\theta(z) = 0$.

$$0 = \frac{PL}{3}z - \frac{P}{6}z^2 - \frac{19P}{162}L^2 \qquad \div \frac{P}{6}$$
$$z^2 - 2Lz + \frac{19}{27}L^2 = 0$$
$$z = \frac{2L \pm \sqrt{(2L)^2 - 4.1.\frac{19}{27}L^2}}{2} \therefore \begin{cases} z_1 = 1{,}5443.L & \notin R \\ z_2 = 0{,}4557.L & \in R \end{cases}$$
$$v(z) = \frac{1}{E.I_x}\left(\frac{PL}{6}(0{,}4557.L)^2 - \frac{P}{18}(0{,}4557.L)^3 - \frac{19P}{162}L^2.(0{,}4557.L) + \frac{P}{162}L^3\right)$$
$$v(z) = -0{,}01792\frac{PL^3}{E.I_x}$$

9) O valor máximo absoluto da rotação ocorre no apoio em que $z = 0$.

$$\theta(z) = -\frac{19PL^2}{162.E.I_x}$$

5. FLAMBAGEM

A flambagem pode ser definida como a instabilidade de um elemento unidimensional provocada por uma deformação transversal depois de solicitado à carga axial de compressão. A fenomenologia pode ser facilmente percebida quando comprimimos com as mãos uma haste de bambu, simplesmente apoiada nas extremidades, como apresenta a Figura 5.1 (a). Aparecem as duas possíveis formas de deformação transversal: flechas para a direita, na Figura 5.1 (b), e para a esquerda, na Figura 5.1 (c).

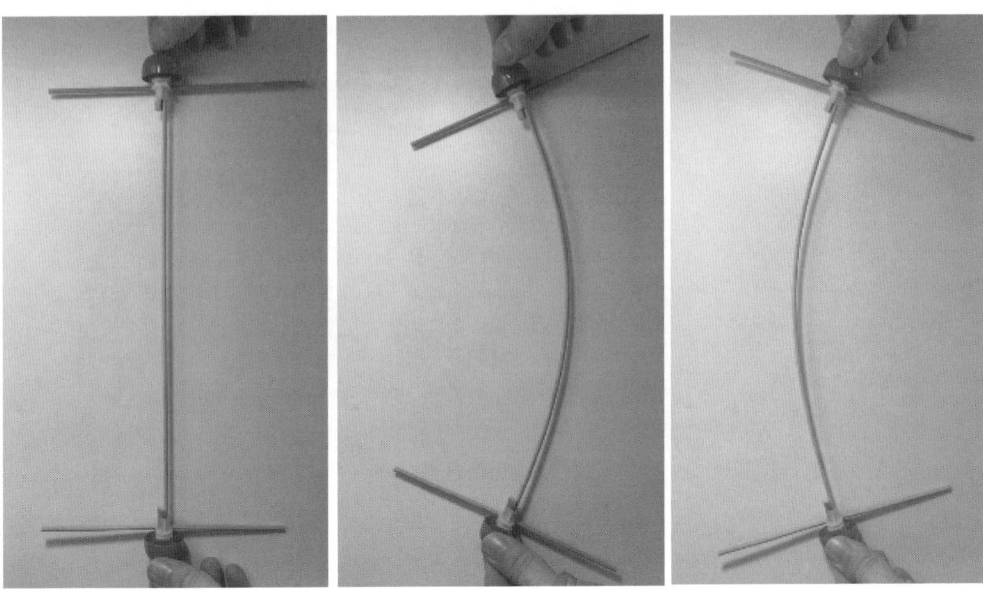

(a) (b) (c)

Figura 5.1 Observação da deformação transversal de uma haste de bambu comprimida

No dimensionamento e na verificação de elementos estruturais comprimidos, deve-se considerar esse efeito de flambagem, o qual pode impactar fortemente nos resultados.

5.1. MODELO DA COLUNA IDEAL

O modelo da coluna ideal foi proposto por Leonhard Euler (1744). É amplamente aplicado para previsão das cargas limites em coluna, sendo considerado nos critérios recomendados por diversas normas técnicas e baseia-se nas seguintes hipóteses:

- o elemento é perfeitamente reto antes da aplicação do carregamento;
- a carga de compressão é única e aplicada diretamente no centroide da seção transversal do elemento, não havendo inicialmente qualquer excentricidade;
- é constituída de material homogêneo, isotrópico e com comportamento elástico linear, sendo válida a lei de Hooke;
- a flambagem ocorre em um único plano.

Seja o elemento comprimido inicialmente indeformado, posicionado no sistema de referências, apresentado pela Figura 5.2. Após a aplicação da carga pontual P no centroide, esse elemento sofre na coordenada z a deformação transversal v(z).

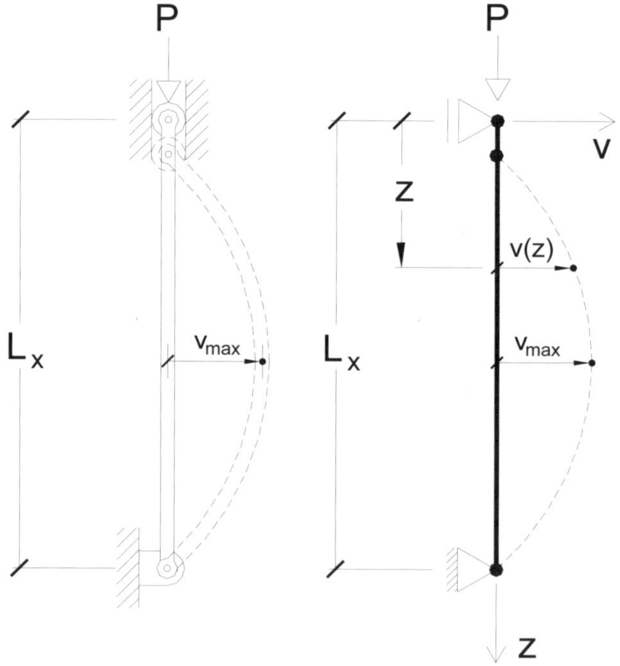

Figura 5.2 Coluna ideal

A deformação transversal v provoca excentricidade na carga pontual P; na ordenada z, passa a existir, na seção do elemento, também momento fletor $M_x(z)$, determinado pela equação (5.1).

$$M_x(z) = -P.v \quad (5.1)$$

Assim, por meio do momento, é determinada a equação diferencial da linha elástica.

$$E.I_x \frac{d^2v}{dz^2} = M_x(z) \quad (5.2)$$

$$E.I_x \frac{d^2v}{dz^2} = -P.v \quad (5.3)$$

$$E.I_x \frac{d^2v}{dz^2} = \frac{-P}{E.I_x} v \quad (5.4)$$

$$\frac{d^2v}{dz^2} + \frac{P}{E.I_x} v = 0 \quad (5.5)$$

$$v'' + 0.v' + \frac{P}{E.I_x} v = 0 \quad (5.6)$$

Trata-se de uma equação diferencial ordinária (EDO) de segunda ordem incompleta com solução analiticamente conhecida. Os parâmetros são determinados pela solução da correspondente equação característica do segundo grau.

$$s^2 + 0.s + \frac{P}{E.I_x} = 0 \quad (5.7)$$

$$s^2 = -\frac{P}{E.I_x} \quad (5.8)$$

$$s = \pm\sqrt{-\frac{P}{E.I_x}} \quad (5.9)$$

$$s = \pm\sqrt{\frac{P}{E.I_x}}\, i \quad (5.10)$$

Observe que as raízes possuem parte real nula, $\alpha = 0$, e parte imaginária $\beta = \sqrt{\frac{P}{E.I_x}}$. Substituem-se tais parâmetros na solução conhecida para integrar a EDO.

$$v(z) = e^{\alpha z}(C_1.sen\beta z + C_2.cos\beta z) \quad (5.11)$$

$$v(z) = C_1.sen\sqrt{\frac{P}{E.I_x}}z + C_2.cos\sqrt{\frac{P}{E.I_x}}z \quad (5.12)$$

Resta a determinação das constantes de integração C_1 *e* C_2. Aplicam-se as condições de contorno na EDO, sendo conhecido que as deformações nos apoios são nulas.

$$v(0) = 0 \quad (5.13)$$

$$v(l_x) = 0 \quad (5.14)$$

Retorna-se com as condições de contorno na solução da EDO, equação (5.12).

$$0 = C_1.sen\sqrt{\frac{P}{E.I_x}}0 + C_2.cos\sqrt{\frac{P}{E.I_x}}0 \quad (5.15)$$

$$0 = C_2.\cos 0 \quad (5.16)$$

$$C_2 = 0 \quad (5.17)$$

$$0 = C_1.sen\sqrt{\frac{P}{E.I_x}}l_x \quad (5.18)$$

Para que $C_1 \neq 0$ e a solução seja determinada, é necessário que a segunda parte do produto seja nula.

$$sen\sqrt{\frac{P}{E.I_x}}l_x = 0 \quad (5.19)$$

São infinitos os arcos cujos valores de seno são nulos. Entretanto, todos são múltiplos inteiros de π.

$$n.\pi = \sqrt{\frac{P}{E.I_x}}l_x \qquad \text{em que:} \qquad n = 0,1,2,\ldots \quad (5.20)$$

Chega-se ao valor de P em termos dos parâmetros físicos e geométricos do elemento.

$$P = \frac{n^2\pi^2}{{l_x}^2}E.I_x \quad (5.21)$$

Retorna-se na equação (5.12) com o arco normalizado nas equações (5.20) e (5.21) e determina-se a deformação.

$$v(z) = C_1 . sen \frac{n.\pi}{l_x} z \tag{5.22}$$

Observe que a constante de integração C_1 corresponde à deformação máxima v_{max}, sendo matematicamente possível n formas para a função, conforme apresenta a Figura 5.3.

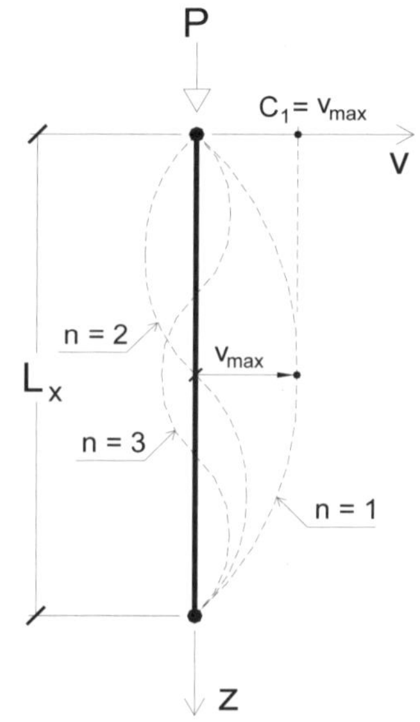

Figura 5.3 Possibilidades da função de deformação

A deformação máxima ocorre quando $n = 1$. Chega-se à equação da deflexão, equação (5.23), e à carga crítica de flambagem P_{cr} para a coluna ideal em termos dos parâmetros do elemento, equação (5.24).

$$v(z) = v_{max} . sen \sqrt{\frac{P}{E.I_x}} z \tag{5.23}$$

$$P_{cr} = \frac{\pi^2}{{l_x}^2} E . I_x \tag{5.24}$$

As propriedades geométricas da seção transversal são agrupadas em uma única grandeza denominada raio de giração r_x, sendo a área da seção transversal definida por A.

$$r_x = \sqrt{\frac{I_x}{A}} \tag{5.25}$$

Dividindo a equação (5.24) pela área da seção transversal, chega-se à equação da tensão crítica.

$$\frac{P_{cr}}{A} = \frac{\pi^2}{{l_x}^2} E . \frac{I_x}{A} \quad \text{como: } \sigma_{cr} = \frac{P_{cr}}{A} \quad \text{e} \quad {r_x}^2 = \frac{I_x}{A}$$

$$\sigma_{cr} = \frac{\pi^2}{{l_x}^2} E . {r_x}^2 \tag{5.26}$$

Os parâmetros geométricos são consolidados em uma única grandeza denominada esbeltez λ, definida como a razão entre o comprimento de flambagem e o raio de giração.

$$\lambda_x = \frac{l_x}{r_x} \tag{5.27}$$

Retornando na equação (5.26), determina-se a tensão crítica em termos da esbeltez.

$$\sigma_{cr} = \frac{\pi^2}{{l_x}^2} E . r^2$$

$$\sigma_{cr} = \frac{\pi^2}{\frac{{l_x}^2}{{r_x}^2}} E$$

$$\sigma_{cr} = \frac{\pi^2}{\left(\frac{l_x}{r_x}\right)^2} E$$

$$\sigma_{cr} = \frac{\pi^2}{{\lambda_x}^2} E \tag{5.28}$$

Trata-se de uma hipérbole equilátera a tensão crítica em função da esbeltez.

Exemplo 5.1

Determinar os valores mínimos da esbeltez λ para os quais são aplicáveis a equação de Euler. Considerar como limite a tensão de escoamento em tração uniaxial σ_y, sendo os seguintes materiais: a) aço ASTM A-36 → $\sigma_y = 250\ MPa, E = 200\ GPa$; b) aço ASTM A572 grau 50 → $\sigma_y = 350\ MPa, E = 200\ GPa$; c) alumínio ASTM 1050 H14 → $\sigma_y = 70\ MPa, E = 69\ GPa$.

Resolução:

$$\sigma_{cr\,(\text{material})} = \frac{\pi^2}{\lambda_x{}^2{}_{(\text{material})}} E_{(\text{material})}$$

$$\lambda_{(\text{material})} = \sqrt{\frac{\pi^2}{\sigma_{y\,(\text{material})}} E_{(\text{material})}}$$

a) Aço ASTM A-36.

$$\lambda_{(a)} = \sqrt{\frac{\pi^2}{\sigma_{y_{(a)}}} E_{(a)}} = \sqrt{\frac{\pi^2}{250} 200000} \quad \therefore \quad \lambda_{(a)} = 89$$

b) Aço ASTM A572 grau 50.

$$\lambda_{(b)} = \sqrt{\frac{\pi^2}{\sigma_{y_{(b)}}} E_{(b)}} = \sqrt{\frac{\pi^2}{350} 200000} \quad \therefore \quad \lambda_{(b)} = 75$$

c) Alumínio ASTM 1050 H14.

$$\lambda_{(b)} = \sqrt{\frac{\pi^2}{\sigma_{y_{(b)}}} E_{(b)}} = \sqrt{\frac{\pi^2}{70} 69000} \quad \therefore \quad \lambda_{(c)} = 99$$

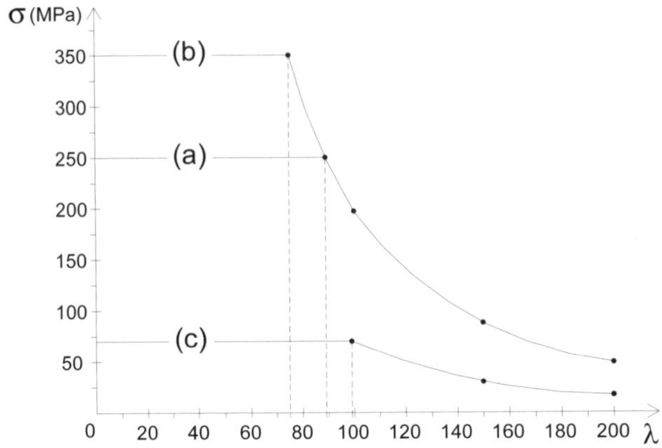

Figura 5.4 Curvas das tensões de compressão para os materiais indicados no Exemplo 5.1

Exemplo 5.2

Seja o elemento comprimido de 6 m de comprimento, formado por um tubo de aço ASTM A36, conforme a seção transversal apresentada pela Figura 5.5. Determinar: a) a tensão crítica; b) a carga máxima que poderá suportar o elemento sem que sofra flambagem.

Dados: L = 6 m; D = 100 mm; t = 6,3 mm; aço ASTM A-36 → $\sigma_y = 250\ MPa$, $E = 200\ GPa$.

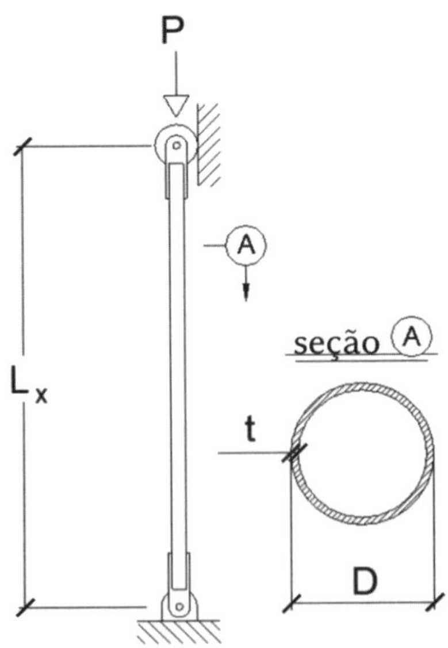

Figura 5.5 Elemento comprimido trabalhando como coluna ideal

Resolução:

Determinação das propriedades geométricas da seção:

$$A = \frac{\pi}{4}D^2 - \frac{\pi}{4}(D - 2.t)^2 = \frac{\pi}{4}100^2 - \frac{\pi}{4}(100 - 2.6,3)^2 = 1855 \text{ mm}^2$$

$$I_x = \frac{\pi}{64}D^4 - \frac{\pi}{64}(D - 2.t)^4 = \frac{\pi}{64}100^4 - \frac{\pi}{64}(100 - 2.6,3)^4 = 2044457 \text{ mm}^4$$

$$r_x = \sqrt{\frac{I_x}{A}} = \sqrt{\frac{2044457}{1855}} = 33,2 \text{ mm}$$

$$\lambda_x = \frac{l_x}{r_x} = \frac{6000}{33,2} = 181$$

a) Tensão crítica.

$$\sigma_{cr} = \frac{\pi^2}{181^2}200000 \quad \therefore \quad \sigma_{cr} = 60,3MPa$$

b) Carga máxima sem que ocorra flambagem.

$$P_{cr} = \sigma_{cr}.A = 60,3.1855 \quad \therefore \quad P_{cr} = 111856\,N$$

5.2. DIVERSOS TIPOS DE APOIO

Embora o modelo da coluna ideal considere que os apoios são articulações perfeitas nas extremidades de elementos comprimidos, no desenvolvimento de projetos, é comum deparar-se com condições de vínculos distintos destes. Estudando o comportamento das hastes de bambu, apresentadas pela Figura 5.6 como elemento submetido à compressão, é possível observar que o comprimento de flambagem se altera em virtude das condições dos apoios, sendo distinto do comprimento geométrico l_x. Define-se, então, o comprimento efetivo como uma fração k_x do comprimento geométrico do elemento numa direção qualquer x.

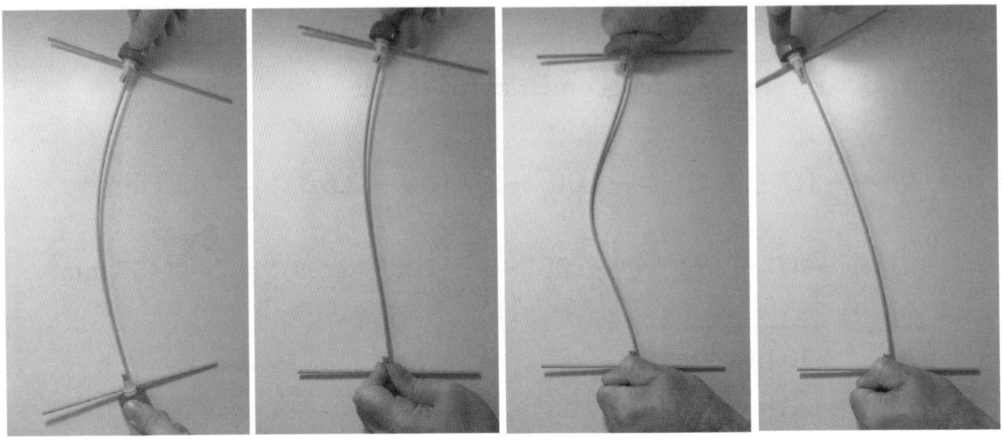

(a) (b) (c) (d)

Figura 5.6 Observações do comprimento efetivo de flambagem em hastes de bambu

$$l_{x_{ef}} = k_x . l_x \tag{5.29}$$

A Figura 5.6 (a) mostra o comportamento de uma haste rotulada em ambas as extremidades, caso em que o comprimento efetivo se assemelha ao comprimento geométrico do elemento, portanto, $k_x = 1$. Na sequência, a Figura 5.6 (b) apresenta o comportamento de um elemento comprimido com a extremidade inferior restrita à rotação e à translação (engastada) e a extremidade superior articulada. Observa-se que o comprimento efetivo é próximo de 70% do comprimento geométrico, assim, k_x = 0,7. A Figura 5.6 (c) apresenta uma haste comprimida engastada em ambas as extremidades, inferior e superior. A observação revela que o comprimento efetivo nesse caso é próximo da metade do comprimento geométrico, portanto, define-se k_x = 0,5. Outra hipótese investigada é a apresentada pela Figura 5.6 (d), em que a extremidade inferior permanece restrita ao movimento (engastada) e a extremidade superior livre para movimentar-se. Conforme pode ser observado, o comprimento efetivo de flambagem é o dobro do comprimento geométrico do elemento comprimido, portanto, k_x = 2. As restrições impostas pelos vínculos reais variam das condições idealizadas, sendo comum que as normas técnicas recomendem valores maiores que os teóricos para que possam ser cobertas eventuais divergências. A Figura 5.7 traz os modelos idealizados e respectivos fatores k_x recomendados ao uso em projetos de engenharia.

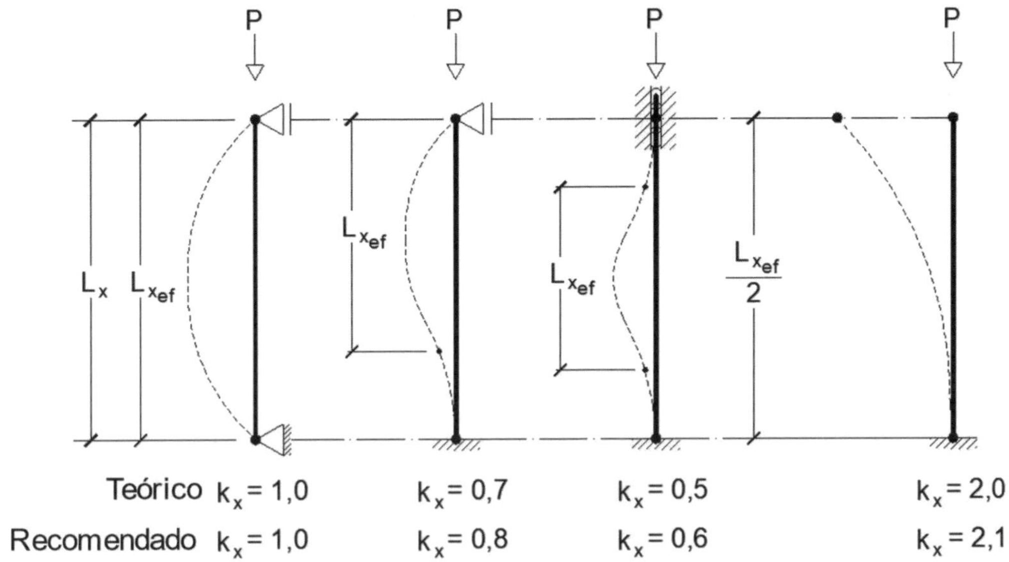

Figura 5.7 Coeficientes de flambagem

Reescrevem-se as equações (5.24), (5.26) e (5.27), aplicando os coeficientes de flambagem k.

$$P_{cr} = \frac{\pi^2}{(k_x.l_x)^2} E.I_x \tag{5.30}$$

$$\sigma_{cr} = \frac{\pi^2}{(k_x.l_x)^2} E.{r_x}^2 \tag{5.31}$$

$$\lambda_x = \frac{k_x.l_x}{r_x} \tag{5.32}$$

Exemplo 5.3

Uma peça de madeira de seção retangular é usada como coluna, está vinculada na base conforme a seção transversal apresentada pela Figura 5.8 e articulada no topo, ponto de aplicação da carga. Determinar: a) a tensão crítica; b) a carga máxima que poderá suportar o elemento sem que sofra flambagem.

Dados: L = 4 m; h = 120 mm; b = 60 mm; eucalipto (*Eucaliptus Citriodora*).

$\rightarrow \sigma_y = 16\,MPa, E = 13{,}6\,GPa.$

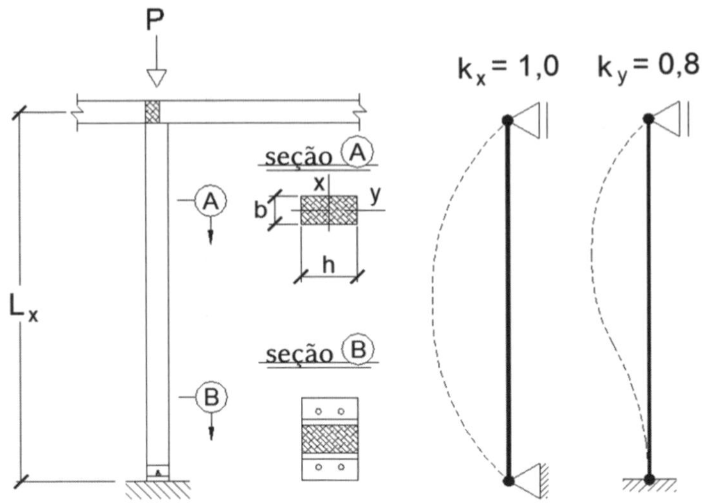

Figura 5.8 Coluna de madeira

Resolução:

Determinação das propriedades geométricas da seção.

$$A = b.h = 60.120 = 7200 \text{ mm}^2$$

$$I_x = \frac{bh^3}{12} = \frac{60.120^3}{12} = 8640000 \text{ mm}^4$$

$$I_y = \frac{hb^3}{12} = \frac{120.60^3}{12} = 2160000 \text{ mm}^4$$

$$r_x = \sqrt{\frac{I_x}{A}} = \sqrt{\frac{8640000}{7200}} = 34{,}6 \text{ mm}$$

$$r_y = \sqrt{\frac{I_y}{A}} = \sqrt{\frac{2160000}{7200}} = 17{,}3 \text{ mm}$$

$$\lambda_x = \frac{k_x.l_x}{r_x} = \frac{1{,}0.4000}{34{,}6} = 116$$

$$\lambda_y = \frac{k_y.l_y}{r_y} = \frac{0{,}8.4000}{17{,}3} = 185$$

A tensão crítica será determinada para a direção de maior esbeltez que fornecerá o menor valor.

a) Tensão crítica.

$$\sigma_{cr} = \frac{\pi^2}{185^2} 13600 \quad \therefore \quad \sigma_{cr} = 3{,}92MPa$$

b) Carga máxima sem que ocorra flambagem.

$$P_{cr} = \sigma_{cr}.A = 3{,}92.7200 \quad \therefore \quad P_{cr} = 28224\,N$$

Exemplo 5.4

Determinar a carga crítica do perfil usado como coluna do equipamento apresentado pela Figura 5.9. Considerar a ligação da base engastada e as demais juntas de ligação entre a coluna e as vigas rotuladas.

Dados: $L_1 = 5$ m; $L_2 = 3$ m; Perfil W200x46,1 (H); $\sigma_y = 350\ MPa, E = 200\ GPa.$

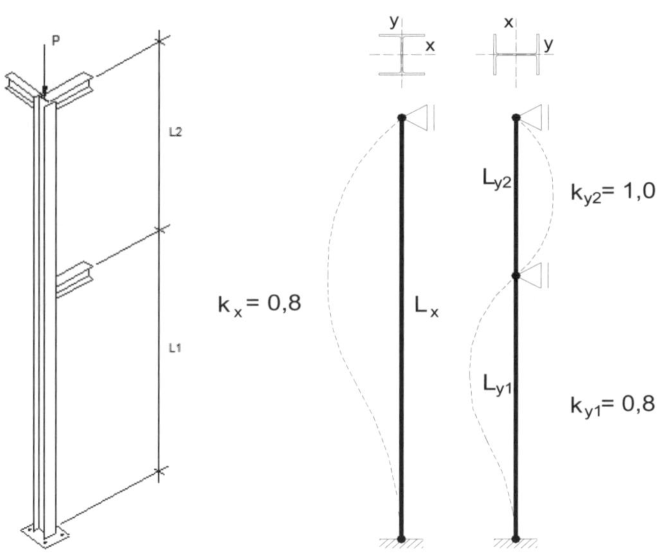

Figura 5.9 Coluna de aço

Resolução:

Propriedades geométricas da seção extraídas da tabela de perfis.

$$A = 58{,}6 \text{ cm}^2 = 5860 \text{ mm}^2$$
$$r_x = 8{,}81 \text{ cm} = 88{,}1 \text{ mm}$$
$$r_y = 5{,}12 \text{ cm} = 51{,}2 \text{ mm}$$

→ Direção x

$$\lambda_x = \frac{k_x.l_x}{r_x} = \frac{0{,}8.8000}{88{,}1} = 72{,}6$$

→ Direção y – tramo 1

$$\lambda_{y1} = \frac{k_{y1}.l_{y1}}{r_y} = \frac{0{,}8.5000}{51{,}2} = 78{,}1 > \lambda_{(A572GR50)} = 75$$

→ Direção y – tramo 2

$$\lambda_{y2} = \frac{k_{y2}.l_{y2}}{r_y} = \frac{1{,}0.3000}{51{,}2} = 58{,}6$$

A tensão crítica será determinada para a direção de maior esbeltez que fornecerá o menor valor. A flambagem ocorrerá prioritariamente no tramo 1 da direção y.

a) Tensão crítica.

$$\sigma_{cr} = \frac{\pi^2}{78{,}1^2}200000 \quad \therefore \quad \sigma_{cr} = 324\ MPa < \sigma_y = 350\ MPa$$

A carga máxima será determinada para a tensão crítica de flambagem, que é menor que a tensão de escoamento do material, fornecendo uma menor carga.

b) Carga máxima sem que ocorra flambagem.

$$P_{cr} = \sigma_{cr}.A = 324.5860 \quad \therefore \quad P_{cr} = 1898640\ N$$

EDIFÍCIOS DE MÚLTIPLOS ANDARES. ANÁLISE ACOPLADA DOS EFEITOS DA INTERAÇÃO DA ESTRUTURA COM O MEIO.

Edifício Maximum

Edifício Topázio

6. ANALISANDO ESTRUTURAS COM O PYTHON ANASTRUCT

A aplicação de recursos computacionais tende a reduzir consideravelmente o tempo de cálculo, permitindo ao projetista de estruturas simular situações diversas, otimizar elementos e componentes, potencializar substancialmente a performance do conjunto e, assim, minimizar custos de construção. Entretanto, é necessária extrema atenção quanto à acurácia dos resultados simulados. Isto porque a construção do modelo discretizado, sobretudo em estruturas com grande número de elementos, pode levar a sistemas de equações mal condicionados e, dependendo do método numérico aplicado na solução, pode apresentar resultados equivocados. Em toda e qualquer análise estrutural, é de suma importância a experiência do profissional, para que os resultados obtidos por meio das simulações sejam corretamente analisados e reflitam de fato o comportamento físico da estrutura.

Para prevenir eventuais distorções, é comum que os resultados em ordem de grandeza sejam até comparados com os obtidos por modelos simplificados calculados manualmente. Neste tópico, estruturas serão estudadas, de modo computacional, pelo anaStruct, uma implementação Python do método dos elementos finitos 2D. O recurso permite realizar análise estrutural de treliças, vigas e pórticos planos, obtendo esforços por meio das correspondentes linhas de estado, deslocamentos em juntas e elementos estruturais, conforme respectiva interação com o meio externo advinda de solicitações e vínculos.

6.1. USO DA IMPLEMENTAÇÃO ANASTRUCT NO PYTHON COM O OBJETO SYSTEMELEMENTS

A instalação é bastante simples. Nos computadores que têm o Python 3 instalado, basta utilizar o comando pip, executando a seguinte linha de comando.

```
pip install anastruct
```

Entretanto, é possível analisar estruturas por meio dessa implementação também de forma remota, via Google, no site https://colab.research.google.com/. Antes da implementação, o anaStruct deve ser carregado com o mesmo comando anterior, acrescentando antes um ponto de exclamação. Executado o comando, a plataforma apresenta a mensagem da instalação conforme a Figura 6.1.

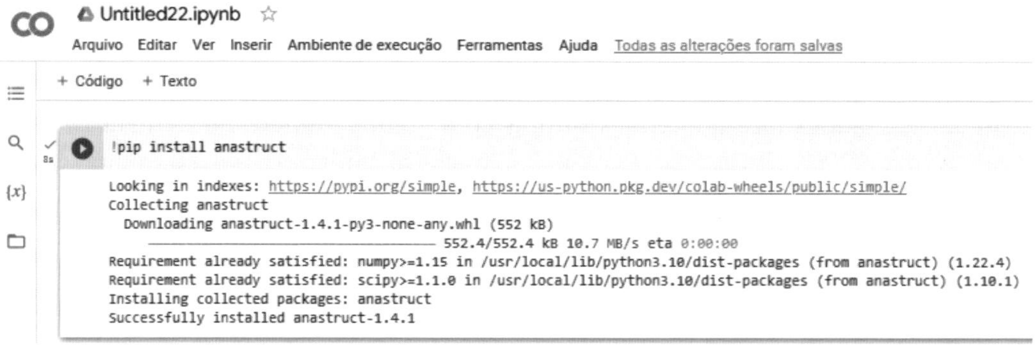

Figura 6.1 Instalação do anaStruct no Google Colab.

Cumprida essa etapa, o compilador estará apto a receber e converter os códigos em Python. A inicialização do código é realizada com a importação do objeto SystemElements. Ele contém todas as funcionalidades para o lançamento e a análise estrutural de forma simples e direta. Para simplificar a chamada e o uso do objeto, é atribuída uma variável, nesse caso, ss.

```
# Importa SystemElements do anastruct
from anastruct import SystemElements
# Atribui SystemElements
ss = SystemElements()
```

6.2. ADICIONANDO ELEMENTOS AO MODELO

O modelo Python trabalha com elementos compostos por duas juntas e seis graus de liberdade. Os elementos são adicionados e reconhecidos pelas coordenadas cartesianas das juntas à ré e avante, recebendo numeração pela sequência de digitação no código, assim como as juntas ordenadas hierarquicamente pelas coordenadas nodais dos elementos. As propriedades físicas e geométricas são informadas nesse mesmo comando, na sequência, por produtos do módulo de elasticidade pela área da seção transversal EA e do módulo de elasticidade pelo momento de inércia relativo à seção transversal no eixo centroidal perpendicular ao plano da estrutura EI. A conectividade é feita pela ordem de informação das coordenadas dos elementos do nó à ré para o nó avante do elemento. Cada nó possui três graus de liberdade, dois à translação nas direções horizontal e vertical e um à rotação perpendicular ao plano da estrutura, conforme apresentado pela Figura 6.2.

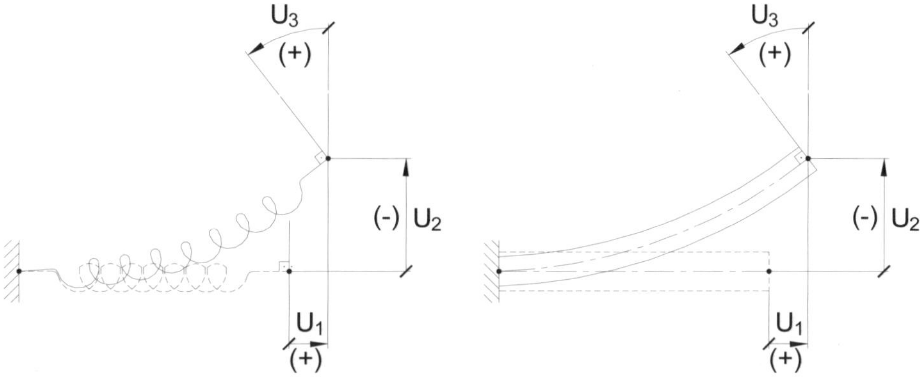

Figura 6.2 Graus de liberdade de uma junta no plano

O Python considera que o deslocamento da junta na direção vertical para baixo é positiva, invertendo o sinal do segundo grau de liberdade do nó. Mantém com sinal positivo o deslocamento horizontal para a direita e a rotação no sentido anti-horário.

Para exemplificar, será feito o lançamento de três elementos de pórtico plano. Do objeto ss, é acionada a função de adicionar elemento por meio da seguinte linha de código, obtendo o lançamento do elemento da Figura 6.3.

```
ss.add_element(location=[[0, 0], [0, 1600]],EI=781520000000,EA=224400000)
```

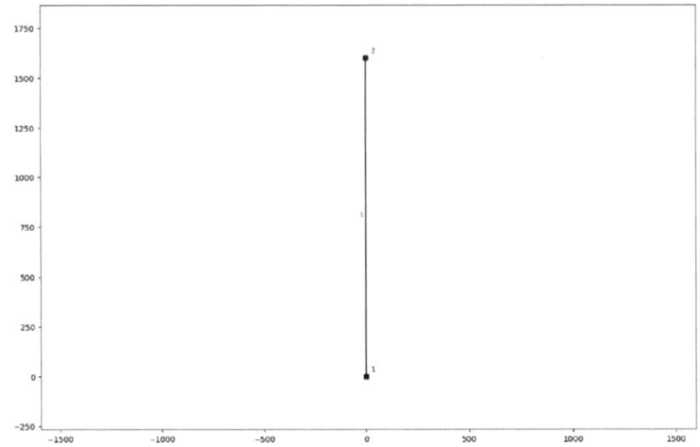

```
ss.add_element(location=[[0, 1600], [2230, 2150]],EI=781520000000,EA=224400000)
```

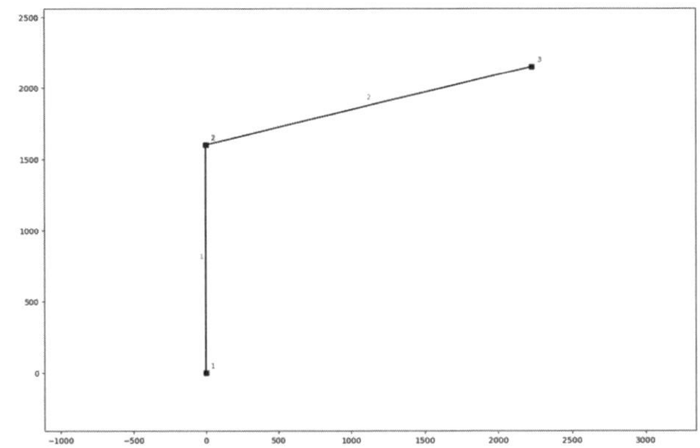

```
ss.add_element(location=[[2230, 2150], [4460, 2700]],EI=781520000000,EA=224400000)
```

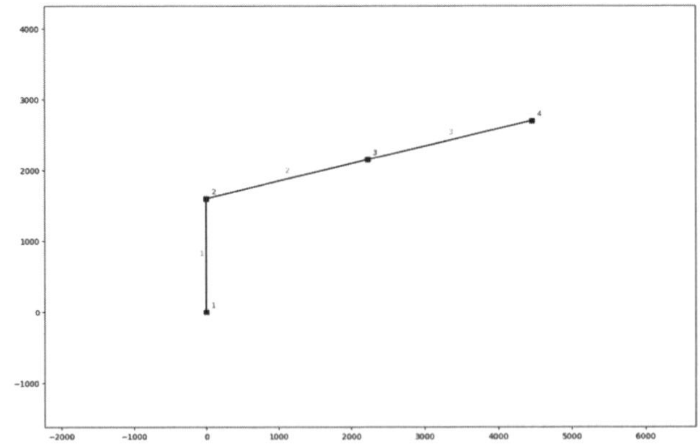

Figura 6.3 Lançamento de três elementos entre os nós 1 e 4

Na análise de vigas contínuas, o elemento possui o mesmo comando, podendo ser omitido o valor do parâmetro EA, já que conceitualmente esse tipo de estrutura possui apenas carregamentos perpendiculares ao eixo do elemento.

Outros tipos de estrutura que podem ser analisados são as treliças. Formadas por elementos lineares conectados por juntas articuladas, respondem apenas na direção do eixo. O Python dispõe do elemento de treliça (truss), cujo lançamento deve ser informado além das coordenadas nós à ré e avante, o parâmetro EA, conforme a Figura 6.4.

```
ss.add_truss_element(location=[[0, 0], [0, 5000]],EA=200000*25.00)
```

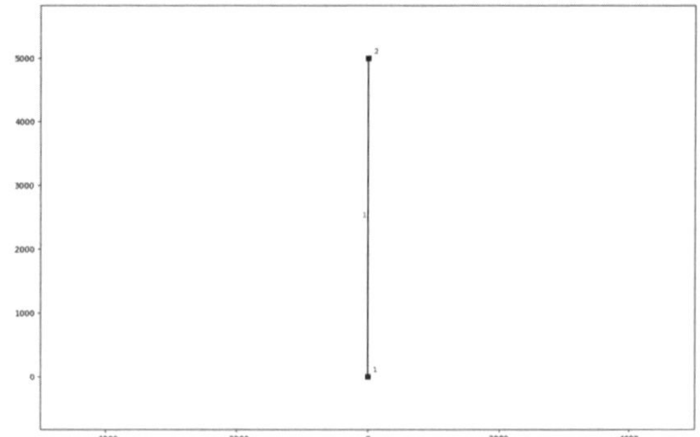

Figura 6.4 Lançamento do primeiro elemento da treliça

Adicionando os demais elementos no código, obtém-se a estrutura apresentada pela Figura 6.5.

```
ss.add_truss_element(location=[[0, 5000], [5000, 5000]],EA=200000*25.00)
ss.add_truss_element(location=[[5000, 5000], [5000, 0]],EA=200000*25.00)
ss.add_truss_element(location=[[0, 0], [5000, 5000]],EA=200000*35.35)
```

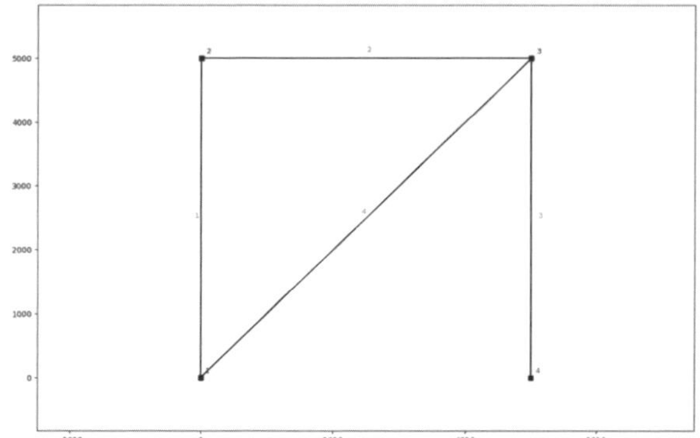

Figura 6.5 Lançamento de uma treliça: sequência de numeração de elementos e juntas

Observa-se que os elementos são lançados conforme sequenciado na linha de comando, e os nós, pela ordem de informação das coordenadas das juntas dos elementos. É mantida a numeração de todos os nós que foram criados por pertencer a juntas de elementos anteriormente listados na linha, a exemplo do elemento quatro, cujo lançamento não demandou a criação de novos nós, pois já existiam em elementos anteriores.

6.3. APLICAÇÃO DAS RESTRIÇÕES NODAIS – SUPORTES

Conforme o tipo de vínculo da estrutura com o meio externo aplicado na junta, o compilador apresenta uma representação gráfica compatível. A Figura 6.6 apresenta uma tabela indicando os principais vínculos e correspondentes convenções de sinais adotados.

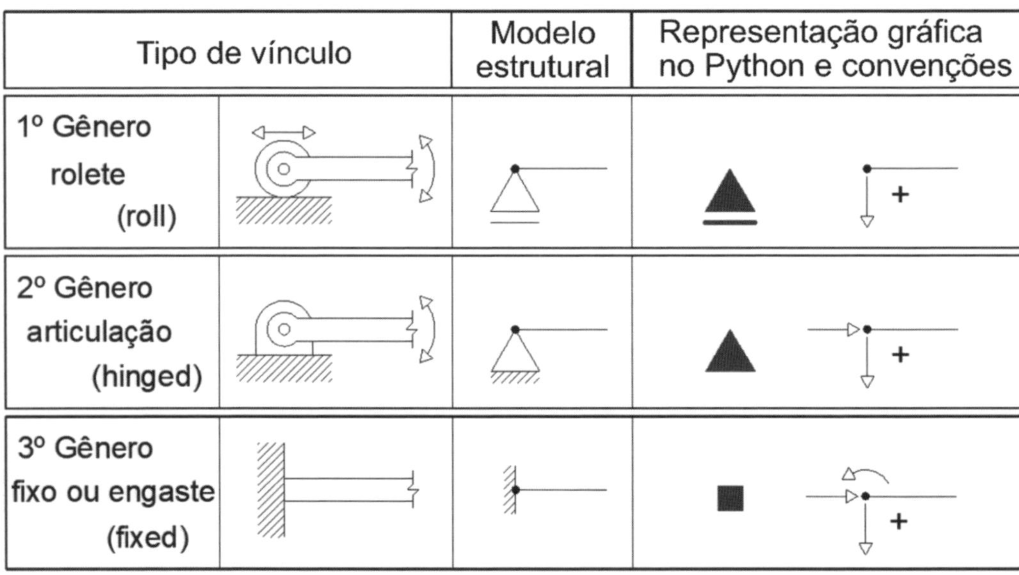

Figura 6.6 Tabela de vínculos, representações gráficas e convenções

Nos comandos para lançamento de apoio, é necessário identificar o número do nó ao qual a restrição será aplicada. Apenas para o apoio de primeiro gênero é possível informar além do número de identificação da junta, o ângulo em relação à linha vertical medido em graus, que poderá ser rotacionado no sentido anti-horário à vinculação. Exemplificando, será lançado um elemento em diagonal que receberá rolete inclinado a 45º, apresentado na Figura 6.7.

```
from anastruct import SystemElements
ss = SystemElements()
ss.add_truss_element(location=[[0, 0], [5000, 5000]])
ss.add_support_roll(node_id=1,angle=45)
ss.show_structure()
```

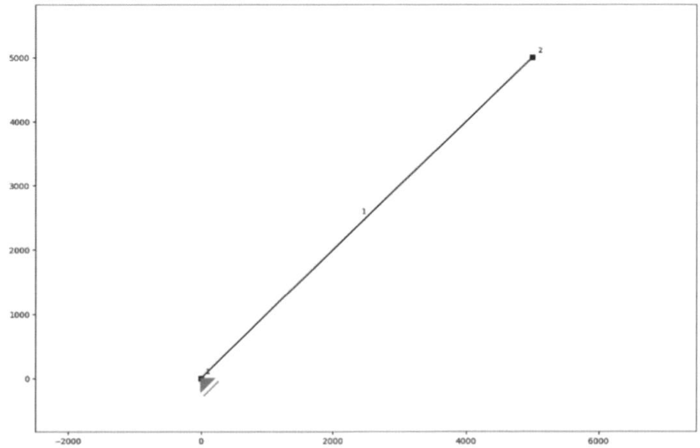

Figura 6.7 Elemento em diagonal com rolete inclinado

A Figura 6.8 apresenta o lançamento dos apoios articulados na junta de número um e fixo na junta dois em conformidade com os respectivos comandos.

```
ss.add_support_hinged(node_id=1)
ss.add_support_fixed(node_id=2)
```

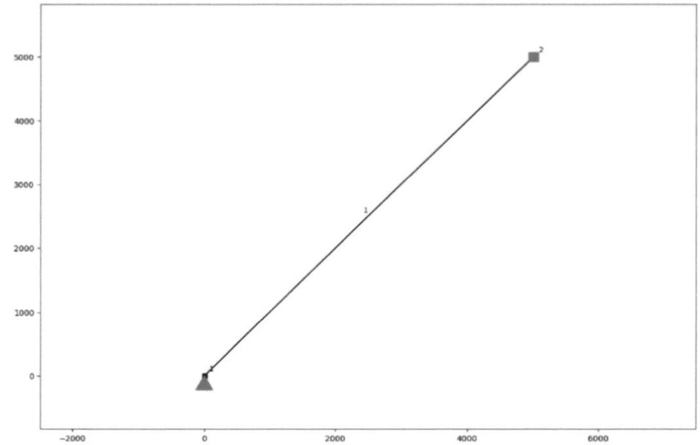

Figura 6.8 Elemento em diagonal com rolete inclinado

6.4. CARGAS NA ESTRUTURA

As cargas concentradas nas juntas são aplicadas pela função point_load, que possui quatro parâmetros: a identificação do nó (node_id), a força horizontal Fx, a força vertical Fy e o ângulo de rotação. No parâmetro node_id, deve ser informado o número do nó no qual a carga pontual será aplicada. A carga aplicada é a resultante das componentes das forças horizontal Fx, positiva para a direita, e vertical Fy, positiva para cima. O ângulo de rotação da resultante deve ser informado no parâmetro rotation em graus, sendo adotado como positivo o sentido horário. O exemplo do comando relatado é apresentado nas Figura 6.9 (a) e 6.9 (b).

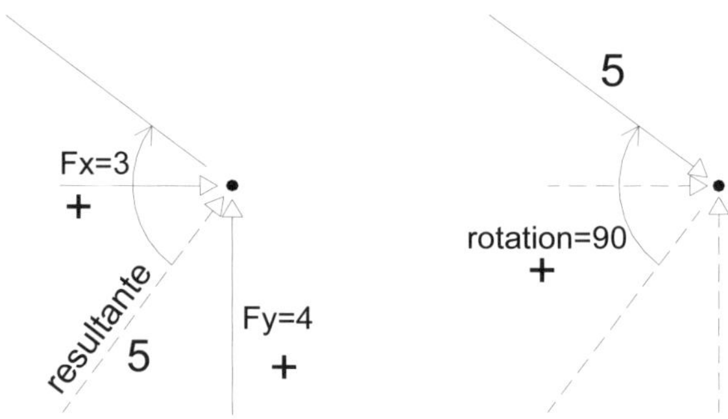

(a)

```
ss.point_load(node_id=2, Fx=3, Fy=4, rotation=90)
```

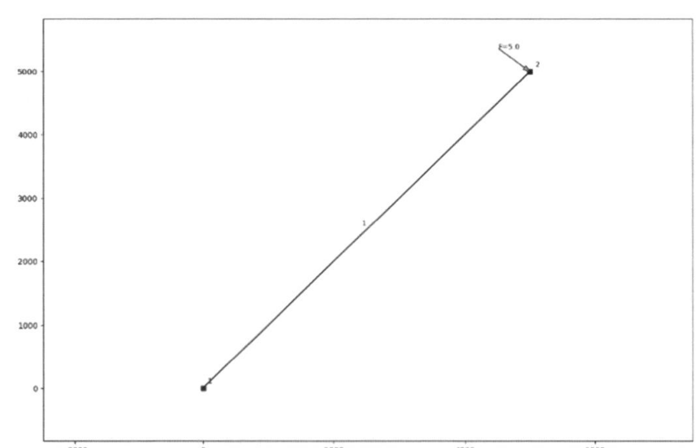

(b)

Figura 6.9 Carga concentrada: lançamento na estrutura

A aplicação de momento na junta, apresentada pela Figura 6.10, é feita pelo comando moment_load, tendo como parâmetros apenas a identificação do nó (node_id) e o momento aplicado, denominado por Ty, cujo sentido anti-horário é convencionado positivo.

```
ss.moment_load(node_id=2, Ty=20)
```

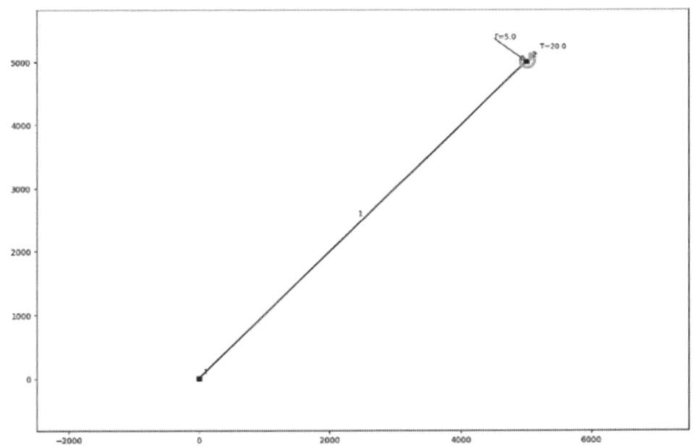

Figura 6.10 Momento concentrado na junta: lançamento na estrutura

Outro modo de aplicação de carregamento a uma estrutura é por meio do elemento, que transfere esses efeitos às juntas que o definem. Em tópicos anteriores, foi abordado o conceito do carregamento nodal equivalente que esclarece a referida operação. No anaStruct, o carregamento distribuído é aplicado por meio da função q_load, cujo parâmetro principal é a carga q, por convenção aplicada no sistema local de coordenadas, conforme apresentado pela Figura 6.11. Observe que, na apresentação da estrutura, o sinal de q é oposto.

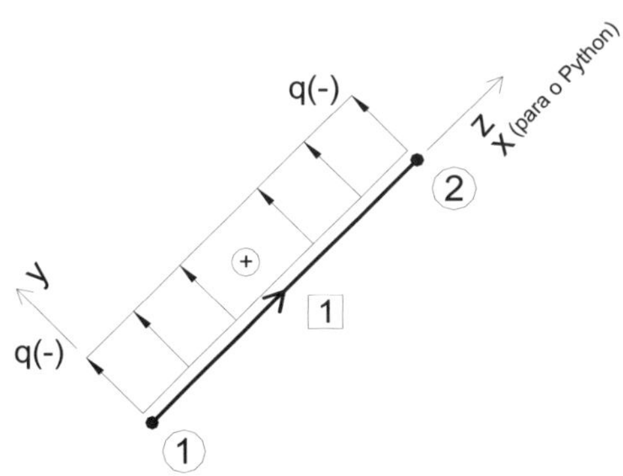


```
ss.q_load(element_id=1, q=-10)
```

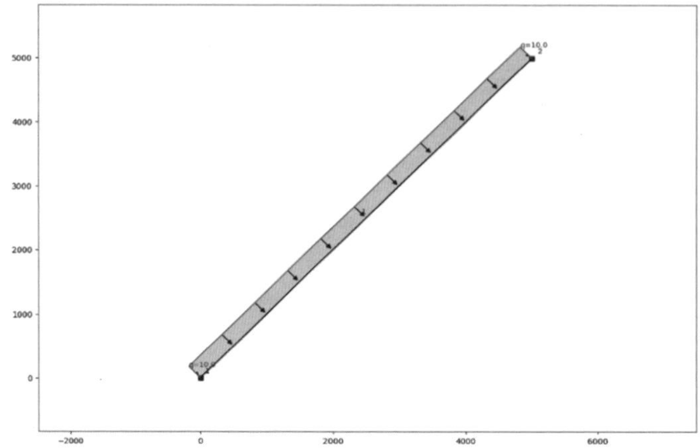

```
ss.q_load(element_id=1, q=10)
```

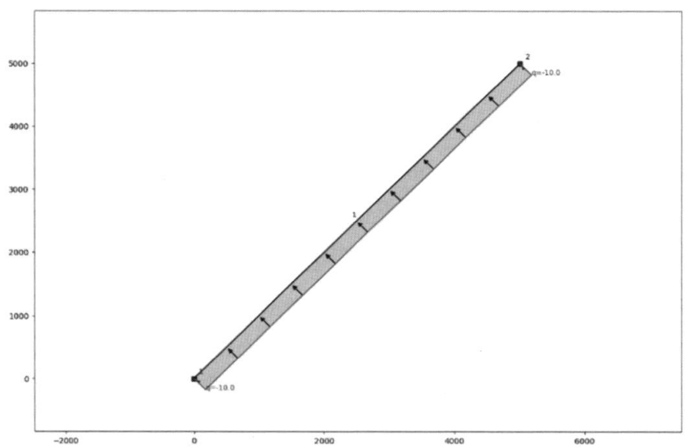

Figura 6.11 Carga distribuída: lançamento no elemento no sistema local

Entretanto, é também possível utilizar esse mesmo comando para lançar cargas distribuídas com referência ao sistema global de coordenadas, adicionando o comando *rotation*. O valor assumido pelo comando é o do ângulo em graus formado entre a carga distribuída aplicada q e a direção horizontal positiva pela direita, tendo o sentido anti-horário positivo, conforme apresentado pela Figura 6.12.

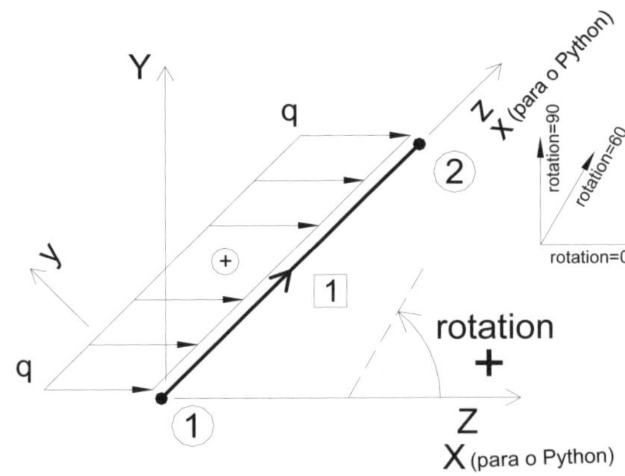


```
ss.q_load(element_id=1, q=10,rotation=0)
```

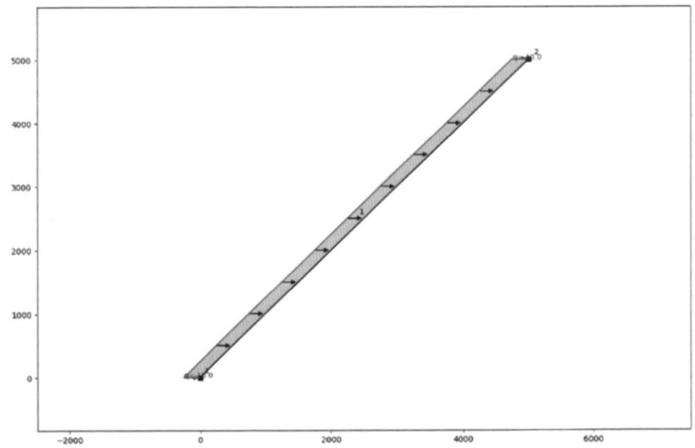

```
ss.q_load(element_id=1, q=10,rotation=45)
```

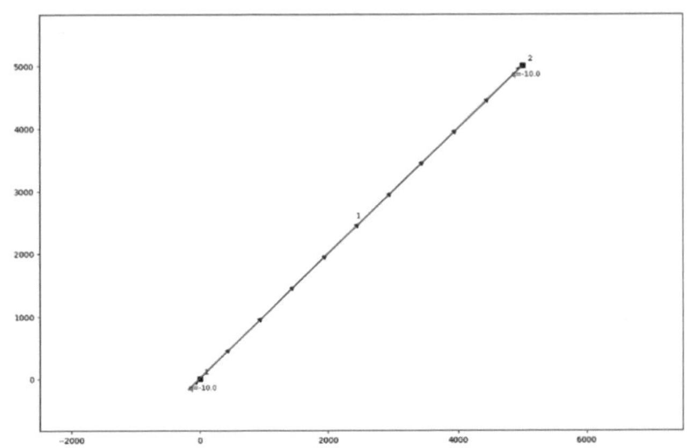

```
ss.q_load(element_id=1, q=10,rotation=90)
```

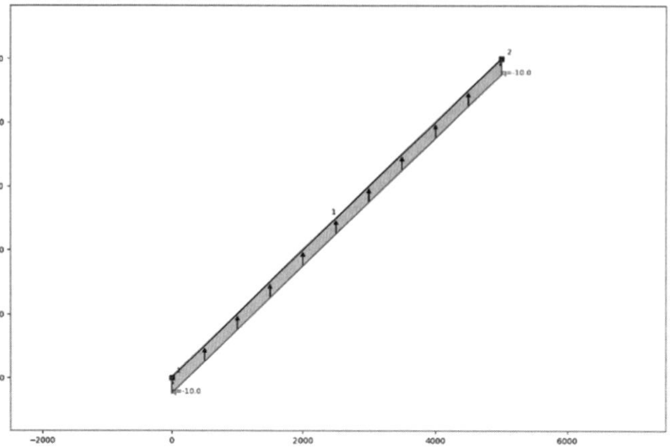

```
print(ss.get_node_displacements())
```

Figura 6.12 Carga distribuída: lançamento no elemento no sistema global com *rotation*

Convém observar que outras formas de aplicação de carregamento podem ser usadas. Entretanto, na presente descrição, foi abordada a referência ao sistema global XY, equivalente ao desenvolvimento teórico ZY, a fim de desenvolver a correlação entre teoria e implementação computacional.

Exemplo 6.1

Considere o pórtico apresentado pela Figura 6.13 contendo respectivas ações e vínculos. Determine: a) os deslocamentos nas juntas; b) as reações de apoio; c) os esforços internos nos elementos.

Dados: E = 30 x 106 lb/ft^2; A = 7,65 in2; Ix = 204 in4.

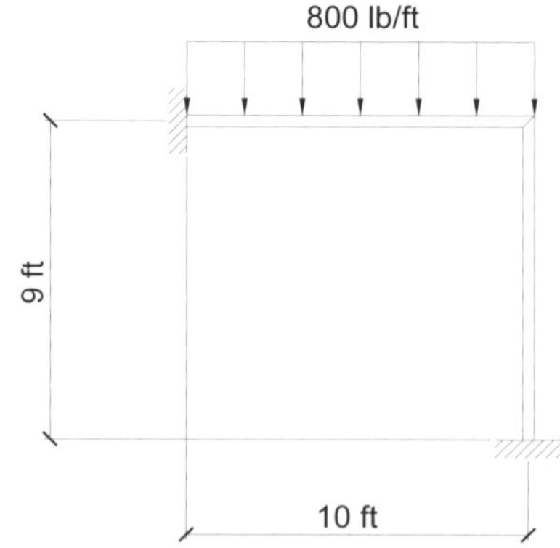

Figura 6.13 Estrutura de pórtico plano

Resolução:

1) Idealização do modelo estrutural.

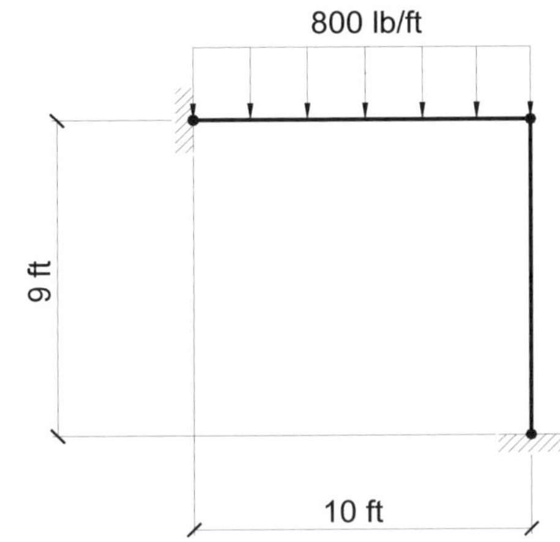

Referência, elementos, juntas e correspondentes graus de liberdade (DOF).

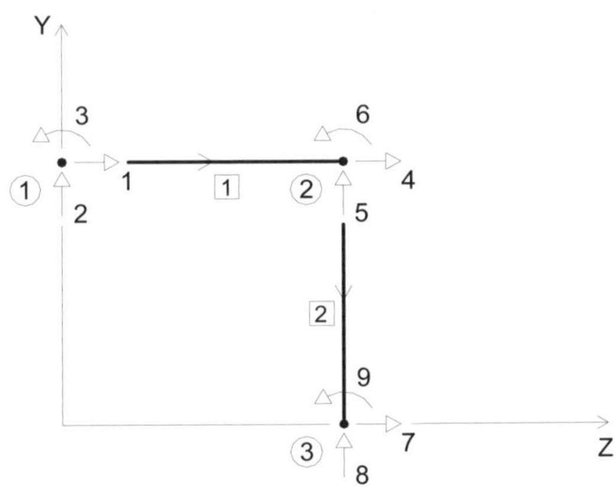

2) Construção das matrizes de rigidezes dos elementos.

Elemento	E (lb/in²)	A(in²)	Ix(in4)	Zi(in)	Yi(in)	Zj(in)	Yj(in)	L(in)	C=cosβ	S=senβ	C²	S²	CS	a = E.A/L	b = E.Ix/L³
1	3,0E+07	7,65	204	0	108	120	108	120	1,000	0,000	1,000	0,000	0,000	1912500	3541,67
2	3,0E+07	7,65	204	120	108	120	0	108	0,000	-1,000	0,000	1,000	0,000	2125000	4858,25

$$[k_{eg}] = \begin{bmatrix} ac^2 + 12bs^2 & (a-12b)cs & -6bLs & -ac^2 - 12bs^2 & -(a-12b)cs & -6bLs \\ (a-12b)cs & as^2 + 12bc^2 & 6bLc & -(a-12b)cs & -as^2 - 12bc^2 & 6bLc \\ -6bLs & 6bLc & 4bL^2 & 6bLs & -6bLc & 2bL^2 \\ -ac^2 - 12bs^2 & -(a-12b)cs & 6bLs & ac^2 + 12bs^2 & (a-12b)cs & 6bLs \\ -(a-12b)cs & -as^2 - 12bc^2 & -6bLc & (a-12b)cs & as^2 + 12bc^2 & -6bLc \\ -6bLs & 6bLc & 2bL^2 & 6bLs & -6bLc & 4bL^2 \end{bmatrix}$$

Elemento 1

[k]1 =

1	2	3	4	5	6	←	ELEM.
1 → 1	2 → 2	3 → 3	4 → 4	5 → 5	6 → 6	SIST.	↓
1912500	0	0	-1912500	0	0	1 → 1	1
0	42500	2550000	0	-42500	2550000	2 → 2	2
0	2550000	2,04E+08	0	-2550000	1,02E+08	3 → 3	3
-1912500	0	0	1912500	0	0	4 → 4	4
0	-42500	-2550000	0	42500	-2550000	5 → 5	5
0	2550000	1,02E+08	0	-2550000	2,04E+08	6 → 6	6

[k]1 =

1	2	3	4	5	6	7	8	9	
1912500	0	0	-1912500	0	0	0	0	0	1
0	42500	2550000	0	-42500	2550000	0	0	0	2
0	2550000	2,04E+08	0	-2550000	1,02E+08	0	0	0	3
-1912500	0	0	1912500	0	0	0	0	0	4
0	-42500	-2550000	0	42500	-2550000	0	0	0	5
0	2550000	1,02E+08	0	-2550000	2,04E+08	0	0	0	6
0	0	0	0	0	0	0	0	0	7
0	0	0	0	0	0	0	0	0	8
0	0	0	0	0	0	0	0	0	9

Elemento 2

[k]1 =

1	2	3	4	5	6	←	ELEM.
1 → 4	2 → 5	3 → 6	4 → 7	5 → 8	6 → 9	SIST.	↓
58299,04	0	3148148	-58299	0	3148148	1 → 4	1
0	2125000	0	0	-2125000	0	2 → 5	2
3148148	0	2,27E+08	-3148148	0	1,13E+08	3 → 6	3
-58299	0	-3148148	58299,04	0	-3148148	4 → 7	4
0	-2125000	0	0	2125000	0	5 → 8	5
3148148	0	1,13E+08	-3148148	0	2,27E+08	6 → 9	6

[k]1 =

1	2	3	4	5	6	7	8	9	
0	0	0	0	0	0	0	0	0	1
0	0	0	0	0	0	0	0	0	2
0	0	0	0	0	0	0	0	0	3
0	0	0	58299,04	0	3148148	-58299	0	3148148	4
0	0	0	0	2125000	0	0	-2125000	0	5
0	0	0	3148148	0	2,27E+08	-3148148	0	1,13E+08	6
0	0	0	-58299	0	-3148148	58299,04	0	-3148148	7
0	0	0	0	-2125000	0	0	2125000	0	8
0	0	0	3148148	0	1,13E+08	-3148148	0	2,27E+08	9

3) *Carregamento nodal equivalente.*

1

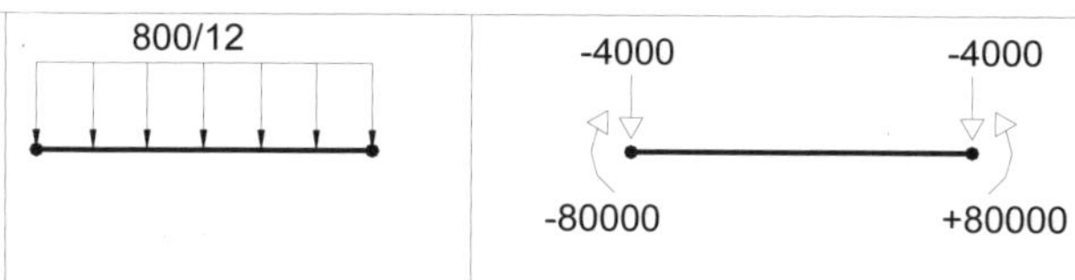

$$\frac{QL}{2} = \frac{(800/12) \times 120}{2} = 4000$$

$$\frac{QL^2}{12} = \frac{(800/12) \times 120^2}{12} = 80000$$

$$\{F0\} = \begin{Bmatrix} 0 \\ -4000 \\ -80000 \\ 0 \\ -4000 \\ +80000 \\ 0 \\ 0 \\ 0 \end{Bmatrix}$$

4) *Construção da matriz de rigidez do sistema.*

Vetor de carregamento

[F0] =

0	1
-4000	2
-80000	3
0	4
-4000	5
80000	6
0	7
0	8
0	9

Matriz de rigidez

[k]s = [k]1 + [k]2

[k]s =

1	2	3	4	5	6	7	8	9	
1912500	0	0	-1912500	0	0	0	0	0	1
0	42500	2550000	0	-42500	2550000	0	0	0	2
0	2550000	2,04E+08	0	-2550000	1,02E+08	0	0	0	3
-1912500	0	0	1970799	0	3148148	-58299	0	3148148	4
0	-42500	-2550000	0	2167500	-2550000	0	-2125000	0	5
0	2550000	1,02E+08	3148148	-2550000	4,31E+08	-3148148	0	1,13E+08	6
0	0	0	-58299	0	-3148148	58299,04	0	-3148148	7
0	0	0	0	-2125000	0	0	2125000	0	8
0	0	0	3148148	0	1,13E+08	-3148148	0	2,27E+08	9

5) Montagem e solução do sistema linear reduzido e determinação dos deslocamentos.

Determinação do vetor de deslocamentos nodais [U] - resolução sistema de equações reduzido

[k]r Matriz de rigidez reduzida

4	5	6	
1970799	0	3148148	4
0	2167500	-2550000	5
3148148	-2550000	4,31E+08	6

[k]r -1

4	5	6	
5,13E-07	-4,4E-09	-3,8E-09	4
-4,4E-09	4,65E-07	2,78E-09	5
-3,8E-09	2,78E-09	2,37E-09	6

[F]r

[F]r	
0	4
-4000	5
80000	6

Deslocamentos nodais [U]r

[U]r	
-0,00028	4
-0,00164	5
0,000178	6

- *Deformações:*

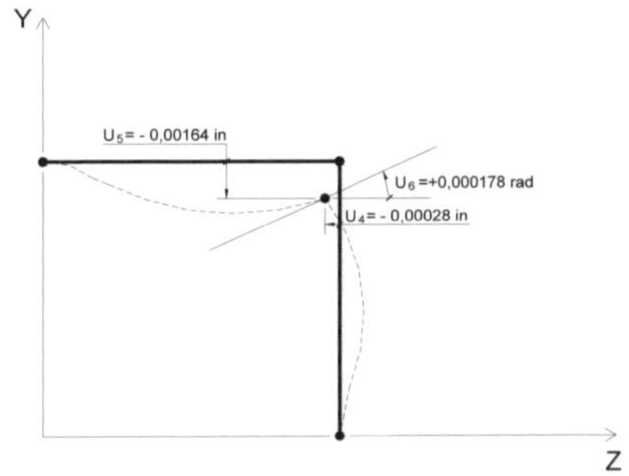

6) Montagem e solução do sistema linear reduzido e determinação dos deslocamentos.

Determinação do vetor das forças de restrição [F] - aplicando os deslocamentos nodais no sistema de equações

[k] Matriz de rigidez

1	2	3	4	5	6	7	8	9	
1912500	0	0	-1912500	0	0	0	0	0	1
0	42500	2550000	0	-42500	2550000	0	0	0	2
0	2550000	2,04E+08	0	-2550000	1,02E+08	0	0	0	3
-1912500	0	0	1970799	0	3148148	-58299	0	3148148	4
0	-42500	-2550000	0	2167500	-2550000	0	-2125000	0	5
0	2550000	1,02E+08	3148148	-2550000	4,31E+08	-3148148	0	1,13E+08	6
0	0	0	-58299	0	-3148148	58299,04	0	-3148148	7
0	0	0	0	-2125000	0	0	2125000	0	8
0	0	0	3148148	0	1,13E+08	-3148148	0	2,27E+08	9

Deslocamentos		Carregamento		Reações	
0,00000	1	0	1	544	1
0,00000	2	-4000	2	4524	2
0,00000	3	-80000	3	102343	3
-0,00028	4	0	4	0	4
-0,00164	5	-4000	5	0	5
0,00018	6	80000	6	0	6
0,00000	7	0	7	-544	7
0,00000	8	0	8	3476	8
0,00000	9	0	9	19295	9

- *Reações de apoio:*

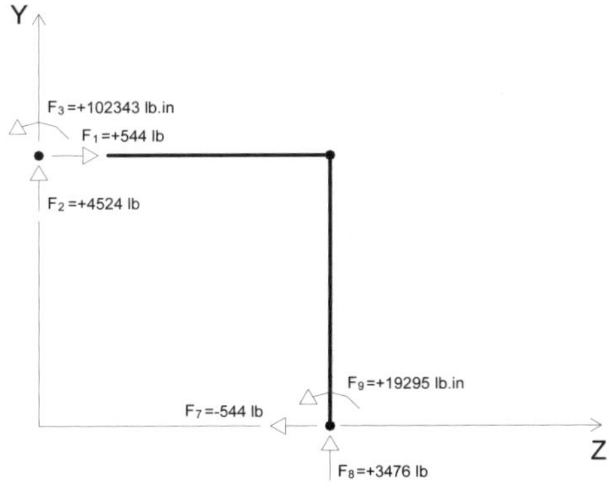

Determinação dos vetores das forças internas nos elementos [FL] no sistema local

Elemento 1

	[K]							[U]		[F0]		[Fg]
1	1912500	0	0	-2E+06	0	0		0,00000		0		544
2	0	42500	2550000	0	-42500	2550000		0,00000		-4000		4524
3	0	2550000	2E+08	0	-3E+06	1E+08	.	0,00000	-	-80000	=	102343
4	-2E+06	0	0	1912500	0	0		-0,00028		0		-544
5	0	-42500	-3E+06	0	42500	-3E+06		-0,00164		-4000		3476
6	0	2550000	1E+08	0	-3E+06	2E+08		0,00018		80000		-39485

[R]							[Fg]	[FL]		
1,000	0,000	0	0	0	0		544	F1 =	544	lb
0,000	1,000	0	0	0	0		4524	F2 =	4524	lb
0	0	1	0	0	0	.	102343	F3 =	102343	lb.in
0	0	0	1,000	0,000	0		-544	F4 =	-544	lb
0	0	0	0,000	1,000	0		3476	F5 =	3476	lb
0	0	0	0	0	1		-39485	F6 =	-39485	lb.in

Elemento 2

	[K]							[U]		[F0]		[Fg]
1	58299	0	3148148	-58299	0	3148148		-0,00028		0		544
2	0	2125000	0	0	-2E+06	0		-0,00164		0		-3476
3	3148148	0	2,3E+08	-3E+06	0	1,1E+08	.	0,00018	-	0	=	39485
4	-58299	0	-3E+06	58299	0	-3E+06		0,00000		0		-544
5	0	-2E+06	0	0	2125000	0		0,00000		0		3476
6	3148148	0	1,1E+08	-3E+06	0	2,3E+08		0,00000		0		19295

[R]							[Fg]	[FL]		
0,000	-1,000	0	0	0	0		544	F1 =	3476	lb
1,000	0,000	0	0	0	0		-3476	F2 =	544	lb
0	0	1	0	0	0	.	39485	F3 =	39485	lb.in
0	0	0	0,000	-1,000	0		-544	F4 =	-3476	lb
0	0	0	1,000	0,000	0		3476	F5 =	-544	lb
0	0	0	0	0	1		19295	F6 =	19295	lb.in

- *Diagrama de esforço normal:*

- *Diagrama de esforço cortante:*

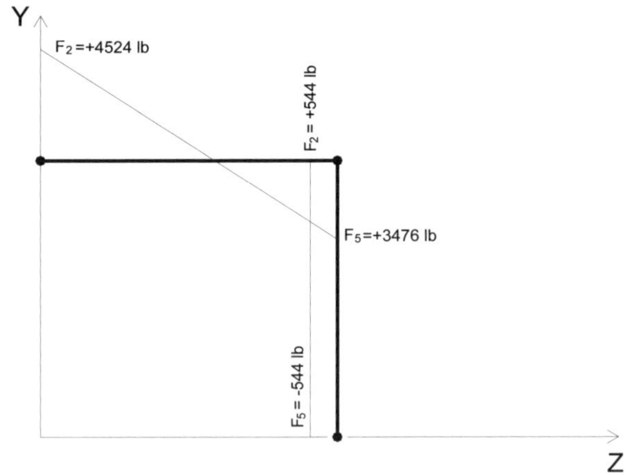

- *Diagrama de momento fletor:*

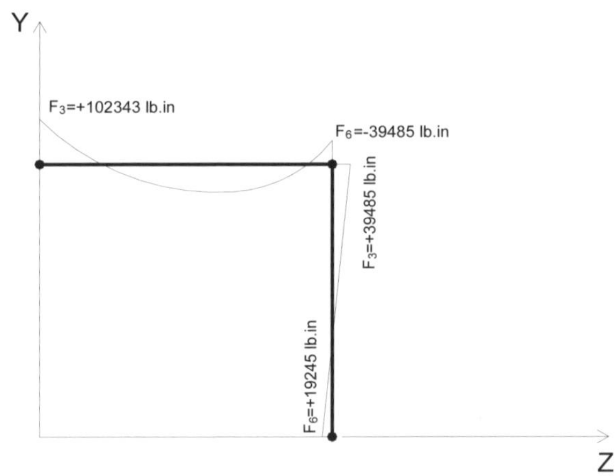

- *Código em Python para a solução computacional da estrutura.*

```
! pip install anastruct

# Importa SystemElements do anastruct
from anastruct import SystemElements
ss = SystemElements()
# Atribui a todos os elementos o produto E.Ix
ss = SystemElements(EA=30000000*7.65,EI=30000000*204)
# Adiciona os elementos entre juntas à ré e avante
ss.add_element(location=[[0,108], [120, 108]])
ss.add_element(location=[[120, 108], [120, 0]])
# Restrição nodal
ss.add_support_fixed(node_id=1)
```

```
ss.add_support_fixed(node_id=3)
# Cargas distribuídas
ss.q_load(element_id=1, q=-800/12)
# Resolve a Estrutura
ss.solve()
# Apresentação dos resultados
# Modelo estrutural
ss.show_structure()
# Reações de apoio
ss.show_reaction_force()
# Diagrama de esforços normais
ss.show_axial_force()
# Diagrama de esforços cortantes
ss.show_shear_force()
# Diagrama dos momentos fletores
ss.show_bending_moment()
# Deslocamento
ss.show_displacement()
print(ss.get_node_displacements())
```

- *Modelo estrutural:*

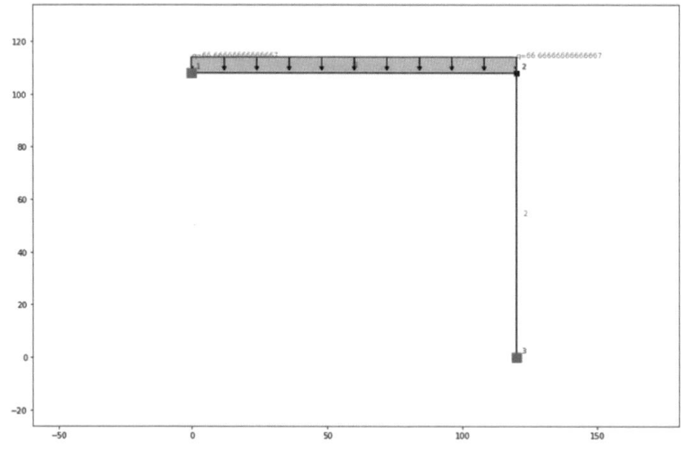

- *Reações de apoio:*

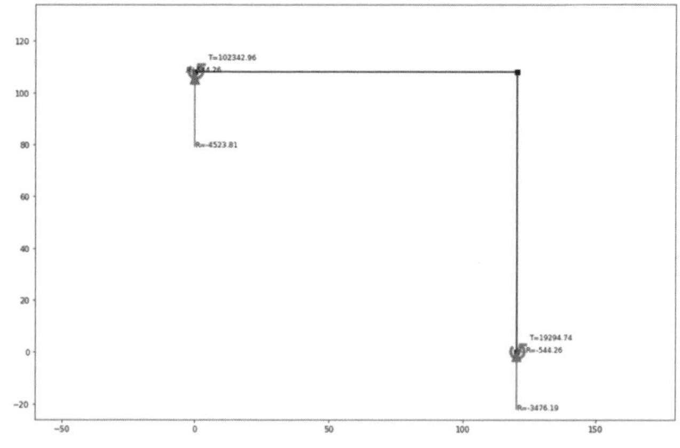

- *Diagrama de esforço normal:*

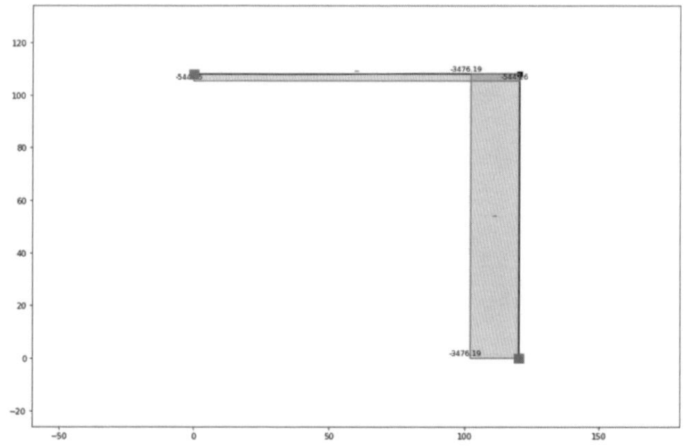

- *Diagrama de esforço cortante:*

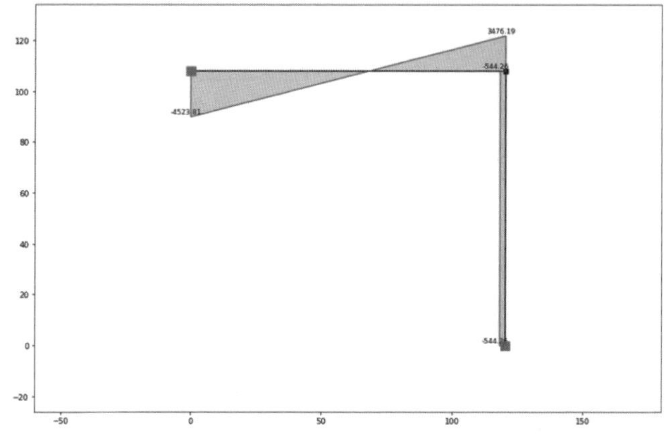

- *Diagrama de momento fletor:*

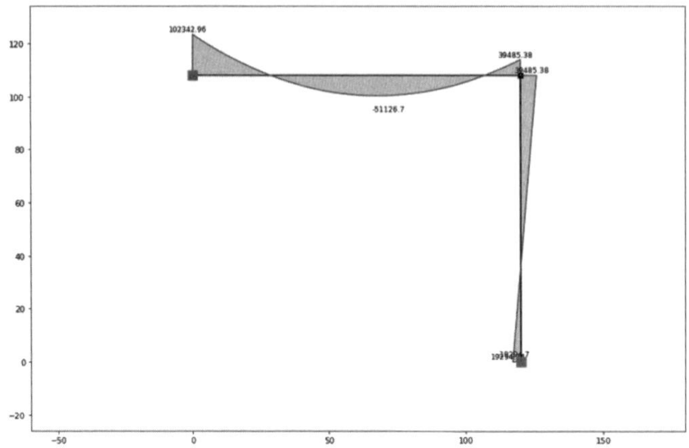

- *Deformações:*

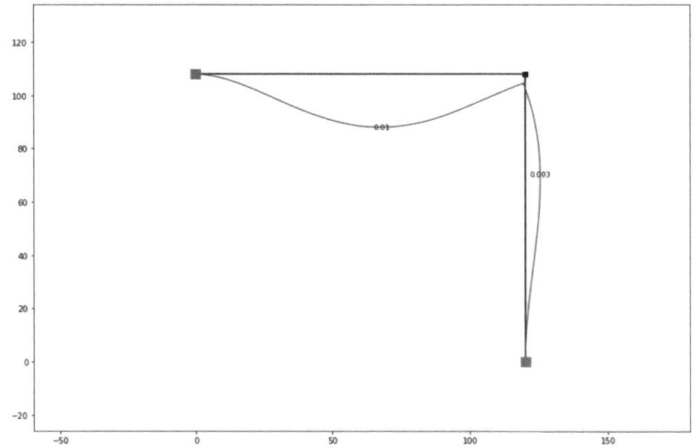


```
[(1, 0.0, -0.0, -0.0), (2, -0.0002845805894787002, -0.0016358526258303684, -0.00017815271902457946), (3, 0.0, -0.0, -0.0)]
```

Resultados do código em Python para o vetor de deslocamentos das juntas {U} pelo "ss.solve()"

```
array([ 0.        , 0.        , 0.        , -0.00028458, 0.00163585,
        0.00017815, 0.        , 0.        , 0.        ])
```

Exemplo 6.2

Considere a viga apresentada na Figura 6.14 contendo respectivas ações e vínculos. Determine: a) os deslocamentos nas juntas; b) as reações de apoio; c) os esforços internos nos elementos.

Dados: E = 200000 MPa; A = 6.650 mm^2; I_x = 118.600.000 mm^4 (W310 x 52).

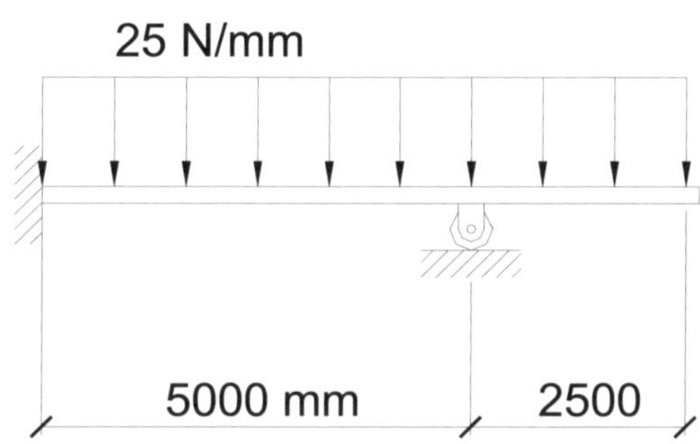

Figura 6.14 Estrutura de uma viga.

Resolução:

1) Idealização do modelo estrutural.

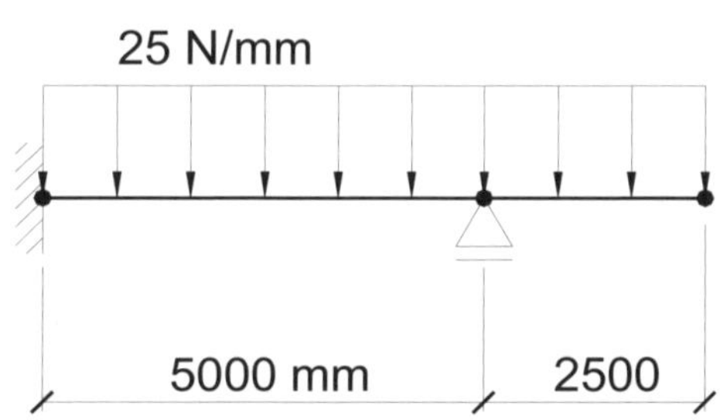

Referência, elementos, juntas e correspondentes graus de liberdade (DOF).

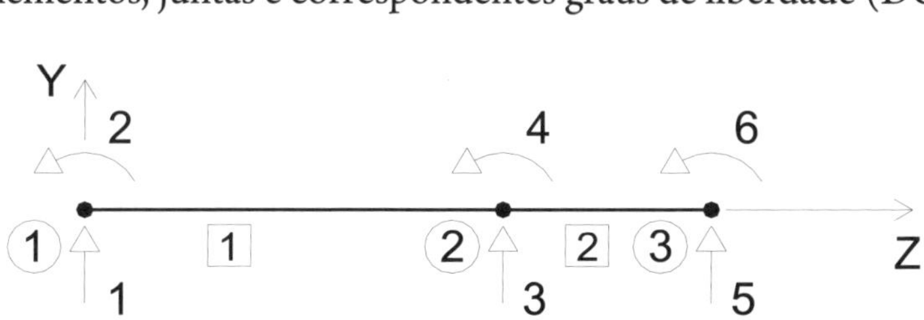

2) *Construção das matrizes de rigidezes dos elementos.*

Elemento	E (MPa)	Ix(mm4)	L(mm)	Q	QL^2/12	QL/2	E.Ix/L³
1	2,0E+05	1,19E+08	5000	25	52083333	62500	190
2	2,0E+05	1,19E+08	2500	25	13020833	31250	1518

$$[k]_e = \frac{E.I_x}{L^3}.\begin{bmatrix} 12 & 6.L & | & -12 & 6.L \\ 6.L & 4.L^2 & | & -6.L & 2.L^2 \\ - & - & - & - & - \\ -12 & -6L & | & 12 & -6.L \\ 6.L & 2.L^2 & | & -6L & 4.L^2 \end{bmatrix}$$

Elemento 1

$[k]_1 =$ 190

	1	2	3	4	←	ELEM.
	1→1	2→2	3→3	4→4	SIST.	↓
	12	30000	-12	30000	1→1	1
	30000	1E+08	-30000	50000000	2→2	2
	-12	-30000	12	-30000	3→3	3
	30000	50000000	-30000	1E+08	4→4	4

$[k]_1 =$

1	2	3	4	5	6	
2277,12	5692800	-2277,12	5692800	0	0	1
5692800	1,9E+10	-5692800	9,49E+09	0	0	2
-2277,12	-5692800	2277,12	-5692800	0	0	3
5692800	9,49E+09	-5692800	1,9E+10	0	0	4
0	0	0	0	0	0	5
0	0	0	0	0	0	6

Elemento 2

$[k]_2 =$ 1518

	3	4	5	6	←	ELEM.
	1→3	2→4	3→5	4→6	SIST.	↓
	12	15000	-12	15000	1→3	3
	15000	25000000	-15000	12500000	2→4	4
	-12	-15000	12	-15000	3→5	5
	15000	12500000	-15000	25000000	4→6	6

$[k]_2 =$

1	2	3	4	5	6	
0	0	0	0	0	0	1
0	0	0	0	0	0	2
0	0	18216,96	22771200	-18217	22771200	3
0	0	22771200	3,8E+10	-2,3E+07	1,9E+10	4
0	0	-18217	-2,3E+07	18216,96	-2,3E+07	5
0	0	22771200	1,9E+10	-2,3E+07	3,8E+10	6

3) *Carregamento nodal equivalente:*

1

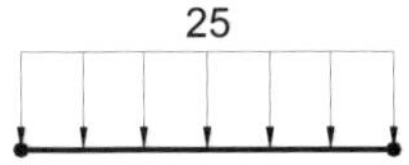

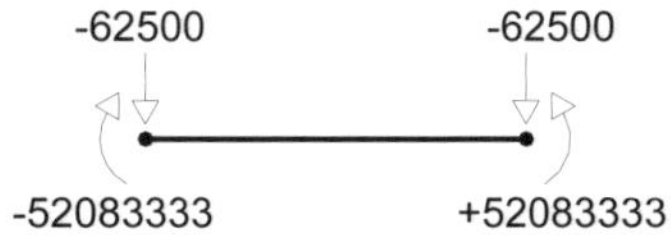

$$\frac{QL}{2} = \frac{25 \times 5000}{2} = 62500$$

$$\frac{QL^2}{12} = \frac{25 \times 5000^2}{12} = 52083333$$

2

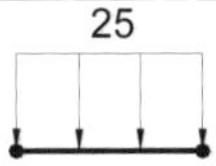

$$\frac{QL}{2} = \frac{25 \times 2500}{2} = 31250$$

$$\frac{QL^2}{12} = \frac{25 \times 2500^2}{12} = 13020833$$

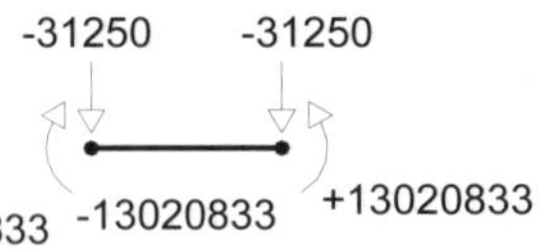

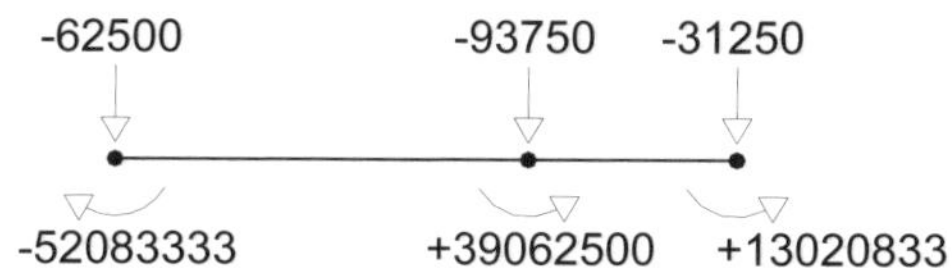

$$\{F0\} = \begin{Bmatrix} -62500 \\ -52083333 \\ -93750 \\ +39062500 \\ -31250 \\ +13020833 \end{Bmatrix}$$

Vetor de carregamento

[F0]1		[F0]2	
-62500	1	0	
-5,2E+07	2	0	
-62500	3	-31250	1
52083333	4	-1,3E+07	2
0		-31250	3
0		13020833	4

	[F0] =	
	-62500	1
	-5,2E+07	2
[F0] =	-93750	3
	39062500	4
	-31250	5
	13020833	6

Matriz de rigidez

[k]s = [k]1 + [k]2

[k]s =	1	2	3	4	5	6	
	2277,12	5692800	-2277,1	5692800	0	0	1
	5692800	1,9E+10	-6E+06	9,5E+09	0	0	2
	-2277,1	-6E+06	20494,1	1,7E+07	-18217	2,3E+07	3
	5692800	9,5E+09	1,7E+07	5,7E+10	-2E+07	1,9E+10	4
	0	0	-18217	-2E+07	18217	-2E+07	5
	0	0	2,3E+07	1,9E+10	-2E+07	3,8E+10	6

Determinação do vetor de deslocamentos nodais [U] - resolução sistema de equações reduzido

[k]r Matriz de rigidez reduzida

4	5	6	
5,69E+10	-2,3E+07	1,9E+10	4
-2,3E+07	18216,96	-2,3E+07	5
1,9E+10	-2,3E+07	3,8E+10	6

[k]r -1

4	5	6	
5,27E-11	1,32E-07	5,27E-11	4
1,32E-07	0,000549	2,63E-07	5
5,27E-11	2,63E-07	1,58E-10	6

[F]r		Deslocamentos nodais [U]r	
39062500	4	-0,00137	4
-31250	5	-8,57717	5
13020833	6	-0,00412	6

- *Deformações:*

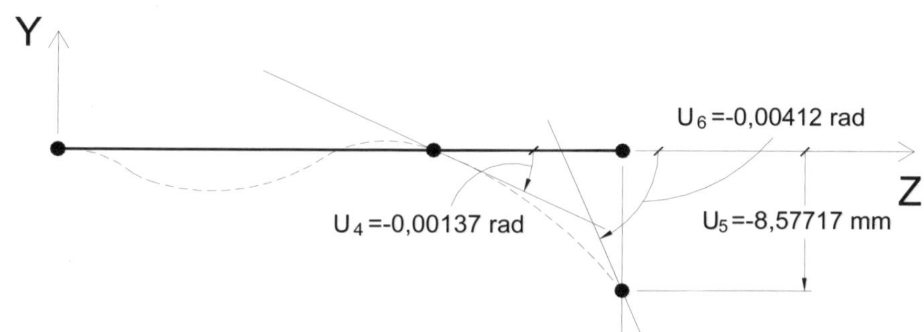

Determinação do vetor das forças de restrição [F] - aplicando os deslocamentos nodais no sistema de equações

[k] Matriz de rigidez

1	2	3	4	5	6	
2277,12	5692800	-2277,1	5692800	0	0	1
5692800	1,9E+10	-6E+06	9,5E+09	0	0	2
-2277,1	-6E+06	20494,1	1,7E+07	-18217	2,3E+07	3
5692800	9,5E+09	1,7E+07	5,7E+10	-2E+07	1,9E+10	4
0	0	-18217	-2E+07	18217	-2E+07	5
0	0	2,3E+07	1,9E+10	-2E+07	3,8E+10	6

Deslocamentos		Carregamento		Reações	
0	1	-62500	1	54688	1
0	2	-5,2E+07	2	39062500	2
0	3	-93750	3	132813	3
-0,00137	4	39062500	4	0	4
-8,57717	5	-31250	5	0	5
-0,00412	6	13020833	6	0	6

- *Reações de apoio:*

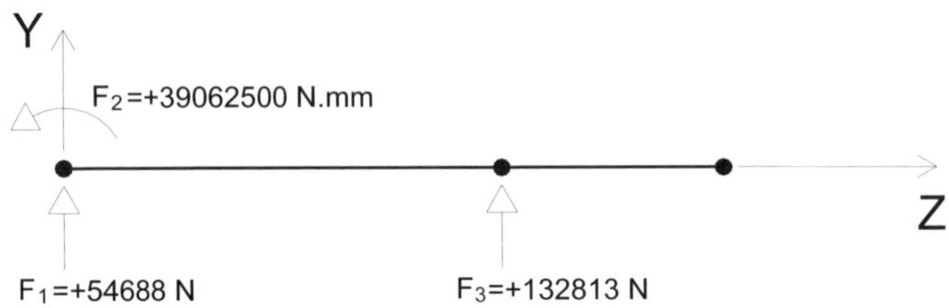

Determinação dos vetores das forças internas nos elementos [FL] no sistema local

Elemento 1

	[K]				[U]	[F0]	[FL]
1	2277,12	5692800	-2277,1	5692800	0,00000	-62500	54687,5
2	5692800	1,9E+10	-6E+06	9,5E+09	0,00000	-5,2E+07	3,91E+07
3	-2277,1	-6E+06	2277,12	-6E+06	0,00000	-62500	70312,5
4	5692800	9,5E+09	-6E+06	1,9E+10	-0,00137	52083333	-7,8E+07

Elemento 2

	[K]				[U]	[Fg]	[FL]
1	18217	2,3E+07	-18217	2,3E+07	0,00000	-31250	62500
2	2,3E+07	3,8E+10	-2E+07	1,9E+10	-0,00137	-1,3E+07	78125000
3	-18217	-2E+07	18217	-2E+07	-8,57717	-31250	0
4	2,3E+07	1,9E+10	-2E+07	3,8E+10	-0,00412	13020833	0

- *Diagrama de esforço cortante:*

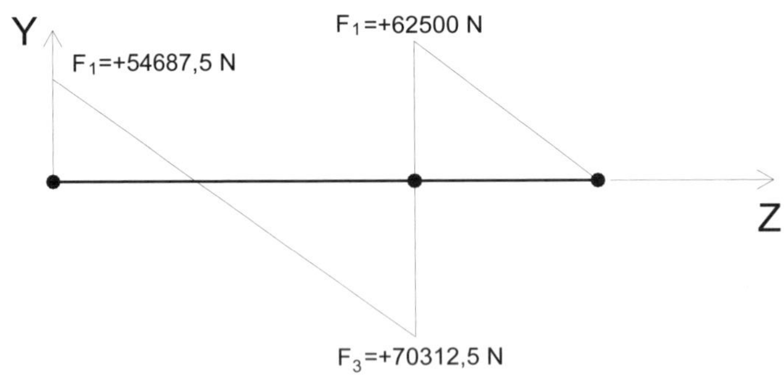

- *Diagrama de momento fletor:*

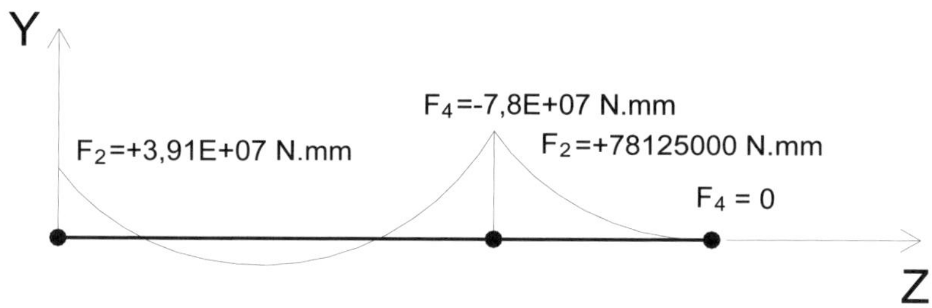

- *Código em Python para a solução computacional da estrutura.*

```
! pip install anastruct

# Importa SystemElements do anastruct
from anastruct import SystemElements
ss = SystemElements()
# Atribui a todos os elementos o produto E.Ix
ss = SystemElements(EI=200000*118600000)
# Adiciona os elementos entre juntas à ré e avante
ss.add_element(location=[[0, 0], [5000, 0]])
ss.add_element(location=[[5000, 0], [7500, 0]])
# Restrição nodal
ss.add_support_fixed(node_id=1)
ss.add_support_roll(node_id=2)
# Cargas distribuídas
ss.q_load(element_id=1, q=-25)
ss.q_load(element_id=2, q=-25)
# Resolve a Estrutura
ss.solve()
# Apresentação dos resultados
# Modelo estrutural
ss.show_structure()
# Reações de apoio
ss.show_reaction_force()
# Diagrama de esforços normais
ss.show_axial_force()
# Diagrama de esforços cortantes
ss.show_shear_force()
# Diagrama dos momentos fletores
ss.show_bending_moment()
# Deslocamento
ss.show_displacement()
print(ss.get_node_displacements())
```

- *Modelo estrutural*

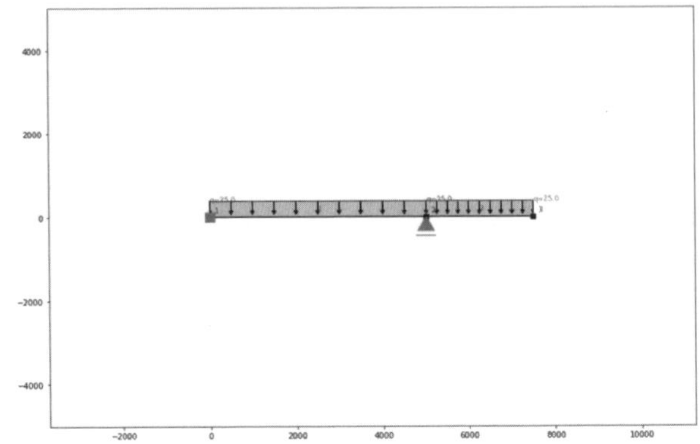

- *Reações de apoio:*

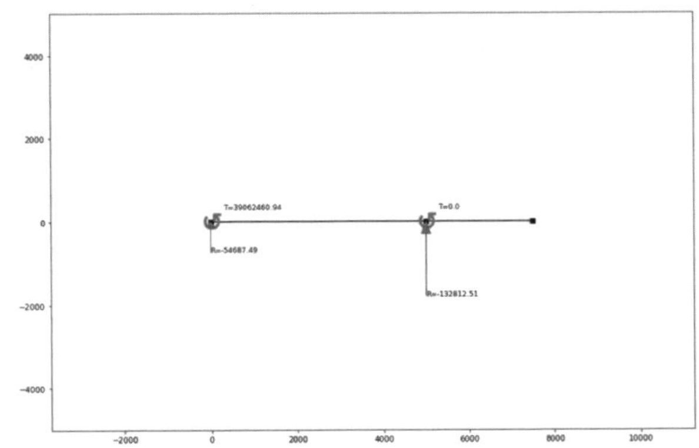

- *Diagrama de esforços cortante:*

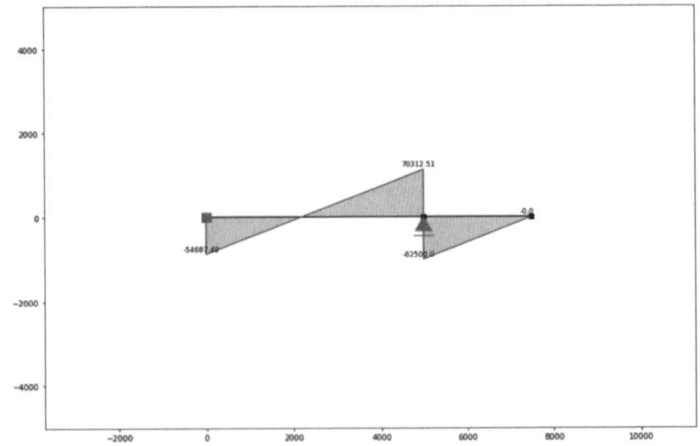

- *Diagrama de momento fletor:*

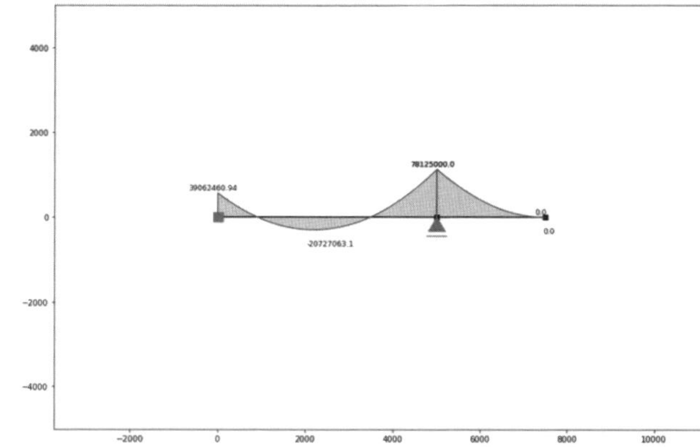

- *Deformação:*

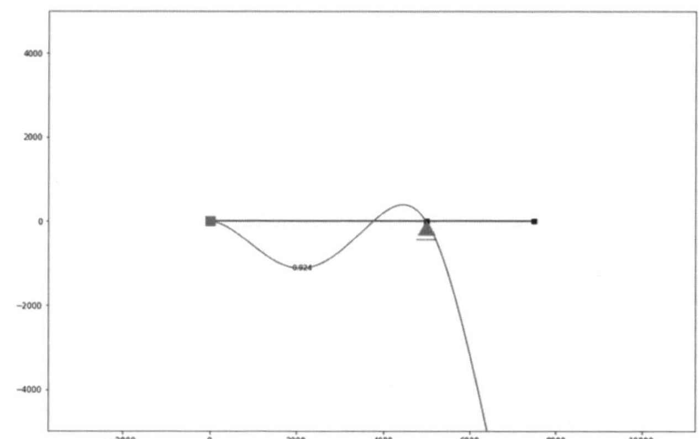

```
[(1, 0.0, -0.0, -0.0), (2, -2.551347498223653e-12, -0.0, 0.0013723488990472347), (3, -2.8702659355016093e-12, -8.57717633046134, 0.004117044638621443)]
```

Resultados do código em Python para o vetor de deslocamentos das juntas $\{U\}$ pelo "ss.solve()"

```
array([ 0.00000000e+00, 0.00000000e+00, 0.00000000e+00, -2.55134750e-12,
        0.00000000e+00, -1.37234890e-03, -2.87026594e-12, 8.57717633e+00,
        -4.11704464e-03])
```

Exemplo 6.3

Considere a viga apresentada na Figura 6.15 contendo respectivas ações e vínculos. Determine: a) os deslocamentos nas juntas; b) as reações de apoio; c) os esforços internos nos elementos.

Dados: E = 200 GPa; I_x = 8358 cm^4 (W360x32,9).

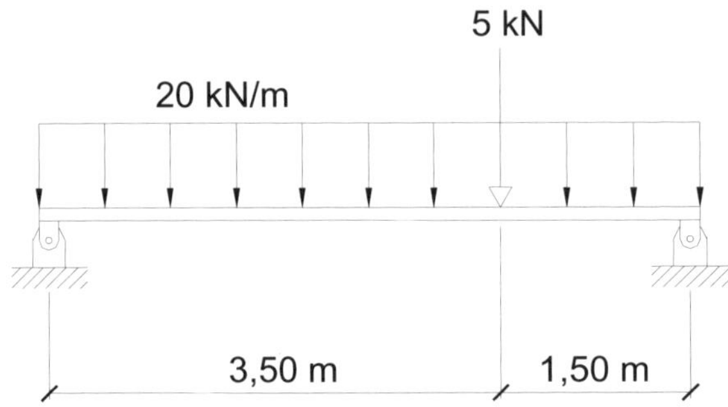

Figura 6.15 Estrutura de uma viga

Resolução:

1) Idealização do modelo estrutural.

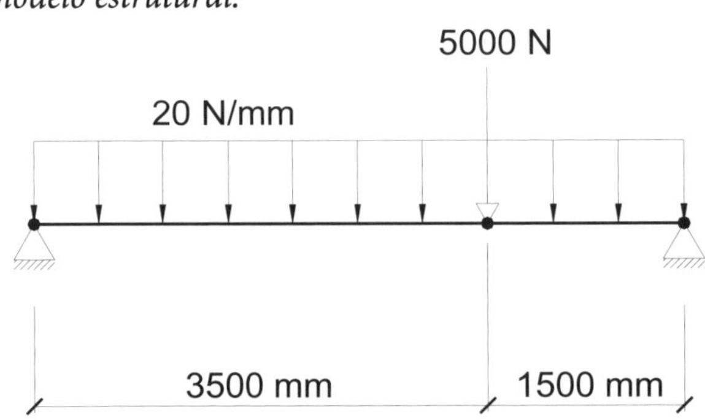

Referência, elementos, juntas e correspondentes graus de liberdade (DOF).

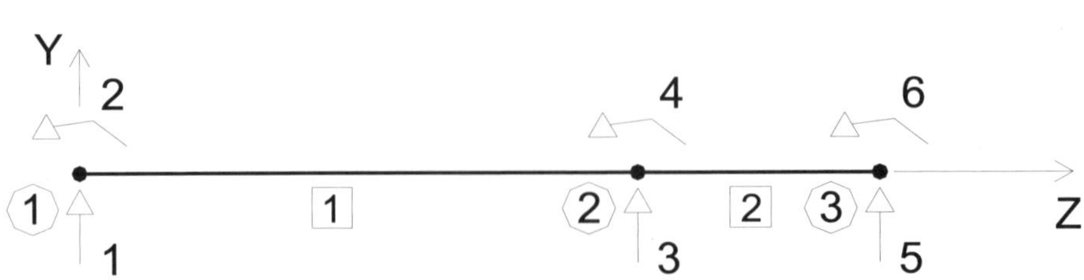

2) Construção das matrizes de rigidezes dos elementos.

Elemento	E (MPa)	Ix(mm4)	L(mm)	Q(N/mm)	QL^2/12	QL/2	E.Ix/L³
1	2,0E+05	83580000	3500	20	20416667	35000	390
2	2,0E+05	83580000	1500	20	3750000	15000	4953

$$[k]_e = \frac{E.I_x}{L^3}.\begin{bmatrix} 12 & 6.L & | & -12 & 6.L \\ 6.L & 4.L^2 & | & -6.L & 2.L^2 \\ - & - & - & - & - \\ -12 & -6L & | & 12 & -6.L \\ 6.L & 2.L^2 & | & -6L & 4.L^2 \end{bmatrix}$$

Elemento 1

$[k]_1 =$ 390 ·

1	2	3	4	←	ELEM.
1 → 1	2 → 2	3 → 3	4 → 4	SIST.	↓
12	21000	-12	21000	1 → 1	1
21000	49000000	-21000	24500000	2 → 2	2
-12	-21000	12	-21000	3 → 3	3
21000	24500000	-21000	49000000	4 → 4	4

$[k]_1 =$

1	2	3	4	5	6	
4678,531	8187429	-4678,53	8187429	0	0	1
8187429	1,91E+10	-8187429	9,55E+09	0	0	2
-4678,53	-8187429	4678,531	-8187429	0	0	3
8187429	9,55E+09	-8187429	1,91E+10	0	0	4
0	0	0	0	0	0	5
0	0	0	0	0	0	6

Elemento 2

$[k]_2 =$ 4953 ·

3	4	5	6	←	ELEM.
1 → 3	2 → 4	3 → 5	4 → 6	SIST.	↓
12	9000	-12	9000	1 → 3	3
9000	9000000	-9000	4500000	2 → 4	4
-12	-9000	12	-9000	3 → 5	5
9000	4500000	-9000	9000000	4 → 6	6

$[k]_2 =$

1	2	3	4	5	6	
0	0	0	0	0	0	1
0	0	0	0	0	0	2
0	0	59434,67	44576000	-59434,7	44576000	3
0	0	44576000	4,46E+10	-4,5E+07	2,23E+10	4
0	0	-59434,7	-4,5E+07	59434,67	-4,5E+07	5
0	0	44576000	2,23E+10	-4,5E+07	4,46E+10	6

3) Carregamento nodal:

4) Carregamento nodal equivalente:

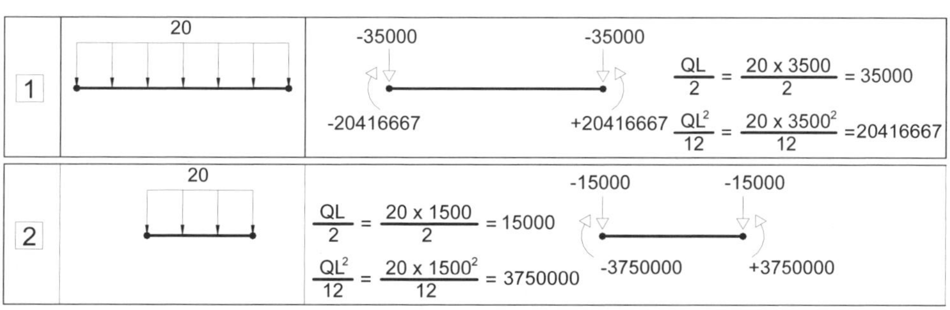

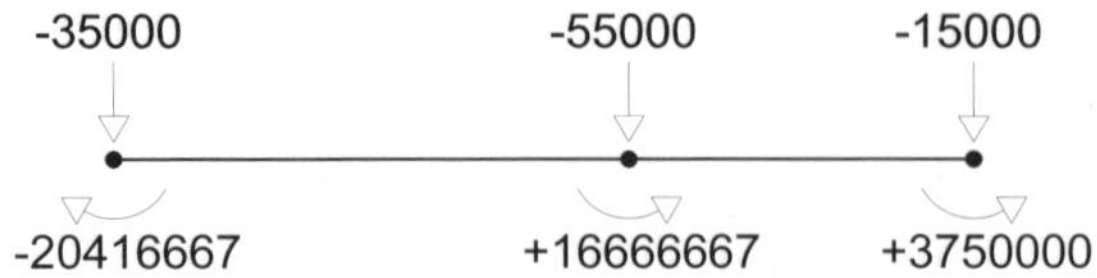

$$\{F0\} = \begin{Bmatrix} -35000 \\ -20416667 \\ -55000 \\ +16666667 \\ -15000 \\ +3750000 \end{Bmatrix}$$

Vetor de carregamento

[F0]		[F0]1		[F0]2		[F0]	
0	1	-35000	1	0		-35000	1
0	2	-2E+07	2	0		-2E+07	2
-5000	3	-35000	3	-15000	1	-55000	3
0	4	20416667	4	-3750000	2	16666667	4
0	5	0		-15000	3	-15000	5
0	6	0		3750000	4	3750000	6

Matriz de rigidez [k]s = [k]1 + [k]2

[k]s =	1	2	3	4	5	6	
	4678,53	8187429	-4678,5	8187429	0	0	1
	8187429	1,9E+10	-8E+06	9,6E+09	0	0	2
	-4678,5	-8E+06	64113,2	3,6E+07	-59435	4,5E+07	3
	8187429	9,6E+09	3,6E+07	6,4E+10	-4E+07	2,2E+10	4
	0	0	-59435	-4E+07	59434,7	-4E+07	5
	0	0	4,5E+07	2,2E+10	-4E+07	4,5E+10	6

Determinação do vetor de deslocamentos nodais [U] - resolução sistema de equações reduzido

[k]r Matriz de rigidez reduzida

2	3	4	6	
1,91E+10	-8187429	9,55E+09	0	2
-8187429	64113,2	36388571	44576000	3
9,55E+09	36388571	6,37E+10	2,23E+10	4
0	44576000	2,23E+10	4,46E+10	6

[k]r -1

2	3	4	6	
9,97E-11	6,8E-08	-3,6E-11	-5E-11	2
6,8E-08	0,00011	-4,2E-08	-8,9E-08	3
-3,6E-11	-4,2E-08	3,69E-11	2,34E-11	4
-5E-11	-8,9E-08	2,34E-11	9,97E-11	6

Deslocamentos nodais

[F]r		[U]r	
-2E+07	2	-0,00657	2
-55000	3	-8,46681	3
16666667	4	0,003749	4
3750000	6	0,006676	6

- *Deformações:*

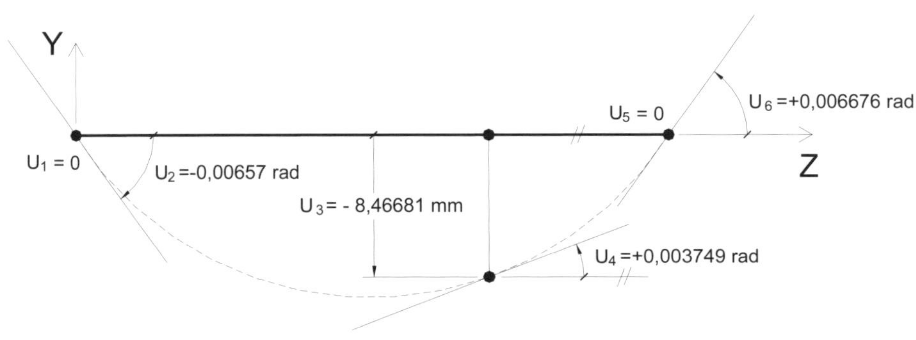

Determinação do vetor das forças de restrição [F] - aplicando os deslocamentos nodais no sistema de equações

[k] Matriz de rigidez

1	2	3	4	5	6	
4678,53	8187429	-4678,5	8187429	0	0	1
8187429	1,9E+10	-8E+06	9,6E+09	0	0	2
-4678,5	-8E+06	64113,2	3,6E+07	-59435	4,5E+07	3
8187429	9,6E+09	3,6E+07	6,4E+10	-4E+07	2,2E+10	4
0	0	-59435	-4E+07	59434,7	-4E+07	5
0	0	4,5E+07	2,2E+10	-4E+07	4,5E+10	6

Deslocamentos		Carregamento		Reações	
0	1	-35000	1	51500	1
-0,00657	2	-2E+07	2	0	2
-8,46681	3	-55000	3	0	3
0,003749	4	16666667	4	0	4
0	5	-15000	5	53500	5
0,006676	6	3750000	6	0	6

- *Reações de apoio:*

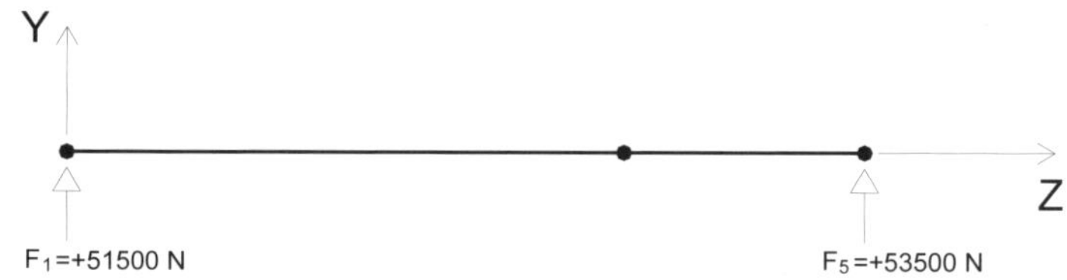

Determinação dos vetores das forças internas nos elementos [FL] no sistema local

Elemento 1

	[K]				[U]	[F0]	[FL]
1	4678,53	8187429	-4678,5	8187429	0,00000	-35000	51500
2	8187429	1,9E+10	-8E+06	9,6E+09	-0,00657	-2E+07	3,73E-09
3	-4678,5	-8E+06	4678,53	-8E+06	-8,46681	-35000	18500
4	8187429	9,6E+09	-8E+06	1,9E+10	0,00375	20416667	57750000

Elemento 2

	[K]				[U]	[Fg]	[FL]
1	59434,7	4,5E+07	-59435	4,5E+07	-8,46681	-15000	-23500
2	4,5E+07	4,5E+10	-4E+07	2,2E+10	0,00375	-3750000	-5,8E+07
3	-59435	-4E+07	59434,7	-4E+07	0,00000	-15000	53500
4	4,5E+07	2,2E+10	-4E+07	4,5E+10	0,00668	3750000	0

- *Diagrama de esforço cortante:*

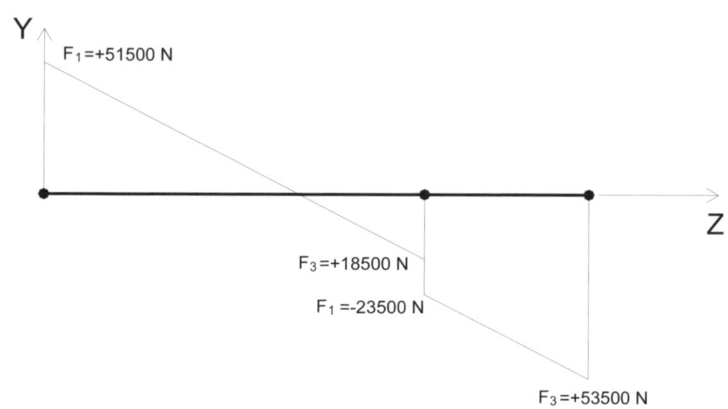

- *Diagrama de momento fletor:*

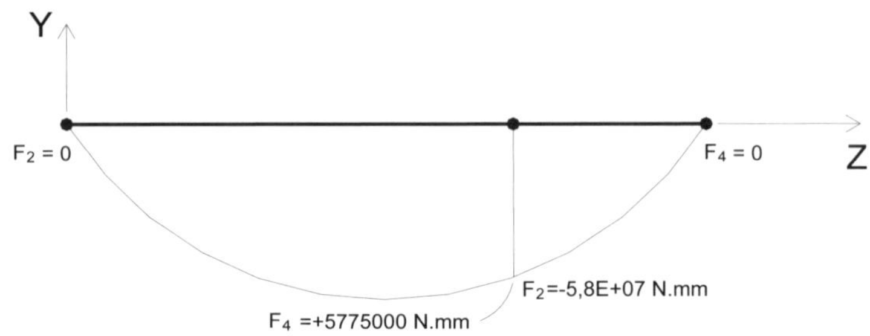

- *Código em Python para a solução computacional da estrutura.*

```
! pip install anastruct

# Importa SystemElements do anastruct
from anastruct import SystemElements
ss = SystemElements()
# Atribui a todos os elementos o produto E.Ix
ss = SystemElements(EI=200000*83580000)
# Adiciona os elementos entre juntas à ré e avante
ss.add_element(location=[[0, 0], [3500, 0]])
ss.add_element(location=[[3500, 0], [5000, 0]])
# Restrição nodal
ss.add_support_hinged(node_id=1)
ss.add_support_hinged(node_id=3)
# Cargas nodais
ss.point_load(Fy=-5000, node_id=2)
# Cargas distribuídas
ss.q_load(element_id=1, q=-20)
ss.q_load(element_id=2, q=-20)
# Resolve a Estrutura
ss.solve()
# Apresentação dos resultados
# Modelo estrutural
ss.show_structure()
# Reações de apoio
ss.show_reaction_force()
# Diagrama de esforços normais
ss.show_axial_force()
# Diagrama de esforços cortantes
ss.show_shear_force()
# Diagrama dos momentos fletores
ss.show_bending_moment()
# Deslocamento
ss.show_displacement()
```

```
print(ss.get_node_displacements())
```

- *Modelo estrutural:*

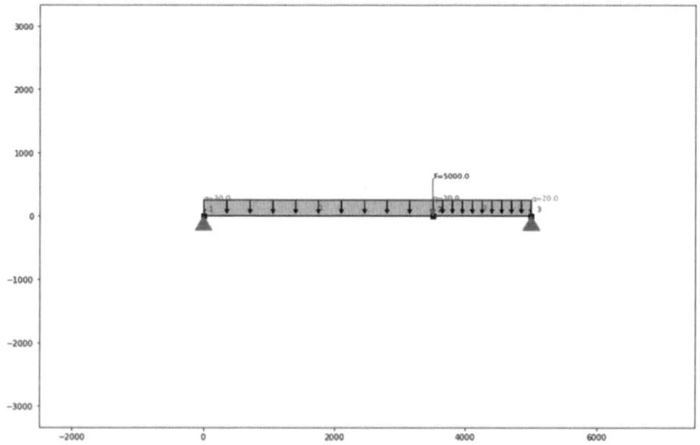

- *Reações de apoio:*

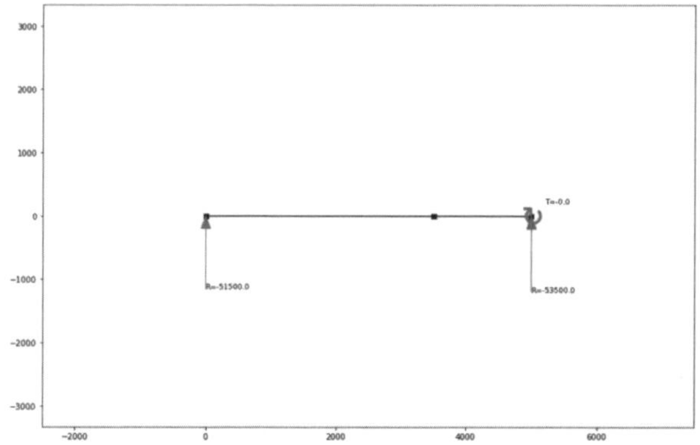

- *Diagrama de esforço cortante:*

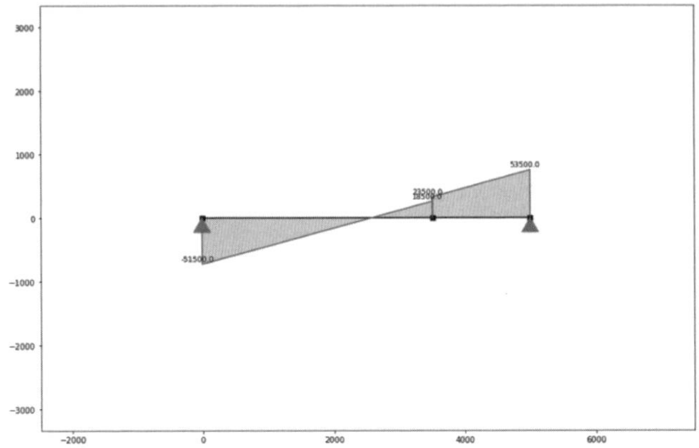

- *Diagrama de momento fletor:*

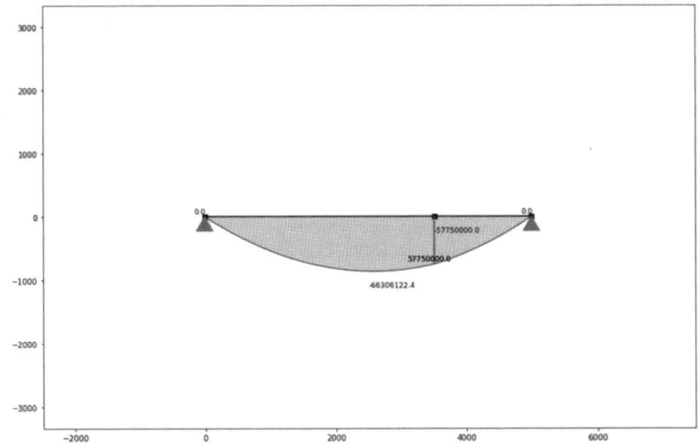

- *Deformação:*

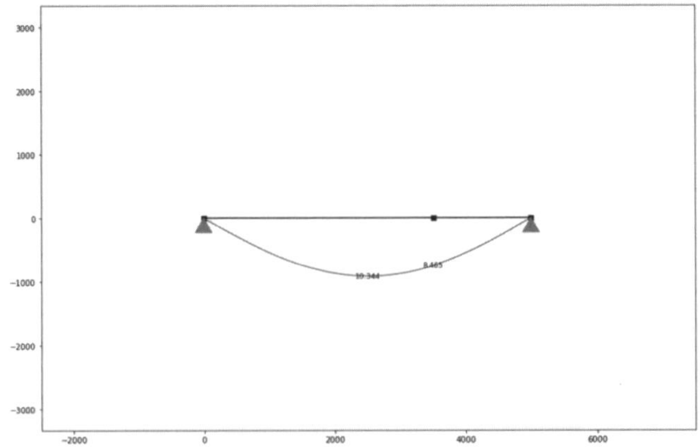

```
[(1, 0.0, -0.0, 0.006571796064898612), (2, -2.143131898507868e-13, -8.466812022351949, -0.003748902523530712), (3, 0.0, -0.0, -0.0066764867056018674)]
```

Resultados do código em Python para o vetor de deslocamentos das juntas {U} pelo "ss.solve()"

```
array([ 0.00000000e+00, 0.00000000e+00, -6.57179606e-03, -2.14313190e-13,
        8.46681202e+00, 3.74890252e-03, 0.00000000e+00, 0.00000000e+00,
        6.67648671e-03])
```

Exemplo 6.4

Considere a treliça apresentada pela Figura 6.16 contendo respectivas ações e vínculos. Determine: a) os deslocamentos nas juntas; b) as reações de apoio; c) os esforços internos nos elementos.

Dados: E = 200.000 MPa, A = 500 mm^2.

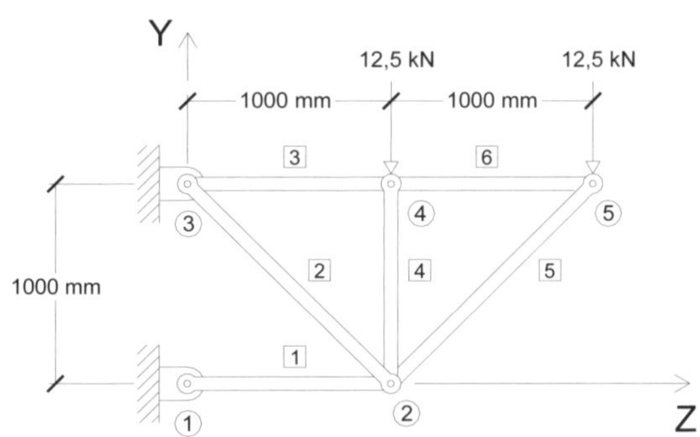

Figura 6.16 Estrutura de uma treliça plana

Resolução:

1) Referência, elementos, juntas e correspondentes graus de liberdade (DOF).

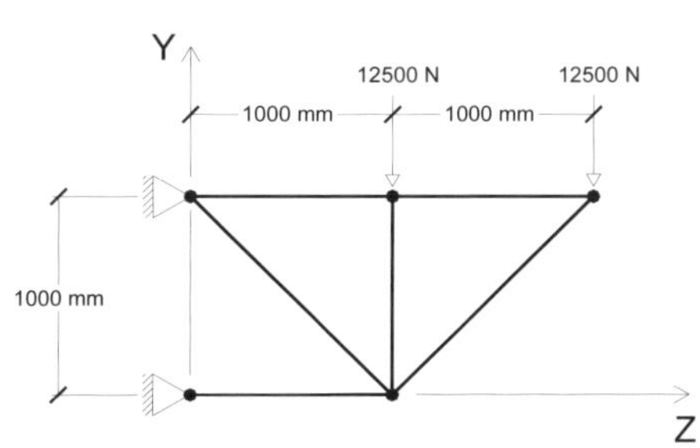

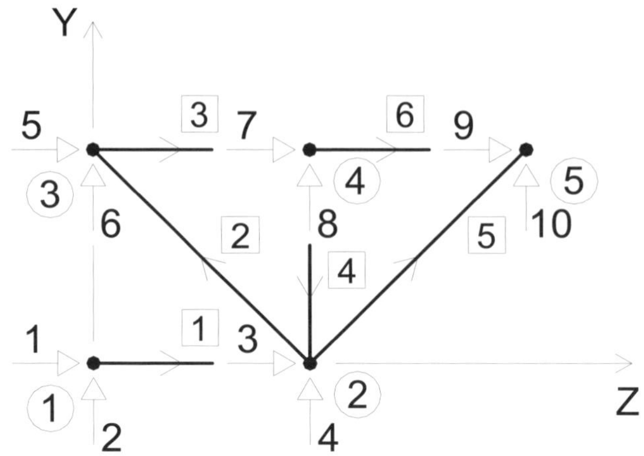

2) Construção da matriz de rigidez dos elementos.

Elemento	E (MPa)	A(mm²)	Zi(mm)	Yi(mm)	Zj(mm)	Yj(mm)	L(mm)	C=cosβ	S=senβ	C²	S²	CS	AE/L
1	200000	500	0	0	1000	0	1000	1,000	0,000	1,000	0,000	0,000	100000
2	200000	500	1000	0	0	1000	1414	-0,707	0,707	0,500	0,500	-0,500	70711
3	200000	500	0	1000	1000	1000	1000	1,000	0,000	1,000	0,000	0,000	100000
4	200000	500	1000	1000	1000	0	1000	0,000	-1,000	0,000	1,000	0,000	100000
5	200000	500	1000	0	2000	1000	1414	0,707	0,707	0,500	0,500	0,500	70711
6	200000	500	1000	1000	2000	1000	1000	1,000	0,000	1,000	0,000	0,000	100000

Elemento 1

$[k]_1 = 100000$

1	2	3	4	←	ELEM.
1 → 1	2 → 2	3 → 3	4 → 4	SIST.	↓
1,000	0,000	-1,000	0,000	1 → 1	1
0,000	0,000	0,000	0,000	2 → 2	2
-1,000	0,000	1,000	0,000	3 → 3	3
0,000	0,000	0,000	0,000	4 → 4	4

$[k]_1 =$

1	2	3	4	5	6	7	8	9	10	
100000	0	-100000	0	0	0	0	0	0	0	1
0	0	0	0	0	0	0	0	0	0	2
-100000	0	100000	0	0	0	0	0	0	0	3
0	0	0	0	0	0	0	0	0	0	4
0	0	0	0	0	0	0	0	0	0	5
0	0	0	0	0	0	0	0	0	0	6
0	0	0	0	0	0	0	0	0	0	7
0	0	0	0	0	0	0	0	0	0	8
0	0	0	0	0	0	0	0	0	0	9
0	0	0	0	0	0	0	0	0	0	10

Elemento 2

$[k]_2 = 70711$

3	4	5	6	←	ELEM.
1 → 3	2 → 4	3 → 5	4 → 6	SIST.	↓
0,500	-0,500	-0,500	0,500	1 → 3	3
-0,500	0,500	0,500	-0,500	2 → 4	4
-0,500	0,500	0,500	-0,500	3 → 5	5
0,500	-0,500	-0,500	0,500	4 → 6	6

$[k]_2 =$

1	2	3	4	5	6	7	8	9	10	
0	0	0	0	0	0	0	0	0	0	1
0	0	0	0	0	0	0	0	0	0	2
0	0	35355	-35355	-35355	35355	0	0	0	0	3
0	0	-35355	35355	35355	-35355	0	0	0	0	4
0	0	-35355	35355	35355	-35355	0	0	0	0	5
0	0	35355	-35355	-35355	35355	0	0	0	0	6
0	0	0	0	0	0	0	0	0	0	7
0	0	0	0	0	0	0	0	0	0	8
0	0	0	0	0	0	0	0	0	0	9
0	0	0	0	0	0	0	0	0	0	10

Elemento 3

[k]3 = 100000 ×

5	6	7	8	←	ELEM.
1→5	2→6	3→7	4→8	SIST.	↓
1,000	0,000	-1,000	0,000	1→5	5
0,000	0,000	0,000	0,000	2→6	6
-1,000	0,000	1,000	0,000	3→7	7
0,000	0,000	0,000	0,000	4→8	8

[k]3 =

1	2	3	4	5	6	7	8	9	10	
0	0	0	0	0	0	0	0	0	0	1
0	0	0	0	0	0	0	0	0	0	2
0	0	0	0	0	0	0	0	0	0	3
0	0	0	0	0	0	0	0	0	0	4
0	0	0	0	100000	0	-100000	0	0	0	5
0	0	0	0	0	0	0	0	0	0	6
0	0	0	0	-100000	0	100000	0	0	0	7
0	0	0	0	0	0	0	0	0	0	8
0	0	0	0	0	0	0	0	0	0	9
0	0	0	0	0	0	0	0	0	0	10

Elemento 4

[k]4 = 100000 ×

7	8	3	4	←	ELEM.
1→7	2→2	3→3	4→4	SIST.	↓
0,000	0,000	0,000	0,000	1→7	7
0,000	1,000	0,000	-1,000	2→8	8
0,000	0,000	0,000	0,000	3→3	3
0,000	-1,000	0,000	1,000	4→4	4

[k]4 =

1	2	3	4	5	6	7	8	9	10	
0	0	0	0	0	0	0	0	0	0	1
0	0	0	0	0	0	0	0	0	0	2
0	0	0	0	0	0	0	0	0	0	3
0	0	0	100000	0	0	0	-100000	0	0	4
0	0	0	0	0	0	0	0	0	0	5
0	0	0	0	0	0	0	0	0	0	6
0	0	0	0	0	0	0	0	0	0	7
0	0	0	-100000	0	0	0	100000	0	0	8
0	0	0	0	0	0	0	0	0	0	9
0	0	0	0	0	0	0	0	0	0	10

Elemento 5

[k]5 = 70711 ×

3	4	9	10	←	ELEM.
1→1	2→2	3→3	4→10	SIST.	↓
0,500	0,500	-0,500	-0,500	1→3	3
0,500	0,500	-0,500	-0,500	2→4	4
-0,500	-0,500	0,500	0,500	3→9	9
-0,500	-0,500	0,500	0,500	4→10	10

[k]5 =

1	2	3	4	5	6	7	8	9	10	
0	0	0	0	0	0	0	0	0	0	1
0	0	0	0	0	0	0	0	0	0	2
0	0	35355,3	35355,3	0	0	0	0	-35355	-35355	3
0	0	35355,3	35355,3	0	0	0	0	-35355	-35355	4
0	0	0	0	0	0	0	0	0	0	5
0	0	0	0	0	0	0	0	0	0	6
0	0	0	0	0	0	0	0	0	0	7
0	0	0	0	0	0	0	0	0	0	8
0	0	-35355	-35355	0	0	0	0	35355,3	35355,3	9
0	0	-35355	-35355	0	0	0	0	35355,3	35355,3	10

Elemento 6

[k]6 = 100000 ×

7	8	9	10	←	ELEM.
1→7	2→8	3→9	4→10	SIST.	↓
1,000	0,000	-1,000	0,000	1→7	7
0,000	0,000	0,000	0,000	2→2	8
-1,000	0,000	1,000	0,000	3→3	9
0,000	0,000	0,000	0,000	4→4	10

[k]6 =

1	2	3	4	5	6	7	8	9	10	
0	0	0	0	0	0	0	0	0	0	1
0	0	0	0	0	0	0	0	0	0	2
0	0	0	0	0	0	0	0	0	0	3
0	0	0	0	0	0	0	0	0	0	4
0	0	0	0	0	0	0	0	0	0	5
0	0	0	0	0	0	0	0	0	0	6
0	0	0	0	0	0	100000	0	-100000	0	7
0	0	0	0	0	0	0	0	0	0	8
0	0	0	0	0	0	-100000	0	100000	0	9
0	0	0	0	0	0	0	0	0	0	10

3) Construção da matriz de rigidez e de carga do sistema.

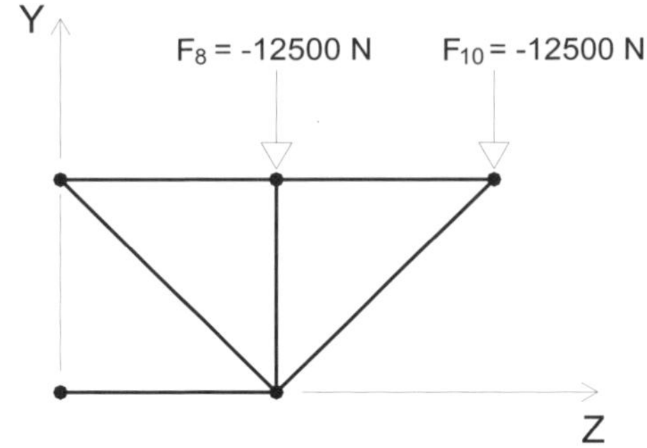

Vetor de carregamento

[F0] =	
0	1
0	2
0	3
0	4
0	5
0	6
0	7
-12500	8
0	9
-12500	10

Matriz de rigidez

$[k]s = [k]_1 + [k]_2 + [k]_3 + [k]_4 + [k]_5 + [k]_6$

[k]s =

1	2	3	4	5	6	7	8	9	10	
100000	0	-100000	0	0	0	0	0	0	0	1
0	0	0	0	0	0	0	0	0	0	2
-100000	0	170711	0	-35355	35355	0	0	-35355	-35355	3
0	0	0	170711	35355	-35355	0	-100000	-35355	-35355	4
0	0	-35355	35355	135355	-35355	-100000	0	0	0	5
0	0	35355	-35355	-35355	35355	0	0	0	0	6
0	0	0	0	-100000	0	200000	0	-100000	0	7
0	0	0	-100000	0	0	0	100000	0	0	8
0	0	-35355	-35355	0	0	-100000	0	135355	35355	9
0	0	-35355	-35355	0	0	0	0	35355	35355	10

4) Montagem e solução do sistema reduzido: determinação dos deslocamentos nodais.

Determinação do vetor de deslocamentos nodais [U] - resolução sistema de equações reduzido

[k]r Matriz de rigidez reduzida

3	4	7	8	9	10	
170711	0	0	0	-35355	-35355	3
0	170711	0	-100000	-35355	-35355	4
0	0	200000	0	-100000	0	7
0	-100000	0	100000	0	0	8
-35355	-35355	-100000	0	135355	35355	9
-35355	-35355	0	0	35355	35355	10

[k]r -1 Inversa da matriz de rigidez reduzida

1,00E-05	1,00E-05	3,25E-22	1,00E-05	6,50E-22	2,00E-05
1,00E-05	3,83E-05	6,50E-22	3,83E-05	1,30E-21	4,83E-05
0,00E+00	0,00E+00	1,00E-05	0,00E+00	1,00E-05	-1,00E-05
1,00E-05	3,83E-05	6,70E-22	4,83E-05	1,34E-21	4,83E-05
0,00E+00	0,00E+00	1,00E-05	0,00E+00	2,00E-05	-2,00E-05
2,00E-05	4,83E-05	-1,00E-05	4,83E-05	-2,00E-05	1,17E-04

[F]r	Deslocamentos nodais [U]r	
0	-0,37500	3
0	-1,08211	4
0	0,12500	7
-12500	-1,20711	8
0	0,25000	9
-12500	-2,06066	10

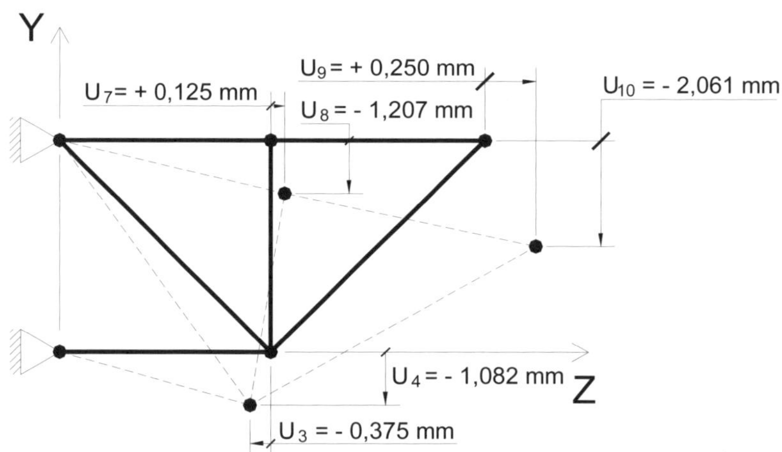

5) Substituição dos deslocamentos nodais no sistema e determinação das reações.

Determinação do vetor das forças de restrição [F] - aplicando os deslocamentos nodais no sistema de equações

[k] Matriz rigidez

1	2	3	4	5	6	7	8	9	10	
100000	0	-100000	0	0	0	0	0	0	0	1
0	0	0	0	0	0	0	0	0	0	2
-100000	0	170711	0	-35355	35355	0	0	-35355	-35355	3
0	0	0	170711	35355	-35355	0	-100000	-35355	-35355	4
0	0	-35355	35355	135355	-35355	-100000	0	0	0	5
0	0	35355	-35355	-35355	35355	0	0	0	0	6
0	0	0	0	-100000	0	200000	0	-100000	0	7
0	0	0	-100000	0	0	0	100000	0	0	8
0	0	-35355	-35355	0	0	-100000	0	135355	35355	9
0	0	-35355	-35355	0	0	0	0	35355	35355	10

Deslocamentos		Carregamento		Reações	
0,00000	1	0	1	37500	1
0,00000	2	0	2	0	2
-0,37500	3	0	3	0	3
-1,08211	4	0	4	0	4
0,00000	5	0	5	-37500	5
0,00000	6	0	6	25000	6
0,12500	7	0	7	0	7
-1,20711	8	-12500	8	0	8
0,25000	9	0	9	0	9
-2,06066	10	-12500	10	0	10

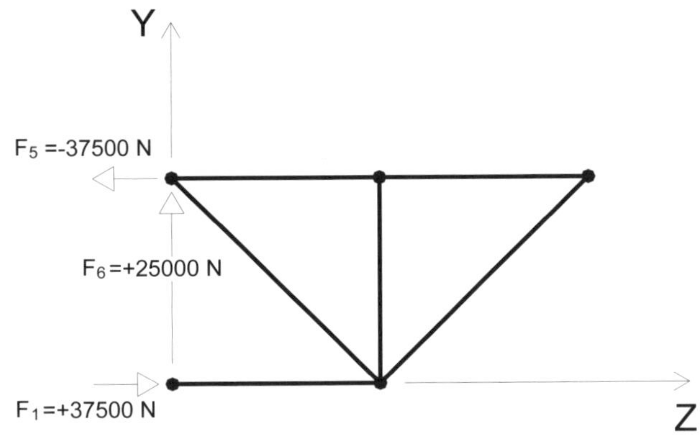

6) Determinação dos esforços internos.

Determinação dos vetores das forças internas nos elementos [FL] no sistema local

Elemento 1

	[K]				[U]		[Fg]	[R]				[FL]
1	100000	0	-100000	0	0,00000		37500	1,000	0,000	0	0	F1 = 37500 N
2	0	0	0	0	0,00000	=	0	0,000	1,000	0	0	F2 = 0 N
3	-100000	0	100000	0	-0,37500		-37500	0	0	1,000	0,000	F3 = -37500 N
4	0	0	0	0	-1,08211		0	0	0	0,000	1,000	F4 = 0 N

Elemento 2

	[K]				[U]		[Fg]	[R]				[FL]
1	35355,3	-35355	-35355	35355,3	-0,37500		25000	-0,707	0,707	0	0	F1 = -35355 N
2	-35355	35355,3	35355,3	-35355	-1,08211	=	-25000	-0,707	-0,707	0	0	F2 = 0 N
3	-35355	35355,3	35355,3	-35355	0,00000		-25000	0	0	-0,707	0,707	F3 = 35355 N
4	35355,3	-35355	-35355	35355,3	0,00000		25000	0	0	-0,707	-0,707	F4 = 0 N

Elemento 3

	[K]				[U]		[Fg]	[R]				[FL]
1	100000	0	-100000	0	0,00000		-12500	1,000	0,000	0	0	F1 = -12500 N
2	0	0	0	0	0,00000	=	0	0,000	1,000	0	0	F2 = 0 N
3	-100000	0	100000	0	0,12500		12500	0	0	1,000	0,000	F3 = 12500 N
4	0	0	0	0	-1,20711		0	0	0	0,000	1,000	F4 = 0 N

Elemento 4

	[K]				[U]		[Fg]	[R]				[FL]
1	0	0	0	0	0,12500		0	0,000	-1,000	0	0	F1 = 12500 N
2	0	100000	0	-100000	-1,20711	=	-12500	1,000	0,000	0	0	F2 = 0 N
3	0	0	0	0	-0,37500		0	0	0	0,000	-1,000	F3 = -12500 N
4	0	-100000	0	100000	-1,08211		12500	0	0	1,000	0,000	F4 = 0 N

Elemento 5

	[K]				[U]		[Fg]	[R]				[FL]
1	35355,3	35355,3	-35355	-35355	-0,37500		12500	0,707	0,707	0	0	F1 = 17678 N
2	35355,3	35355,3	-35355	-35355	-1,08211	=	12500	-0,707	0,707	0	0	F2 = 0 N
3	-35355	-35355	35355,3	35355,3	0,25000		-12500	0	0	0,707	0,707	F3 = -17678 N
4	-35355	-35355	35355,3	35355,3	-2,06066		-12500	0	0	-0,707	0,707	F4 = 0 N

Elemento 6

	[K]				[U]		[Fg]	[R]				[FL]
1	100000	0	-100000	0	0,12500		-12500	1,000	0,000	0	0	F1 = -12500 N
2	0	0	0	0	-1,20711	=	0	0,000	1,000	0	0	F2 = 0 N
3	-100000	0	100000	0	0,25000		12500	0	0	1,000	0,000	F3 = 12500 N
4	0	0	0	0	-2,06066		0	0	0	0,000	1,000	F4 = 0 N

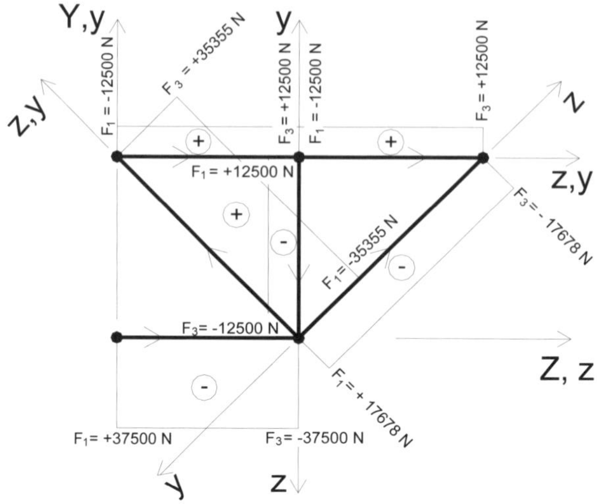

- *Código em Python para a solução computacional da estrutura.*

```
! pip install anastruct

# Importa SystemElements do anastruct
from anastruct import SystemElements
# Atribui SystemElements
ss = SystemElements()
# Adiciona os elementos entre juntas à ré e avante
# e Atribui aos elementos o produto E.A
ss.add_truss_element(location=[[0, 0],[1000,0]],EA=200000*500)
ss.add_truss_element(location=[[1000,0],[0,1000]],EA=200000*500)
ss.add_truss_element(location=[[0,1000],[1000,1000]],EA=200000*500)
ss.add_truss_element(location=[[1000,1000],[1000,0]],EA=200000*500)
ss.add_truss_element(location=[[1000,0],[2000,1000]],EA=200000*500)
ss.add_truss_element(location=[[1000,1000],[2000,1000]],EA=200000*500)
# Restrição nodal
ss.add_support_hinged(node_id=1)
ss.add_support_hinged(node_id=3)
# Cargas nodais
ss.point_load(Fy=-12500, node_id=4)
ss.point_load(Fy=-12500, node_id=5)
# Resolve a Estrutura
ss.solve()
# Apresentação dos resultados
# Modelo estrutural
ss.show_structure()
# Reações de apoio
ss.show_reaction_force()
```

```
# Diagrama de esforços normais
ss.show_axial_force()
# Deslocamento
ss.show_displacement(factor=200)
print(ss.get_node_displacements())
```

- *Modelo estrutural:*

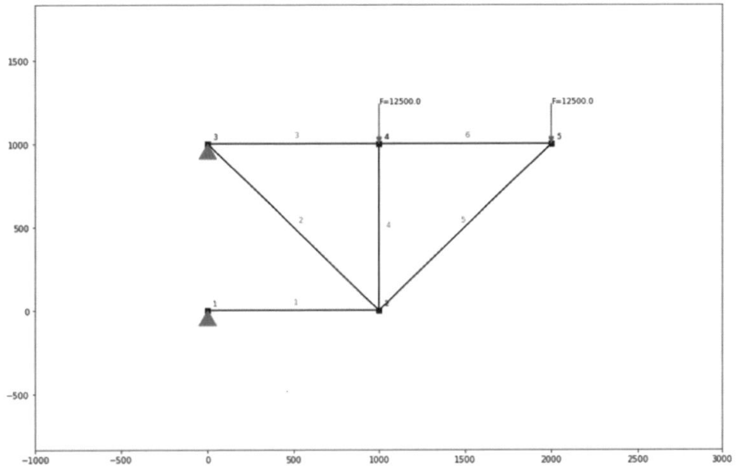

- *Reações de apoio:*

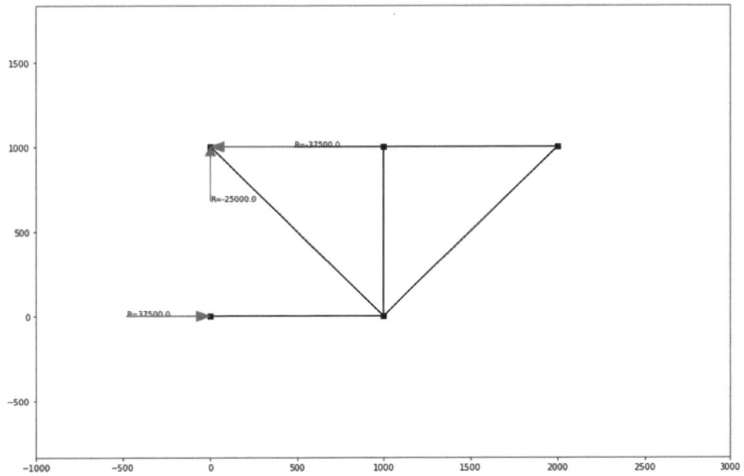

- *Diagrama de esforço normal:*

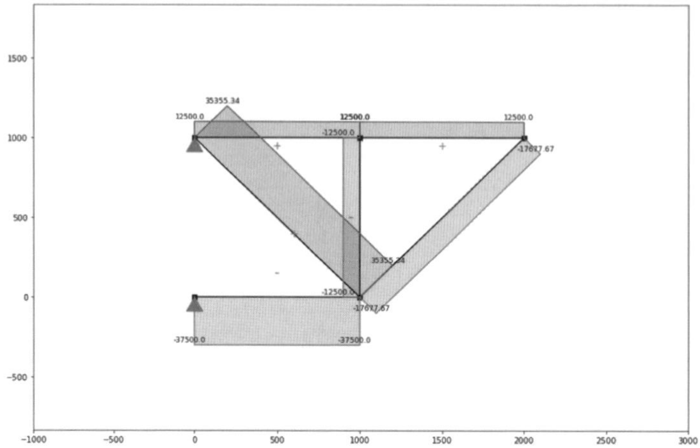

- *Deformação:*

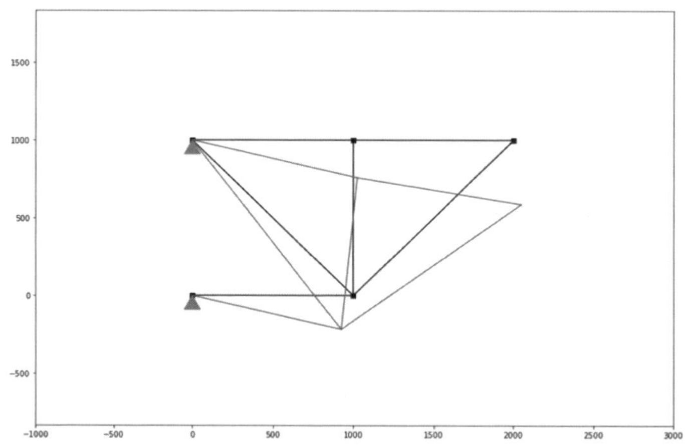


```
[(1, 0.0, -0.0, 0.0012979471002505303), (2, -0.375, -1.082106811523438, 0.0006504262340692533), (3, 0.0, -0.0, 0.0011330446419851442), (4,0.1249999999999999, -1.207106811523438, 0.0008384383672362152), (5, 0.2499999999999998, -2.060660217285156, 0.0008678795723837799)]
```

Resultados do código em Python para o vetor de deslocamentos das juntas {U} pelo "ss.solve()"

```
array([ 0.00000000e+00, 0.00000000e+00, -1.29794710e-03, -3.75000000e-01,
  1.08210681e+00, -6.50426234e-04, 0.00000000e+00, 0.00000000e+00,
 -1.13304464e-03, 1.25000000e-01, 1.20710681e+00, -8.38438367e-04,
  2.50000000e-01, 2.06066022e+00, -8.67879572e-04])
```

```
---------------------------- Dados da Geometria -------------------------
NNós      NElementos        Tolerância      Itermax
5              6                1.E-09        1000
---------- Coordenadas dos nós da estrutura ------------------------
Nó            Z(mm)       Y(mm)
1               0.          0.
2             1000.         0.
3               0.        1000.
4             1000.       1000.
5             2000.       1000.
------------- Definição dos elementos ---------------------------------
Elemento     Nó i      Nó j       E(MPa)      A(mm²)
1             1         2        200000.       500.
2             2         3        200000.       500.
3             3         4        200000.       500.
4             4         2        200000.       500.
5             2         5        200000.       500.
6             4         5        200000.       500.
-------------------- Carregamento nodal equivalente ----------------
DOF              F0(N)
1                  0.
2                  0.
3                  0.
4                  0.
5                  0.
6                  0.
7                  0.
8                12500.
9                  0.
10               12500.
----------- DOFs - Graus de liberdade com restrição ---------------
(Externa ao movimento - reações de apoio à determinar)
NDOFREST
4
DOF            Restrição (0=livre;1=restrito)
1                        1
2                        1
3                        0
4                        0
5                        1
6                        1
7                        0
8                        0
9                        0
10                       0
```

```
---------------------------------------------------------------------
  Analise de estruturas - elementos de barra
---------------------------------------------------------------------
  NNós    NElementos
   5          6
---------------------------------------------------------------------
  NO      Z(NO)       Y(NO)
  1        0.          0.
  2       1000.        0.
  3        0.         1000.
  4       1000.       1000.
  5       2000.       1000.
---------------------------------------------------------------------


---------------------------------------------------------------------
                    Elemento  1
   Nó i             Nó j        cos B        sen B
    1                2          1.0000       .0000
   L[mm]           E[MPa]      L[mm2]     EA/L[N/mm]
  1000.00         200000.00     500.00     100000.00
                  Ke [N/mm]
    1                2            3            4
 100000.00          .00      -100000.00       .00
    .00             .00          .00          .00
-100000.00          .00       100000.00       .00
    .00             .00          .00          .00
---------------------------------------------------------------------
---------------------------------------------------------------------
                    Elemento  2
   Nó i             Nó j        cos B        sen B
    2                3          -.7071       .7071
   L[mm]           E[MPa]      L[mm2]     EA/L[N/mm]
  1414.21         200000.00     500.00     70710.68
                  Ke [N/mm]
    3                4            5            6
 35355.34        -35355.34    -35355.34     35355.34
-35355.34         35355.34     35355.34    -35355.34
-35355.34         35355.34     35355.34    -35355.34
 35355.34        -35355.34    -35355.34     35355.34
---------------------------------------------------------------------
---------------------------------------------------------------------
                    Elemento  3
   Nó i             Nó j        cos B        sen B
    3                4          1.0000       .0000
   L[mm]           E[MPa]      L[mm2]     EA/L[N/mm]
  1000.00         200000.00     500.00     100000.00
                  Ke [N/mm]
```

5	6	7	8
100000.00	.00	-100000.00	.00
.00	.00	.00	.00
-100000.00	.00	100000.00	.00
.00	.00	.00	.00

Elemento 4

Nó i	Nó j	cos B	sen B
4	2	.0000	-1.0000
L[mm]	E[MPa]	L[mm2]	EA/L[N/mm]
1000.00	200000.00	500.00	100000.00

Ke [N/mm]

7	8	3	4
.00	.00	.00	.00
.00	100000.00	.00	-100000.00
.00	.00	.00	.00
.00	-100000.00	.00	100000.00

Elemento 5

Nó i	Nó j	cos B	sen B
2	5	.7071	.7071
L[mm]	E[MPa]	L[mm2]	EA/L[N/mm]
1414.21	200000.00	500.00	70710.68

Ke [N/mm]

3	4	9	10
35355.34	35355.34	-35355.34	-35355.34
35355.34	35355.34	-35355.34	-35355.34
-35355.34	-35355.34	35355.34	35355.34
-35355.34	-35355.34	35355.34	35355.34

Elemento 6

Nó i	Nó j	cos B	sen B
4	5	1.0000	.0000
L[mm]	E[MPa]	L[mm2]	EA/L[N/mm]
1000.00	200000.00	500.00	100000.00

Ke [N/mm]

7	8	9	10
100000.00	.00	-100000.00	.00
.00	.00	.00	.00
-100000.00	.00	100000.00	.00
.00	. 00	.00	.00

```
-----------------------------------------------------------------------------------------------
  Sistema de equações reduzido     Fr(i)=Kr(i,j).Ur(j)
 Kr [N/mm]
       1               2                3               4               5
       6

 170710.6781        .0000          .0000          .0000          -.2612
    -1.0000         .0000     170710.6781         .0000         -1.0000
     -.2612       -1.0000          .0000          .0000     200000.0000
      .0000        -.7388          .0000          .0000          -.5858
      .0000   100000.0000          .0000          .0000          -.2071
     -.2071        -.5000          .0000    135355.3391          1.0000
     -.2071        -.2071          .0000          .0000           .2612
 35355.3391

 Fr [N]

       1          2          3          4          5
       6

     .0000      .0000      .0000     -.1250      .0000
    -.3536
 -----------------------Uso exclusivamente didático ---------------------------------
 --------------------Desenvolvido por Prof. D. Sc. Horácio G. D. Junior-----------
```

```
-----------------------------------------------------------------------------------------
 Sistema de equações                 F(i)=K(i,j).U(j)+F0(j)
 Matriz de rigidez
 K [N/mm e N.mm/rad]

       1                2              3               4               5
       6                7              8               9              10

 100000.0000        .0000  -100000.0000          .0000           .0000
       .0000        .0000         .0000          .0000           .0000
       .0000        .0000         .0000          .0000           .0000
       .0000        .0000         .0000          .0000           .0000
-100000.0000        .0000   170710.6781          .0000     -35355.3391
  35355.3391        .0000         .0000    -35355.3391     -35355.3391
       .0000        .0000         .0000    170710.6781      35355.3391
 -35355.3391        .0000  -100000.0000    -35355.3391     -35355.3391
       .0000        .0000   -35355.3391     35355.3391     135355.3391
 -35355.3391 -100000.0000         .0000          .0000           .0000
       .0000        .0000    35355.3391    -35355.3391     -35355.3391
```

```
35355.3391      .0000         .0000          .0000           .0000
 .0000          .0000         .0000          .0000     -100000.0000
 .0000     200000.0000        .0000    -100000.0000          .0000
 .0000          .0000         .0000    -100000.0000          .0000
 .0000          .0000    100000.0000         .0000           .0000
 .0000          .0000     -35355.3391   -35355.3391          .0000
 .0000    -100000.0000        .0000     135355.3391      35355.3391
 .0000          .0000     -35355.3391   -35355.3391          .0000
 .0000          .0000         .0000      35355.3391      35355.3391
-----------------------------------------------------------------------
```

```
Carregamento nodal
 F0 [N e N.mm]
      1          2          3          4          5
      6          7          8          9         10

    .0000      .0000      .0000      .0000      .0000
    .0000      .0000   12500.0000    .0000   12500.0000
-----------------------------------------------------------------------
 Resultados dos deslocamentos nodais
 U [mm e rad]

      1          2          3          4          5
      6          7          8          9         10


    .0000      .0000     -.3750    -1.0821      .0000
    .0000      .1250    -1.2071      .2500    -2.0607
-----------------------------------------------------------------------
 Resultados das reações de apoio
 F [N e N.mm]

      1            2            3            4            5
      6            7            8            9           10

  37500.0000     .0000        .0000        .0000   -37500.0000
  25000.0000     .0000        .0000        .0000        .0000

-----------------------------------------------------------------------
 Solução do sistema linear pelo método de Gauss-Seidel

 Iterações        Erro(%)        Toler(%)
   154          .00000000      .00000000
_______________________________________________________________________


                 ## Uso exclusivamente didatico ##
```

Desenvolvido por Prof. D. Sc. Horacio G. D. Junior

Resultados obtidos para os deslocamentos nodais e reações de apoio

Graus de liberdade DOF	Deslocamentos U[mm ou rad]	Reações de apoio F[N ou N.mm]
1	.000000	37500.00
2	.000000	.00
3	-.375000	.00
4	-1.082107	.00
5	.000000	-37500.00
6	.000000	25000.00
7	.125000	.00
8	-1.207107	.00
9	.250000	.00
10	-2.060660	.00

Forças nodais dos elementos no sistema local

Número do Elemento	DOF(1) Nz(NOI)	DOF(2) Vy(NOI)	DOF(3) Nz(NOJ)	DOF(4) Vy(NOJ)
1	37500.00	.00	-37500.00	.00
2	-35355.34	.00	35355.34	.00
3	-12500.00	.00	12500.00	.00
4	12500.00	.00	-12500.00	.00
5	17677.67	.00	-17677.67	.00
6	-12500.00	.00	12500.00	.00

Solução do sistema linear pelo método de Gauss-Seidel

Iterações	erro(%)	Toler(%)
154	.00000000	.00000000

Uso exclusivamente didático

Desenvolvido por Prof. D. Sc. Horacio G. D. Junior

'indgnuplot.dat'

```
0.000000000000000E+000  0.000000000000000E+000
1000.000000000000000    0.000000000000000E+000

1000.000000000000000    0.000000000000000E+000
0.000000000000000E+000  1000.000000000000000

0.000000000000000E+000  1000.000000000000000
1000.000000000000000    1000.000000000000000

1000.000000000000000    1000.000000000000000
1000.000000000000000    0.000000000000000E+000

1000.000000000000000    0.000000000000000E+000
2000.000000000000000    1000.000000000000000

1000.000000000000000    1000.000000000000000
2000.000000000000000    1000.000000000000000
```

'pontos3DY.dat' (x 200)

```
0.000000000000000E+000  0.000000000000000E+000  0.000000000000000E+000
925.000000004510200     -216.421356223119200    -1.082106781115596

925.000000004510200     -216.421356223119200    -1.082106781115596
0.000000000000000E+000  1000.000000000000000    0.000000000000000E+000

0.000000000000000E+000  1000.000000000000000    0.000000000000000E+000
1024.999999998239000    758.578643776880800     -1.207106781115596

1024.999999998239000    758.578643776880800     -1.207106781115596
925.000000004510200     -216.421356223119200    -1.082106781115596

925.000000004510200     -216.421356223119200    -1.082106781115596
2049.999999996975000    587.867965665761400     -2.060660171671193

1024.999999998239000    758.578643776880800     -1.207106781115596
2049.999999996975000    587.867965665761400     -2.060660171671193
```

```
#####################################################################################
#                     Arquivo para GNUPLOT plotar resultados em duas dimensões
#                                    Deformação de treliça UY
#####################################################################################
set grid
set xlabel"Z(mm)"
set ylabel"Y(mm)"
#titulo do gráfico
set title"Deslocamentos Nodais"
#campo de plotagem - amplitude dos eixos
set xrange [-500:2500]
set yrange [-500:1500]
#variações dos eixos
set xtics 250
set ytics 250
plot [-500:2500] 'indgnuplot.dat' with  linespoints dt 2 lc 6 pt 7, 'pontos3DY.dat' with linespoints pa-
lette lw 3 pt 7
#####################################################################################
```

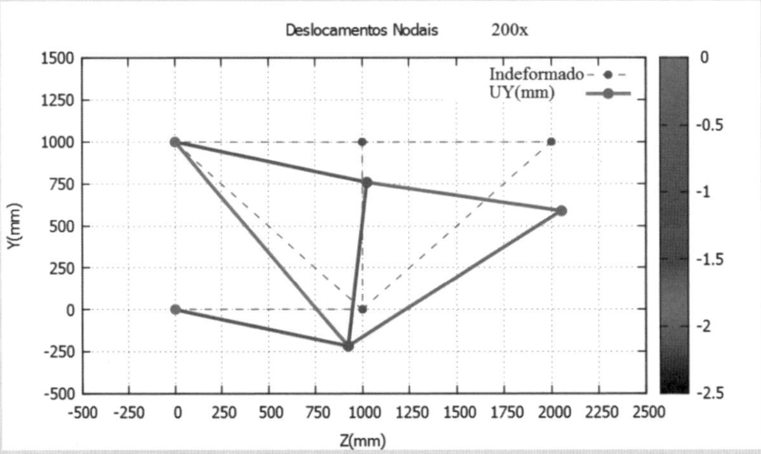

'pontos3DZ.dat' (x 200)

```
0.000000000000000E+000   0.000000000000000E+000   0.000000000000000E+000
925.000000004510200      -216.421356223119200     -3.749999999774490E-001

925.000000004510200      -216.421356223119200     -3.749999999774490E-001
0.000000000000000E+000   1000.000000000000000     0.000000000000000E+000

0.000000000000000E+000   1000.000000000000000     0.000000000000000E+000
1024.999999998239000     758.578643776880800      1.249999999911928E-001

1024.999999998239000     758.578643776880800      1.249999999911928E-001
925.000000004510200      -216.421356223119200     -3.749999999774490E-001
```

```
925.000000004510200    -216.421356223119200    -3.749999999774490E-001
2049.999999996975000   587.867965665761400     2.499999999848741E-001

1024.999999998239000   758.578643776880800     1.249999999911928E-001
2049.999999996975000   587.867965665761400     2.499999999848741E-001
```

```
##########################################################################################
#                 Arquivo para GNUPLOT plotar resultados em duas dimensões
#                            Deformação de treliça UY
##########################################################################################
set grid
set xlabel"Z(mm)"
set ylabel"Y(mm)"
#titulo do gráfico
set title"Deslocamentos Nodais"
#campo de plotagem - amplitude dos eixos
set xrange [-500:2500]
set yrange [-500:1500]
#variações dos eixos
set xtics 250
set ytics 250
plot [-500:2500] 'indgnuplot.dat' with  linespoints dt 2 lc 6 pt 7, 'pontos3DZ.dat' with linespoints pa-
lette lw 3 pt 7
##########################################################################################
```

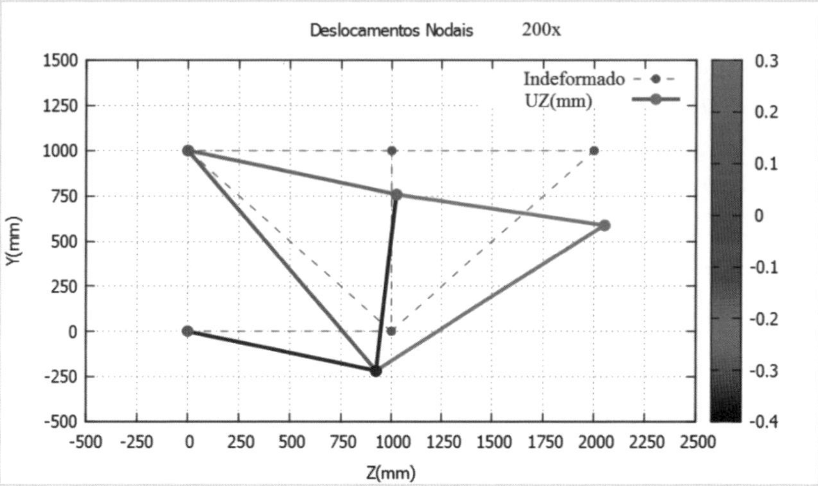

APLICAÇÕES PRÁTICAS

Aplicação 1

A foto da Figura A1 apresenta o suporte de um equipamento apoiado em um edifício industrial. Constituído de alumínio e vinculado à parede em dois apoios, pode ser idealizado como a estrutura articulada ao lado. Considerando as propriedades físicas e geométricas dos componentes, bem como o carregamento, determine: 1) o deslocamento da junta livre; 2) as reações nas juntas restritas; 3) os diagramas de esforços normais. Dados: E = 70 GPa; $A_1 = 142\ mm^2$; $A_2 = 101\ mm^2$.

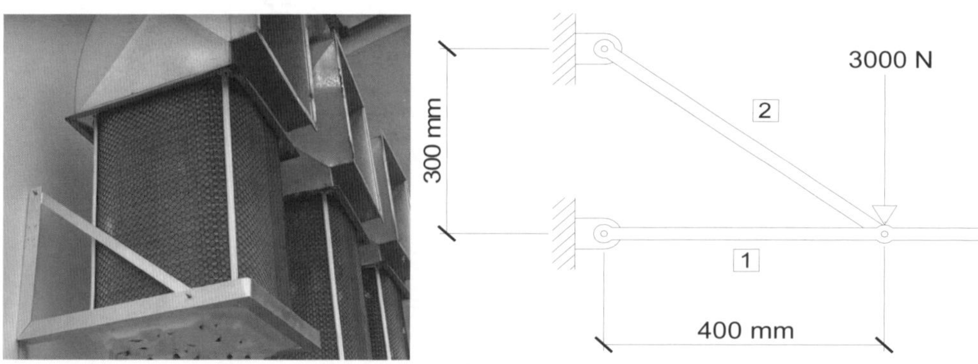

Figura A1 Estrutura do suporte de alumínio para instalação dos equipamentos externos

Aplicação 2

A estrutura de aço em balanço da Figura A2(a) apresenta a cobertura externa de um distribuidor de alimentos. Para o dimensionamento, foi idealizado como a estrutura articulada mostrada na Figura A2(b). Considerando as propriedades físicas e geométricas dos componentes, bem como o carregamento do vento de sucção aplicado, determine: 1) os deslocamentos das juntas livres; 2) as reações nas juntas restritas; 3) os diagramas de esforços normais. Dados: E = 200 GPa; A= 12,28 cm^2.

Figura A2(a) Treliça de cobertura em balanço

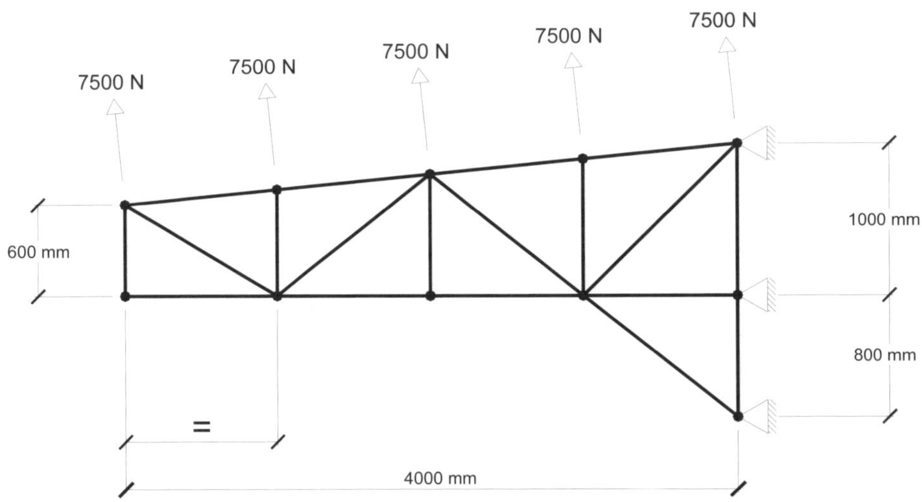

Figura A2(b) – Modelo da estrutura

Aplicação 3

Na transposição de um rio, foi construída uma passarela para pedestres conforme demostrado na Figura A3(a). A estrutura foi modelada e verificada como duas treliças planas justapostas que recebem, por meio de vigas transversais, as ações oriundas das lajes para transferi-las ao apoio junto com o peso próprio, de acordo com a Figura A3(b). Considerando as propriedades físicas e geométricas dos elementos e o correspondente carregamento devido à composição de peso próprio e da sobrecarga –

carga de multidão, determine: 1) os deslocamentos das juntas livres; 2) as reações nas juntas restritas; 3) os diagramas de esforços normais. Dados: E = 200 GPa; A_a = 45,70 cm^2; A_b = 20,12 cm^2; A_c = 20,12 cm^2; A_d = 16,46 cm^2; A_e = 16,46 cm^2.

Figura A3(a) Treliça de cobertura em balanço

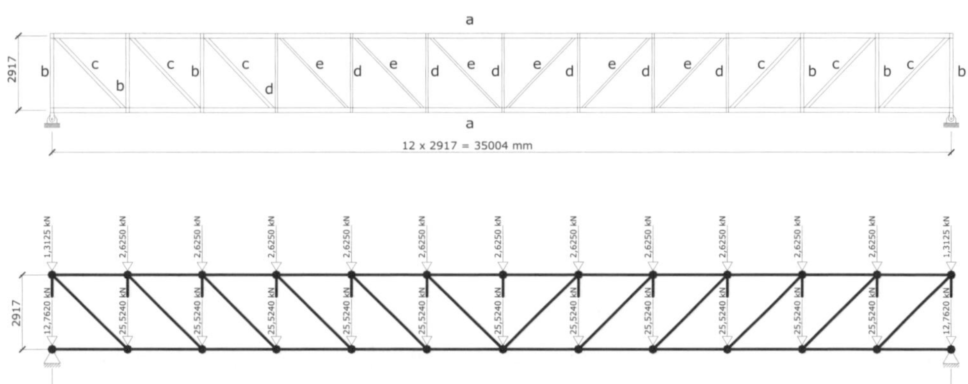

Figura A3(b) Modelo da estrutura

Aplicação 4

No edifício em concreto armado apresentado na Figura A4(a), a viga de extremidade que se encontra apoiada diretamente nos pilares e possui seção constante ao longo de todo o comprimento recebe o carregamento distribuído das lajes unidirecionais e viga de borda. Considere o modelo discretizado da Figura A4(b), bem como as respectivas propriedades físicas e geométricas fornecidas, e determine: 1) os deslocamentos dos graus de liberdade (DOF) livres; 2) as reações dos DOF restritos; 3) os diagramas de esforços. Dados: E = 21 GPa; I_x = 486.000 cm^4.

Figura A4(a) Viga de concreto armado da extremidade do edifício

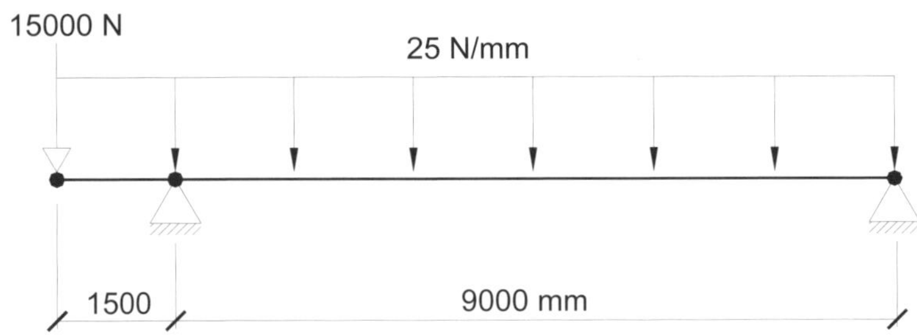

Figura A4(b) Modelo discretizado da viga de concreto armado

Aplicação 5

A viga de aço com seção constante presente na fachada desse edifício, apresentada na Figura A5(a), recebe o carregamento distribuído oriundo de lajes e paredes, bem como a carga pontual proveniente da reação da viga transversal, e os transfere para os seguimentos em balanço das vigas transversais apoiadas nos pilares frontais. No dimensionamento, foi considerado o elemento discretizado conforme a Figura A5(b). Considerando as propriedades físicas e geométricas desses componentes, bem como o carregamento aplicado, determine: 1) os deslocamentos dos graus de liberdade (DOF) livres; 2) as reações dos DOF restritos; 3) os diagramas de esforços. Dados: E = 200 GPa; I_x = 18.734 cm^4.

Figura A5(a) Viga de aço da fachada de um edifício

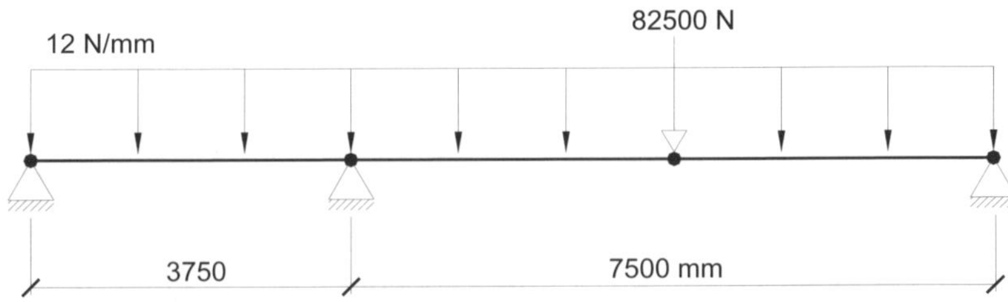

Figura A5(b) Modelo estrutural discretizado da viga

Aplicação 6

O mecanismo de aço apresentado na Figura A6, com o correspondente modelo estrutural e carregamento, é utilizado para erguer embarcações. Considere a seção constante ao longo de toda a estrutura, as propriedades físicas e geométricas fornecidas, bem como o carregamento aplicado, e determine: 1) os deslocamentos dos graus de liberdade (DOF) livres; 2) as reações dos DOF restritos; 3) os diagramas de esforços. Dados: E = 200 GPa; A = 26.875 mm^2; I_x = 8,08.10^9 mm^4.

Figura A6 Mecanismo para erguer embarcações e correspondente modelo estrutural.

Aplicação 7

O edifício em estrutura mista da Figura A7(a) tem os elementos das elevações transversais analisados e dimensionados como componentes do pórtico plano apresentado pela Figura A7(b). Considerando as propriedades físicas e geométricas desses componentes, bem como o carregamento aplicado, determine: 1) os deslocamentos dos graus de liberdade (DOF) livres; 2) as reações dos DOF restritos; 3) os diagramas de esforços. Dados: E = 200 GPa; Ix_a = 8.728 cm^2; A_a = 79,60 cm^2; Ix_b = 4.977 cm^2; A_b = 68,10 cm^2; Ix_c = 21.370 cm^2; A_c = 66,60 cm^2; Ix_d = 34.971 cm^2; A_d = 83,60 cm^2; Ix_e = 34.971 cm^2; A_e = 83,60 cm^2.

Figura A7(a) Edifício em estrutura mista com a utilização de mísulas

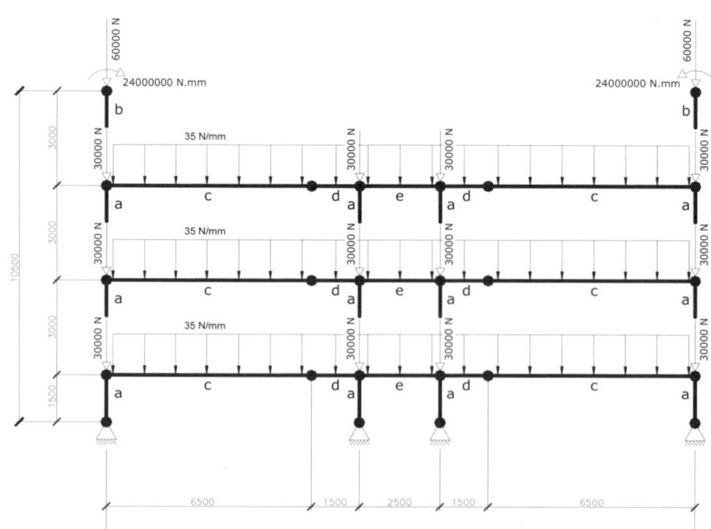

Figura A7(b) Modelo estrutural em pórtico plano

Aplicação 8

O pórtico central de um ginásio poliesportivo é apresentado na Figura A8, com o correspondente modelo estrutural e carregamento. Considere a seção constante ao longo de toda a estrutura, as propriedades físicas e geométricas fornecidas, bem como o carregamento aplicado, e determine: 1) os deslocamentos dos graus de liberdade (DOF) livres; 2) as reações dos DOF restritos; 3) os diagramas de esforços. Dados: $E = 200$ GPa; $A = 83{,}6\ cm^2$; $I_x = 34.971\ cm^4$.

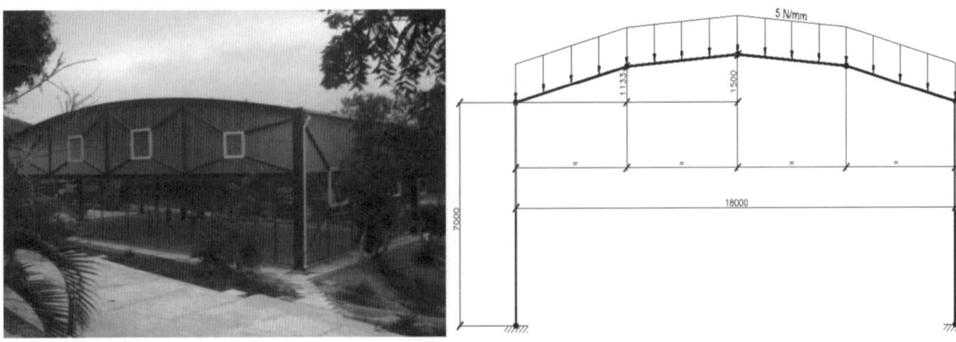

Figura A8 Pórtico central do ginásio e correspondente modelo estrutural

EXERCÍCIOS

ENUNCIADO PARA OS EXERCÍCIOS DE 1 A 10

Considere as estruturas apresentadas pelas figuras que seguem contendo a descrição das propriedades físicas e geométricas dos elementos. Determine: 1) os deslocamentos dos graus de liberdade (DOF) livres; 2) as reações dos DOF restritos; 3) os diagramas de esforços internos.

Exercício 1

Dados: E = 200 GPa; $A_a = A_b = 9\ cm^2$; $A_c = 18\ cm^2$.

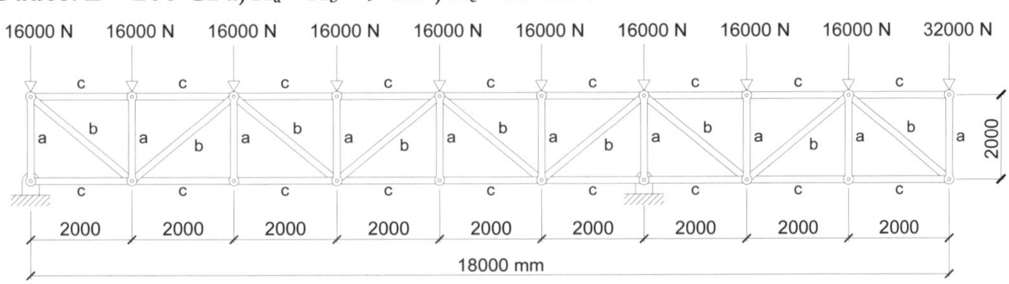

Exercício 2

Dados: E = 13,5 GPa; $A_a = A_b = A_d = 72\ cm^2$; $A_c = A_e = 60\ cm^2$.

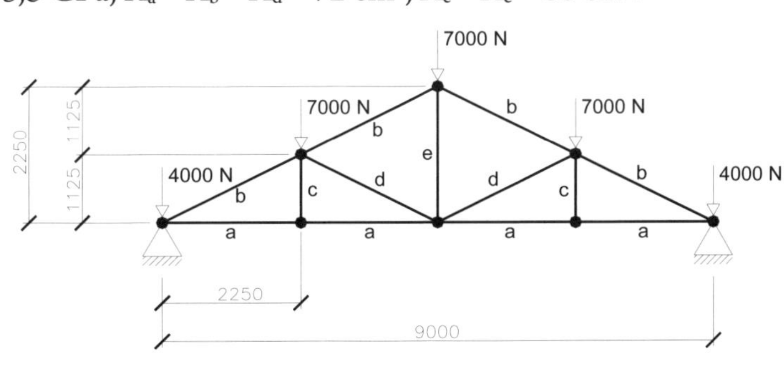

Exercício 3

Dados: E = 200 GPa; $A_a = A_b = 7{,}5\ cm^2$; $A_c = A_d = 5\ cm^2$.

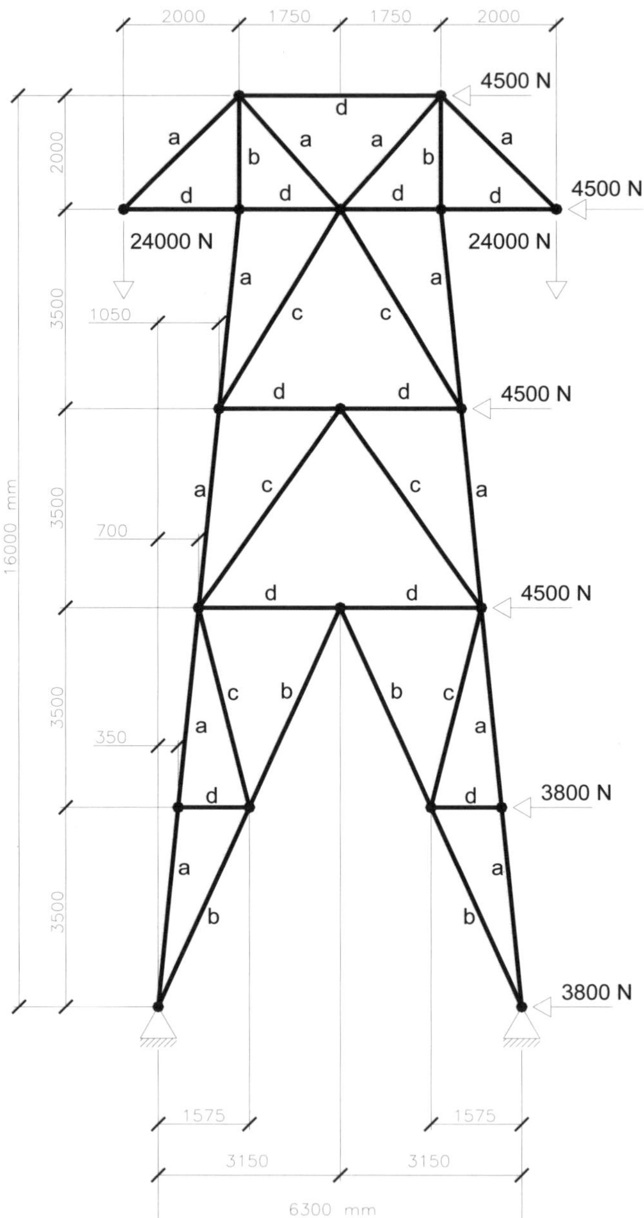

Exercício 4

Dados: E = 200 GPa; $I_{x1} = I_{x2} = 3.776\ cm^4$.

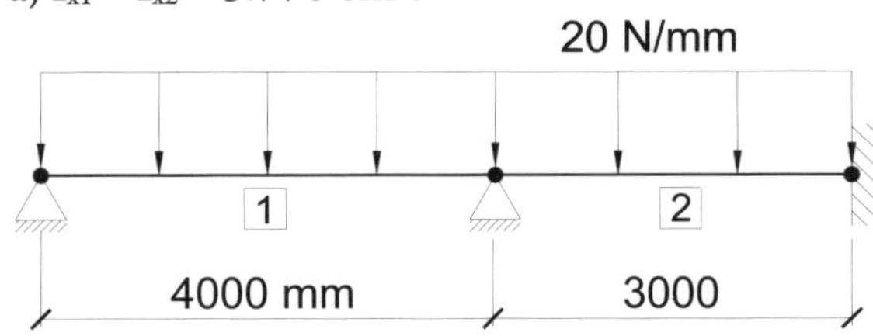

Exercício 5

Dados: E = 200 GPa; $I_{x1} = I_{x2} = I_{x3} = 12.777\ cm^4$.

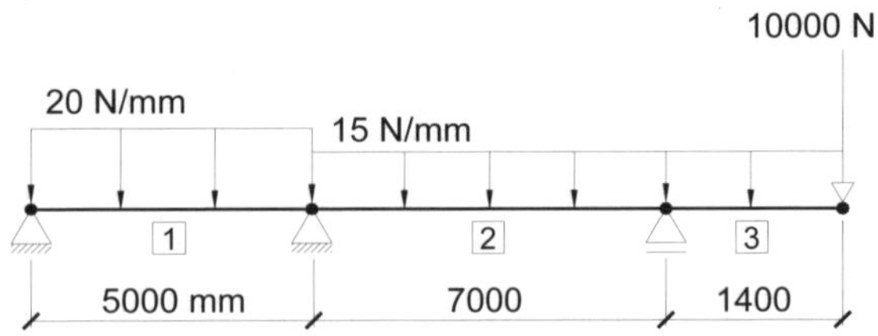

Exercício 6

Dados: E = 200 GPa; $I_{x1} = I_{x2} = I_{x3} = 8.358\ cm^4$.

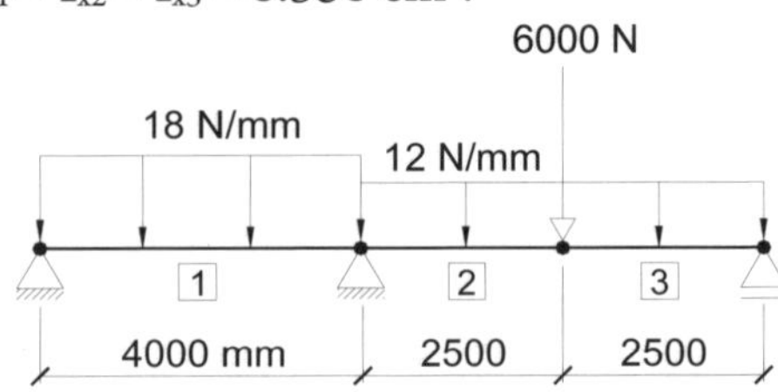

Exercício 7

Dados: E = 200 GPa; $I_{x1} = 5.500\ cm^4$; $I_{x2} = I_{x3} = 8.358\ cm^4$.

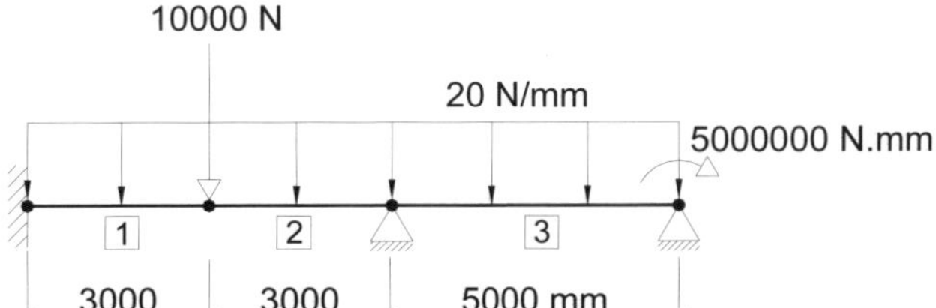

Exercício 8

Dados: E = 200 GPa; $I_{x1} = I_{x4} = 8.358\ cm^4$; $I_{x2} = I_{x3} = 12.777\ cm^4$.

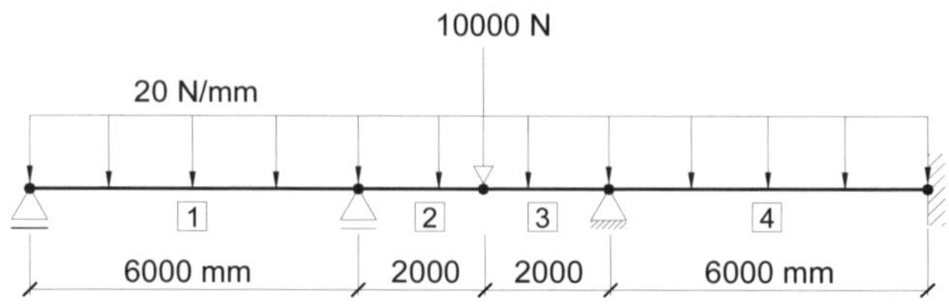

Exercício 9

Dados: E = 200 GPa; $A_1 = A_4 = 83{,}6\ cm^2$; $I_{x1} = I_{x4} = 34.971\ cm^4$; $A_2 = A_3 = 83{,}6\ cm^2$; $I_{x2} = I_{x3} = 34.971\ cm^4$.

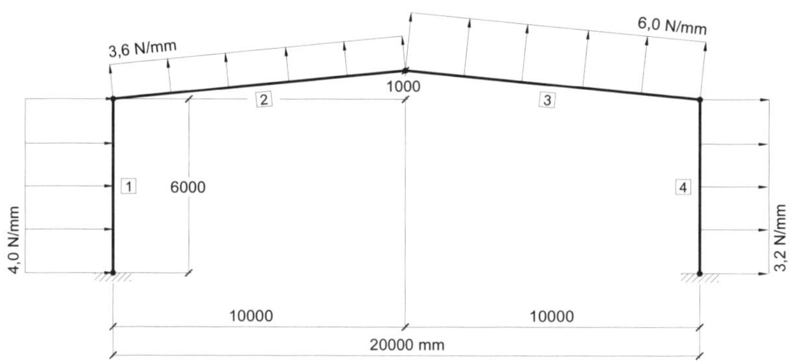

Exercício 10

Dados: E = 200 GPa; $A_1 = 66{,}6\ cm^2$; $I_{x1} = 21.370\ cm^4$; $A_2 = A_3 = 83{,}6\ cm^2$; $I_{x2} = I_{x3} = 34.971\ cm^4$.

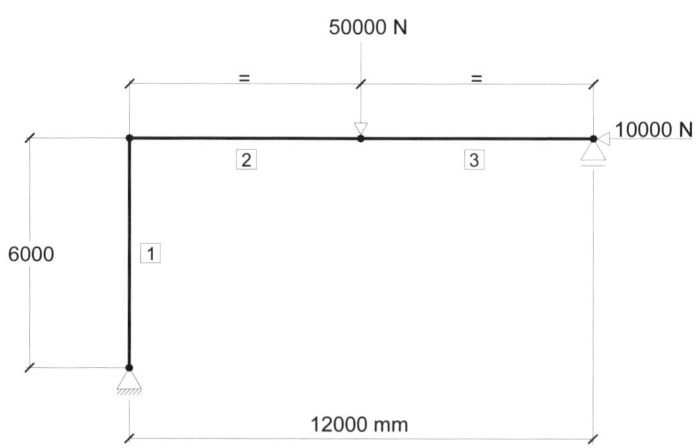

ENUNCIADO PARA OS EXERCÍCIOS DE 11 E 12

Estudo das mísulas: para cada um dos casos apresentados, analise as variações de valores: 1) dos deslocamentos máximos; 2) dos deslocamentos dos graus de liberdade (DOF) livres; 3) das reações dos DOF restritos; 4) dos diagramas de esforços internos. Compare os casos estudados com os obtidos nas mesmas condições de carga, considerando, para todos os elementos, o momento de inércia constante de menor valor I_{xb}, e depois o de maior valor I_{xa}.

Dados: E = 200 GPa; I_{xa} = 40.969 cm^4; I_{xb} = 21.370 cm^4.

Exercício 11

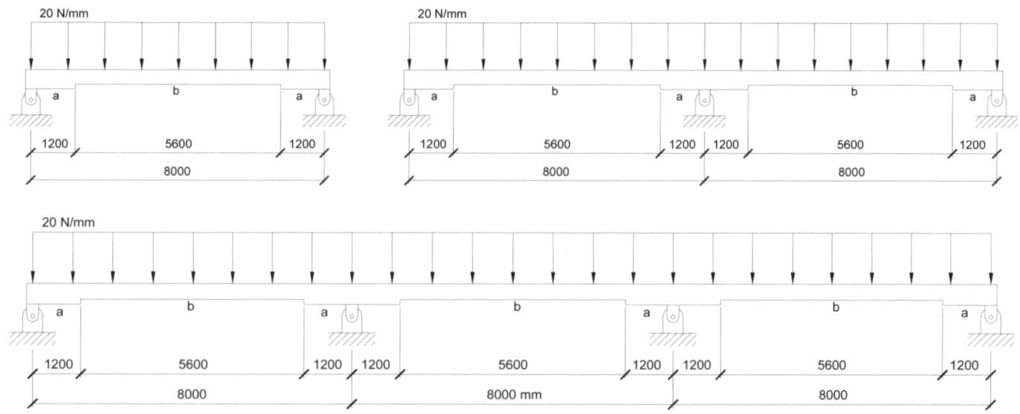

Exercício 12

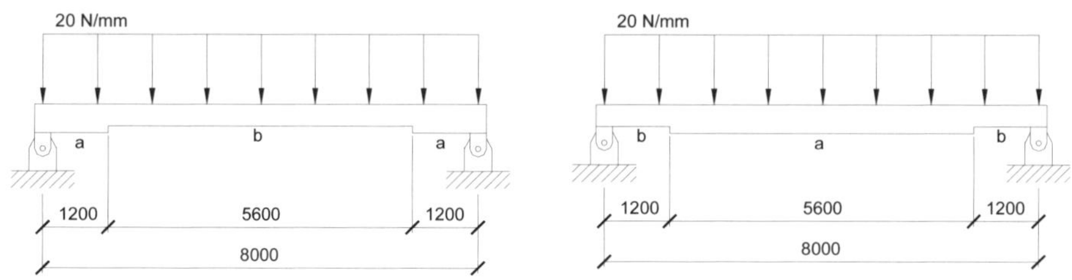

BIBLIOGRAFIA

BABUSKA, I.; SZABÓ, B. *Finite element analysis.* New York: Wiley Interscience, 1991.

BATHE, K. J. *Finite element procedures in engineering analysis.* New Jersey: Prentice-Hall, 1982.

COIMBRA, A. L. *Lições de mecânica do contínuo.* São Paulo: Blucher, 1978.

COOK, R. D.; MALKUS, D. S.; PLESHA, M. E. *Concepts and applications of finite element analysis.* New York: John Wiley & Sons, 1989.

FÉODOSIEV, V. *Resistência dos materiais.* Porto: Lopes da Silva, 1977.

GONTIER, G. *Mécanique des milieux déformables.* Paris: DUNOD, 1969.

MOAVENI, S. *Finite element analysis theory and application with ANSYS.* 4th. ed. England: Pearson Education, 2015.

SÁNCHEZ, E. *Elementos de mecânica dos sólidos.* Rio de Janeiro: Interciência, 2000.

SHANLEY, F. R. *Mechanics of materials.* New York: McGraw-Hill, 1967.

SINGH, H.; SINGH, J. *Advanced numerical methods for differential equations: applications in science and engineering.* Boca Raton: CRC Press, 2021.

TIMOSHENKO, S.; GERE, J. E. *Mecânica dos sólidos.* Rio de Janeiro: LTC, 1983.

TIMOSHENKO, S.; GOODIER, J. N. *Theory of elasticity.* New York: McGraw-Hill, 1951.

VINK, R. *Anastruct documentation release 1.0.* British Indian Ocean, 2022. Disponível em: https://anastruct.readthedocs.io/_/downloads/en/latest/pdf/. Acesso em jun. 2024.

WILLIAMS, T.; KELLEY, C. *Gnuplot an interactive plotting program*, 2019. Disponível em: https://sourceforge.net/projects/gnuplot/. Acesso em jun. 2024.

ZIENKIEWICZ, O. C.; TAYLOR, R. L.; ZHU, J. Z. *The finite element method: its basis and fundamentals.* 6th. ed. Burlington: Elsevier, 2005.

ANEXO I

DESCRIÇÕES E CONVENÇÕES DOS GRAUS DE LIBERDADE (DOF)

Translação Normal	Translação Tangencial	Rotação
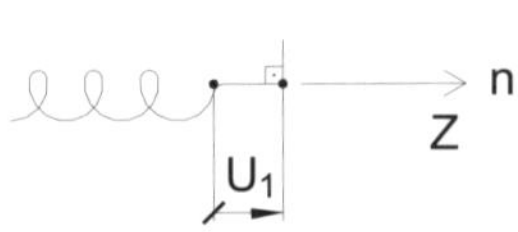	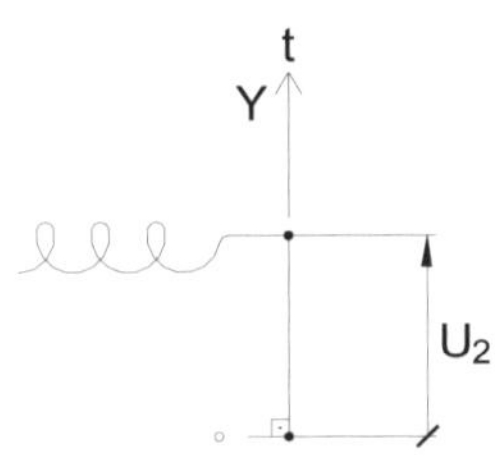	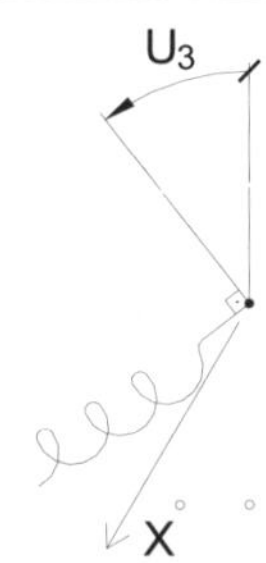
$U_1 = U_Z$	$U_2 = U_Y$	$U_3 = \theta_X$
Força Normal	Força Tangencial	Momento
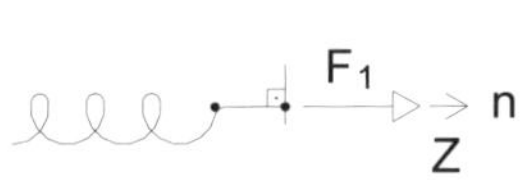	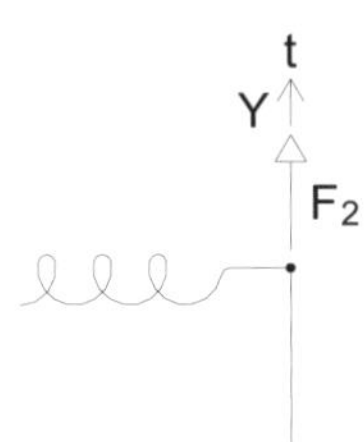	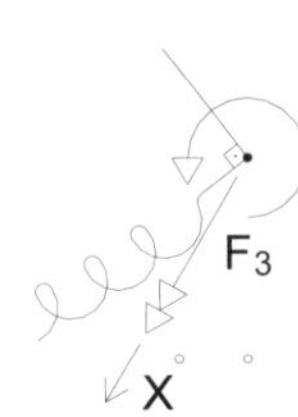
$F_1 = F_Z$	$F_2 = V_Y$	$F_3 = M_X$

ANEXO II

- *Códigos em Python para a solução computacional dos exercícios pares.*

Exercício 2

```
# carrega o anaStruct no Google Colag
! pip install anastruct

# Importa SystemElements do anastruct
from anastruct import SystemElements
# Atribui SystemElements
ss = SystemElements()
# Adiciona os elementos entre juntas à ré e avante
# e Atribui aos elementos o produto E.A
ss.add_truss_element(location=[[0, 0],[2250,0]],EA=13500*7200)
ss.add_truss_element(location=[[2250,0],[4500,0]],EA=13500*7200)
ss.add_truss_element(location=[[4500,0],[6750,0]],EA=13500*7200)
ss.add_truss_element(location=[[6750,0],[9000,0]],EA=13500*7200)
ss.add_truss_element(location=[[0, 0],[2250,1125]],EA=13500*7200)
ss.add_truss_element(location=[[2250,1125],[4500,2250]],EA=13500*7200)
ss.add_truss_element(location=[[4500,2250],[6750,1125]],EA=13500*7200)
ss.add_truss_element(location=[[6750,1125],[9000,0]],EA=13500*7200)
ss.add_truss_element(location=[[2250,1125],[4500,0]],EA=13500*7200)
ss.add_truss_element(location=[[4500,0],[6750,1125]],EA=13500*7200)
ss.add_truss_element(location=[[2250,0],[2250,1125]],EA=13500*6000)
ss.add_truss_element(location=[[6750,0],[6750,1125]],EA=13500*6000)
ss.add_truss_element(location=[[4500,0],[4500,2250]],EA=13500*6000)
# Restrição nodal
ss.add_support_hinged(node_id=1)
ss.add_support_hinged(node_id=5)
# Cargas nodais
ss.point_load(Fy=-4000, node_id=1)
ss.point_load(Fy=-7000, node_id=6)
ss.point_load(Fy=-7000, node_id=7)
ss.point_load(Fy=-7000, node_id=8)
```

```
ss.point_load(Fy=-4000, node_id=5)
# Resolve a Estrutura
ss.solve()
# Apresentação dos resultados
# Modelo estrutural
ss.show_structure()
# Reações de apoio
ss.show_reaction_force()
# Diagrama de esforços normais
ss.show_axial_force()
# Deslocamento
ss.show_displacement(factor=200)
print(ss.get_node_displacements())
```

Exercício 4

```
# carrega o anaStruct no Google Colag
! pip install anastruct

# Importa SystemElements do anastruct
from anastruct import SystemElements
# Atribui a todos os elementos o produto E.Ix
ss = SystemElements(EI=200000*37760000)
# Adiciona os elementos entre juntas à ré e avante
ss.add_element(location=[[0, 0], [4000, 0]])
ss.add_element(location=[[4000,0], [7000,0]])
# Restrição nodal
ss.add_support_hinged(node_id=1)
ss.add_support_hinged(node_id=2)
ss.add_support_fixed(node_id=3)
# Cargas distribuídas
ss.q_load(element_id=1,q=-20)
ss.q_load(element_id=2,q=-20)
# Resolve a Estrutura
ss.solve()
# Apresentação dos resultados
# Modelo estrutural
ss.show_structure()
# Reações de apoio
ss.show_reaction_force()
# Diagrama de esforços normais
ss.show_axial_force()
# Diagrama de esforços cortantes
ss.show_shear_force()
# Diagrama dos momentos fletores
ss.show_bending_moment()
# Deslocamento
ss.show_displacement()
print(ss.get_node_displacements())
```

Exercício 6

```
# carrega o anaStruct no Google Colab
! pip install anastruct

# Importa SystemElements do anastruct
from anastruct import SystemElements
# Atribui a todos os elementos o produto E.Ix
ss = SystemElements(EI=200000*83580000)
# Adiciona os elementos entre juntas à ré e avante
ss.add_element(location=[[0, 0], [4000, 0]])
ss.add_element(location=[[4000,0], [6500,0]])
ss.add_element(location=[[6500,0], [9000,0]])
# Restrição nodal
ss.add_support_hinged(node_id=1)
ss.add_support_hinged(node_id=2)
ss.add_support_roll(node_id=4)
# Cargas distribuídas
ss.q_load(element_id=1,q=-18)
ss.q_load(element_id=2,q=-12)
ss.q_load(element_id=3,q=-12)
# Cargas concentradas
ss.point_load(Fy=-6000, node_id=3)



# Resolve a Estrutura
ss.solve()
# Apresentação dos resultados
# Modelo estrutural
ss.show_structure()
# Reações de apoio
ss.show_reaction_force()
# Diagrama de esforços normais
ss.show_axial_force()
# Diagrama de esforços cortantes
ss.show_shear_force()
# Diagrama dos momentos fletores
ss.show_bending_moment()
# Deslocamento
ss.show_displacement()
print(ss.get_node_displacements())
```

Exercício 8

```
# carrega o anaStruct no Google Colab
! pip install anastruct

# Importa SystemElements do anastruct
from anastruct import SystemElements
# Atribui a todos os elementos o produto E.Ix
ss = SystemElements(EI=200000*127770000)
# Adiciona os elementos entre juntas à ré e avante
ss.add_element(location=[[0, 0], [6000, 0]])
ss.add_element(location=[[6000,0], [8000,0]])
ss.add_element(location=[[8000,0], [10000,0]])
ss.add_element(location=[[10000,0], [16000,0]])
# Restrição nodal
ss.add_support_roll(node_id=1)
ss.add_support_roll(node_id=2)
ss.add_support_hinged(node_id=4)
ss.add_support_fixed(node_id=5)
# Cargas distribuídas
ss.q_load(element_id=1,q=-20)
ss.q_load(element_id=2,q=-20)
ss.q_load(element_id=3,q=-20)
ss.q_load(element_id=4,q=-20)
# Cargas concentradas
ss.point_load(Fy=-10000, node_id=3)
# Resolve a Estrutura
ss.solve()
# Apresentação dos resultados
# Modelo estrutural
ss.show_structure()
# Reações de apoio
ss.show_reaction_force()
# Diagrama de esforços normais
ss.show_axial_force()
# Diagrama de esforços cortantes
ss.show_shear_force()
# Diagrama dos momentos fletores
ss.show_bending_moment()
# Deslocamento
ss.show_displacement()
print(ss.get_node_displacements())
```

Exercício 10

```
# carrega o anaStruct no Google Colab
! pip install anastruct

# Importa SystemElements do anastruct
from anastruct import SystemElements
ss = SystemElements()
# Adiciona os elementos entre juntas à ré e avante
ss.add_element(location=[[0, 0], [0,6000]],EA=200000*6660,EI=200000*213700000)
ss.add_element(location=[[0,6000],[6000,6000]],EA=200000*8360,EI=200000*349710000)
ss.add_element(location=[[6000, 6000],
[12000,6000]],EA=200000*8360,EI=200000*349710000)
# Restrição nodal
ss.add_support_hinged(node_id=1)
ss.add_support_roll(node_id=4)
# Cargas concentradas
ss.point_load(Fy=-50000, node_id=3)
ss.point_load(Fx=-10000, node_id=4)
# Resolve a Estrutura
ss.solve()
# Apresentação dos resultados
# Modelo estrutural
ss.show_structure()
# Reações de apoio
ss.show_reaction_force()
# Diagrama de esforços normais
ss.show_axial_force()
# Diagrama de esforços cortantes
ss.show_shear_force()
# Diagrama dos momentos fletores
ss.show_bending_moment()
# Deslocamento
ss.show_displacement()
print(ss.get_node_displacements())
```

Exercício 12

```
# carrega o anaStruct no Google Colab
! pip install anastruct

# Importa SystemElements do anastruct
from anastruct import SystemElements
ss = SystemElements()
# Adiciona os elementos entre juntas à ré e avante
ss.add_element(location=[[0, 0], [1200, 0]],EI=200000*409690000)
ss.add_element(location=[[1200, 0], [6800, 0]],EI=200000*213700000)
ss.add_element(location=[[6800, 0], [8000, 0]],EI=200000*409690000)
# Restrição nodal
ss.add_support_hinged(node_id=1)
```

```
ss.add_support_hinged(node_id=4)
# Cargas distribuídas
ss.q_load(element_id=1,q=-20)
ss.q_load(element_id=2,q=-20)
ss.q_load(element_id=3,q=-20)
# Resolve a Estrutura
ss.solve()
# Apresentação dos resultados
# Modelo estrutural
ss.show_structure()
# Reações de apoio
ss.show_reaction_force()
# Diagrama de esforços normais
ss.show_axial_force()
# Diagrama de esforços cortantes
ss.show_shear_force()
# Diagrama dos momentos fletores
ss.show_bending_moment()
# Deslocamento
ss.show_displacement()
print(ss.get_node_displacements())

# carrega o anaStruct no Google Colag
! pip install anastruct

# Importa SystemElements do anastruct
from anastruct import SystemElements
ss = SystemElements()
# Adiciona os elementos entre juntas à ré e avante
ss.add_element(location=[[0, 0], [1200, 0]],EI=200000*213700000)
ss.add_element(location=[[1200, 0], [6800, 0]],EI=200000*409690000)
ss.add_element(location=[[6800, 0], [8000, 0]],EI=200000*213700000)
# Restrição nodal
ss.add_support_hinged(node_id=1)
ss.add_support_hinged(node_id=4)
# Cargas distribuídas
ss.q_load(element_id=1,q=-20)
ss.q_load(element_id=2,q=-20)
ss.q_load(element_id=3,q=-20)
# Resolve a Estrutura
ss.solve()
# Apresentação dos resultados
# Modelo estrutural
ss.show_structure()
# Reações de apoio
ss.show_reaction_force()
# Diagrama de esforços normais
ss.show_axial_force()
# Diagrama de esforços cortantes
ss.show_shear_force()
# Diagrama dos momentos fletores
ss.show_bending_moment()
# Deslocamento
ss.show_displacement()
```

```
print(ss.get_node_displacements())

# carrega o anaStruct no Google Colab
! pip install anastruct

# Importa SystemElements do anastruct
from anastruct import SystemElements
ss = SystemElements()
# Adiciona os elementos entre juntas à ré e avante
ss.add_element(location=[[0, 0], [1200, 0]],EI=200000*213700000)
ss.add_element(location=[[1200, 0], [6800, 0]],EI=200000*213700000)
ss.add_element(location=[[6800, 0], [8000, 0]],EI=200000*213700000)
# Restrição nodal
ss.add_support_hinged(node_id=1)
ss.add_support_hinged(node_id=4)
# Cargas distribuídas
ss.q_load(element_id=1,q=-20)
ss.q_load(element_id=2,q=-20)
ss.q_load(element_id=3,q=-20)
# Resolve a Estrutura
ss.solve()
# Apresentação dos resultados
# Modelo estrutural
ss.show_structure()
# Reações de apoio
ss.show_reaction_force()
# Diagrama de esforços normais
ss.show_axial_force()
# Diagrama de esforços cortantes
ss.show_shear_force()
# Diagrama dos momentos fletores
ss.show_bending_moment()
# Deslocamento
ss.show_displacement()
print(ss.get_node_displacements())

# carrega o anaStruct no Google Colab
! pip install anastruct

# Importa SystemElements do anastruct
from anastruct import SystemElements
ss = SystemElements()
# Adiciona os elementos entre juntas à ré e avante
ss.add_element(location=[[0, 0], [1200, 0]],EI=200000*409690000)
ss.add_element(location=[[1200, 0], [6800, 0]],EI=200000*409690000)
ss.add_element(location=[[6800, 0], [8000, 0]],EI=200000*409690000)
# Restrição nodal
ss.add_support_hinged(node_id=1)
ss.add_support_hinged(node_id=4)
# Cargas distribuídas
ss.q_load(element_id=1,q=-20)
ss.q_load(element_id=2,q=-20)
ss.q_load(element_id=3,q=-20)
# Resolve a Estrutura
```

```
ss.solve()
# Apresentação dos resultados
# Modelo estrutural
ss.show_structure()
# Reações de apoio
ss.show_reaction_force()
# Diagrama de esforços normais
ss.show_axial_force()
# Diagrama de esforços cortantes
ss.show_shear_force()
# Diagrama dos momentos fletores
ss.show_bending_moment()
# Deslocamento
ss.show_displacement()
print(ss.get_node_displacements())
```

SOBRE OS AUTORES

HORÁCIO GUIMARÃES DELGADO JÚNIOR

Graduado em Engenharia Civil pelo Centro Universitário de Volta Redonda – UniFOA (1998) e em matemática pela Fundação Educacional Rosemar Pimentel – UGB (1997). Mestre em engenharia metalúrgica (2001) e doutor em engenharia metalúrgica (2010) pela Universidade Federal Fluminense – UFF. Professor adjunto da Universidade do Estado do Rio de Janeiro – Uerj, da Secretaria Estadual de Educação (Seeduc) do Rio de Janeiro e do UniFOA. Foi Secretário de Estado de Infraestrutura e Obras do Estado do Rio de Janeiro e Diretor Executivo do Serviço Autônomo de Água e Esgoto (SAAE) de Barra Mansa. Possui ampla experiência na elaboração de projetos de infraestrutura, obras de arte especiais, edifícios industriais e andares múltiplos. Condecorado pela Polícia Civil do Estado do Rio de Janeiro com a Medalha Amizade, concedida na comemoração dos 211 anos da instituição, e pelo Corpo de Bombeiros Militar do Estado do Rio de Janeiro com a Medalha Mérito Avante Bombeiro, concedida na comemoração dos 163 anos da corporação. http://lattes.cnpq.br/0640487521165463

RONY PETERSON FERREIRA

Graduado em Engenharia Civil pelo Centro Universitário de Volta Redonda – UniFOA (1999). Especialização em formação pedagógica pela Fundação Educacional Rosemar Pimentel – UGB (2001) e mestre em engenharia civil pela Universidade Federal Fluminense – UFF (2003). Professor da Fundação de Amparo às Escolas Técnicas do Estado do Rio de Janeiro – Faetec. Foi professor do UniFOA e da UGB. Possui ampla experiência na elaboração de projetos de estruturas, obras de arte especiais, *offshore*, edifícios industriais e andares múltiplos.
http://lattes.cnpq.br/1788769477970633

CARLOS ROBERTO XAVIER

Graduado em Engenharia Metalúrgica pela Universidade Federal Fluminense – UFF (1994). Mestre em engenharia metalúrgica (1996) e doutor em engenharia metalúrgica (2006) pela UFF. Mestre profissional em engenharia de minas, metalúrgica e de materiais pela Universidade Federal do Rio Grande do Sul – UFRGS (2009). Atualmente é professor do Centro Universitário de Volta Redonda – UniFOA, engenheiro de equipamentos da Petrobras e membro do corpo editorial da revista *Cadernos UniFOA*. Tem experiência na área de engenharia de materiais e metalúrgica, com ênfase em metalurgia física e de transformação, atuando principalmente nos seguintes temas: corrosão; transformações de fase; propriedades mecânicas dos metais e suas ligas; integridade de estruturas e equipamentos; simulação numérica aplicada à soldagem dos metais e suas ligas. http://lattes.cnpq.br/3156647464982290

JOSÉ ADILSON DE CASTRO

Graduado em Engenharia Metalúrgica pela Universidade Federal de Ouro Preto – Ufop (1993). Mestre em engenharia metalúrgica pela Universidade Federal Fluminense – UFF (1996). PhD em engenharia com ênfase em simulação de processos pela Tohoku University, no Japão (2001). Membro do corpo editorial da Coleção de Livros Metalurgia e Materiais (2006-2014), revisor de vários periódicos importantes da área de engenharias II da CAPES e professor titular da UFF. Tem experiência na área de engenharia de materiais e metalúrgica, com ênfase em siderurgia, atuando principalmente nos seguintes temas: simulação computacional de processos, alto-forno, sinterização e meio ambiente. Atua no desenvolvimento e aplicação de softwares voltados à análise dos processos siderúrgicos, impactos ambientais e fontes alternativas de energia. Jovem cientista do Estado do Rio de Janeiro (2008), cientista do Estado do Rio de Janeiro (2014 e 2018). Coordenador de projetos temáticos e em rede promovido pelas agências de fomento e empresas do setor de siderurgia. Orientou 58 dissertações de mestrado e 29 teses de doutorado nos temas associados com as linhas de pesquisas sobre siderurgia, energia, meio ambiente e temas correlatos. http://lattes.cnpq.br/4613010410524009

GRÁFICA PAYM
Tel. [11] 4392-3344
paym@graficapaym.com.br